教育部 财政部职业院校教师素质提高计划职教师资培养资源开发项目

电气工程及其自动化专业职教师资培养资源开发（VTNE020）

U0183167

Workshop of
Power Electronics

电力电子
工作坊教程

李久胜　编著

ZHEJIANG UNIVERSITY PRESS
浙江大学出版社

图书在版编目（CIP）数据

电力电子工作坊教程 / 李久胜编著. —杭州：浙
江大学出版社，2021.11
ISBN 978-7-308-21916-7

Ⅰ.①电… Ⅱ.①李… Ⅲ.①电力电子技术—高等职
业教育—教材 Ⅳ.①TM76

中国版本图书馆 CIP 数据核字（2021）第 218483 号

电力电子工作坊教程

李久胜　编著

责任编辑	徐　霞	
责任校对	王元新	
封面设计	春天书装	
出版发行	浙江大学出版社	
	（杭州市天目山路 148 号　邮政编码 310007）	
	（网址：http://www.zjupress.com）	
排　　版	杭州青翊图文设计有限公司	
印　　刷	广东虎彩云印刷有限公司绍兴分公司	
开　　本	787mm×1092mm　1/16	
印　　张	24.25	
字　　数	621 千	
版 印 次	2021 年 11 月第 1 版　2021 年 11 月第 1 次印刷	
书　　号	ISBN 978-7-308-21916-7	
定　　价	78.00 元	

项目专家指导委员会

电气工程及其自动化专业（VTNE020）丛书编委会

总主编　史旦旦

编　委　史旦旦　李久胜　孔德彭　王永固　顾江萍
　　　　　　杜惠洁　曹李民　刘　辉　刘　晓　赵立影
　　　　　　周一飞　方栋良　顾伟驷　沈柏民　俞　艳

出版说明

自《国家中长期教育改革和发展规划纲要（2010—2020年）》颁布实施以来，我国职业教育进入加快构建现代职业教育体系、全面提高技能型人才培养质量的新阶段。加快发展现代职业教育，实现职业教育改革发展新跨越，对职业学校"双师型"教师队伍建设提出了更高的要求。为此，教育部明确提出，要以推动教师专业化为引领，以加强"双师型"教师队伍建设为重点，以创新制度和机制为动力，以完善培养培训体系为保障，以实施素质提高计划为抓手，统筹规划，突出重点，改革创新，狠抓落实，切实提升职业院校教师队伍整体素质和建设水平，加快建成一支师德高尚、素质优良、技艺精湛、结构合理、专兼结合的高素质专业化的"双师型"教师队伍，为建设具有中国特色、世界水平的现代职业教育体系提供强有力的师资保障。

目前，我国共有60余所高校正在开展职教师资培养，但教师培养标准的缺失和培养课程资源的匮乏，制约了"双师型"教师培养质量的提高。为完善教师培养标准和课程体系，教育部、财政部在"职业院校教师素质提高计划"框架内专门设置了职教师资培养资源开发项目，中央财政划拨1.5亿元，用于系统开发本科专业职教师资培养标准、培养方案、核心课程和特色教材等资源。其中，包括88个专业项目、12个资格考试制度开发等公共项目。该项目由42家开设职业技术师范专业的高等学校牵头，组织近千家科研院所、职业学校、行业企业共同研发，一大批专家学者、优秀校长、一线教师、企业工程技术人员参与其中。

经过三年的努力，培养资源开发项目取得了丰硕成果。一是开发了中等职业学校88个专业（类）职教师资本科培养资源项目，内容包括专业教师标准、专业教师培养标准、评价方案，以及一系列专业课程大纲、主干课程教材及数字化资源；二是取得了6项公共基础研究成果，内容包括职教师资培养模式、国际职教师资培养、教育理论课程、质量保障体系、教学资源中心建设和学习平台开发等；三是完成了18个专业大类职教师资资格标准及认证考试标准开发。上述成果，共计800多本正式出版物。总体来说，培养资源开发项目实现了高效益：形成了一大批资源，填补了相关标准和资源的空白；凝聚了一支研发队伍，强化了教师培养的"校—企—校"协同；引领了一批高校的教学改革，带动了"双师型"教师的专业化培养。职教师资培养资源开发项目是支撑专业化培养的一项系统化、基础性工程，是加强职教教师培养培训一体化建设的关键环节，也是对职教师资培养培训基地教师专业化培养实践、教师教育研究能力的系统检阅。

自2013年项目立项开题以来，各项目承担单位、项目负责人及全体开发人员做了大量深入细致的工作,结合职教教师培养实践,研发出很多填补空白、体现科学性和前瞻性的成果,有力推进了"双师型"教师专门化培养向更深层次发展。同时,专家指导委员会的各位专家以及项目管理办公室的各位同志,克服了许多困难,按照"两部"对项目开发工作的总体要求,为实施项目管理、研发、检查等投入了大量时间和心血,也为各个项目提供了专业的咨询和指导,有力地保障了项目实施和成果质量。在此,我们一并表示衷心的感谢。

编写委员会

2016 年 3 月

序

　　根据《教育部 财政部关于实施职业院校教师素质提高计划的意见》（教职成〔2011〕14号）文件精神，在专家评审基础上，2013年浙江工业大学获得"电气工程及其自动化专业职教师资培养标准、培养方案、核心课程和特色教材开发（VTNE020）"项目。项目任务是通过研发，制定电气工程及其自动化专业职教教师专业标准、教师培养标准，研制培养方案、核心课程大纲，编写核心课程教材，建设教学资源库，制定培养质量评价标准等。项目研发的核心成员有浙江工业大学教育科学与技术学院李久胜、孔德彭、王永固、顾江萍、杜惠洁、曹李民、刘辉、刘晓、赵立影等，杭州市中策职业学校沈柏民，杭州市萧山区第一中等职业学校俞艳等。

　　研究成果的主要内容包含电气工程及其自动化职教师资专业调研报告、电气工程及其自动化专业教师标准研发报告、电气工程及其自动化专业教师标准、电气工程及其自动化培养标准研发报告、电气工程及其自动化职教师资培养标准、电气工程及其自动化职教师资培养质量评价研发报告、电气工程及其自动化职教师资培养质量评价标准、电气工程及其自动化职教师资主要课程大纲，五本核心课程教材以及相关数字化资源库。

　　本项目对电气工程及其自动化领域的相关企业，以及电气运行与控制、电气技术应用、电机电器应用与维修三个对应的中等职业教育相关专业展开深度调研；深入开展专业教师的访谈、问卷调查、学校考察，获取职教师资人才培养的需求、确定培养目标。通过对国外中等职业学校专业教师培养等相关文献的收集与查阅，掌握发达国家中职专业教师培养的现状与发展趋势；研究国内外电气工程及其自动化专业领域的培养方案与教学计划等，并根据我国中等职业学校教师标准，建立专业教师标准以及培养的标准。

　　在上述标准的指导下，制定职教师资人才培养计划、方案和体系，设计培养方案与模式，完善培养条件，确定培养方法，并进行专业课程大纲、主干课程教材、数字化资源的开发等。与此同时，制定培养质量评价方案，形成评估和评价反馈机制，修订培养体系。

　　本项目的研究成果是在借鉴国内外职业教育最新研究成果的基础上，探索电气工程及其自动化工程科学教育、职业技术教育与师范教育的有机结合方式，构建科学、合理且具有电气工程及其自动化专业特色的职业教育师资培养模式，实现了"专业性、技术性与师范性"的有机融合，促进了我国电气工程及其自动化职教师资培养的体系化、标准化与主要课程教材的开发路径等，促进了中等职业教育师资培养的科学研究。

　　通过电气工程及其自动化职教师资资源开发项目的研究，进一步提高中等职业学校专业师资培养水平，提高中等职业教育的办学质量。通过项目开发，把适合职业教育的师资培养方法、途径与理念引入理论和实践教学之中，提高教学水平，提升教学效果。围绕职教师资培养基地建设，进一步强化教师教育，突出从师能力培养；强调理实一体、行动导向与工作过程一体化的课程开发思想,突出职业技术应用能力培养;注重学术研究,切实提高办学水平和办学层次,为"双师型"素质的专业教师队伍建设提供了有效的保障。

通过电气工程及其自动化职教师资资源开发项目的研究,有效指导中等职业学校教学,并提供优质的教学资源的开发途径,从而提高中等职业教育的教学效率和质量。本项目的研究成果能应用于电气工程及其自动化职教师资专业的人才培养中,也可以推广到相近师资培训领域,为我国职教师资培养提供可借鉴的模式。

职教师资电气工程及其自动化专业核心课程经过数次市场调研、学校调研、专家论证后确定,研发的系列教材包括:《走进专业教师——电气工程及其自动化职教师资导论》《电力电子工作坊教程》《电气工程教学法》《单片机应用及嵌入式系统》《电气工程及其自动化综合实训》。借此付梓之际,向编著者的辛勤劳动、协同创新表示由衷的感谢! 也请广大读者、研究者提出宝贵意见和建议,以便进一步修改,努力培养出高素质、专业化职教师资队伍。

史旦旦

2021 年 11 月

内容简介

　　本书为教育部职教师资培养资源开发项目的建设成果,是为职教师资电气工程及其自动化专业"电力电子技术"课程编写的一本工作坊教程。工作坊教程与传统的教材不同,它由大量的学习活动组成,引导学生通过"做中学"的方式完成学习任务。此外,本教程不是按照抽象的学科体系来编写的,而是围绕UPS电源、电机驱动电源等典型电力电子装置的设计过程,按照选择拓扑结构、参数计算、器件选择、仿真实验等实际工作过程来组织学习内容的。本教材通过工作坊的形式将抽象的变流电路与具体的工程设计问题紧密结合,在注重核心概念理解和工作能力培养的同时,有效地化解了采用传统的学科型教材时由知识体系烦琐、数学内容高深等所导致的教师难教、学生难学的困难。

　　本教程以培养学生掌握基本半导体变流电路的分析和设计能力为主要目标,涵盖了典型电力电子器件、基本电能换电路、典型电力电子装置等核心内容。为了便于教学,本教程分为28个专题(每个专题可用2学时来完成),每个专题由若干个学习活动组成,其目标是完成一个较完整的工作任务。每个专题的开始部分为教学目标和教学内容的概述,结束部分为专题小结和测验。每个专题的习题以及仿真报告模板为电子资源,可扫码下载。本教程适合作为职教师资电子、电气、机电等专业的特色教材,也可作为普通应用型本科相关专业的教材或教学参考书。

电力电子技术
课程学习指南

1 课程的主要内容

电力电子技术是使用电力电子器件对电能进行变换和控制的技术,其主要目标是实现高效的电能变换。电力电子技术的研究内容包括电力电子器件的制造技术和电能变换技术(即变流技术)。根据电能输入类型与电能输出类型的不同组合,电能变换可划分为四个基本类型。"电力电子技术"是电气工程学科的一门专业基础课程,典型电能变换电路拓扑结构和控制方法是该课程的主要内容。

本书是为"电力电子技术"课程编写的一本工作坊教程。《电力电子工作坊教程》的教学内容以半导体变流技术为主,包括整流、斩波和逆变等基本类型的变流电路。本教程围绕典型电源类产品设计的工作过程来组织教学内容,电源类产品的设计过程一般包括选择拓扑结构、参数计算、器件选择、仿真实验等四个步骤。教程包括 6 个单元,除了单元 1 为基础知识之外,其他 5 个单元分别对应一种典型电源类产品的设计过程。

1)单元 1 的主题是电力电子技术基础,主要介绍典型电力电子器件的应用特性,以及开关型电能变换电路的分析方法。

2)单元 2 的主题是小功率 UPS 主电路设计(1),围绕小功率 UPS 主电路的结构,介绍单相二极管整流电路、直流升压和降压斩波电路的工作原理。

3)单元 3 的主题是直流电机驱动电源设计,围绕直流电机驱动电源的结构,介绍桥式直流斩波电路的工作原理。

4)单元 4 的主题是小功率 UPS 主电路设计(2),仍旧围绕小功率 UPS 主电路的结构,介绍单相逆变电路的工作原理。

5)单元 5 的主题是交流电机驱动电源设计,围绕交流电机驱动电源的结构,介绍三相二极管整流电路和三相逆变电路的工作原理。

6)单元 6 的主题是大功率 UPS 主电路设计,围绕大功率 UPS 主电路的结构,介绍晶闸管可控整流电路的工作原理。

各个单元以 UPS 电源或电机驱动电源的设计为主线,学习相关电能变换电路的结构和分析方法,将学科知识的学习融入产品设计的具体过程中。UPS 电源和电机驱动电源代表了电力电子技术的两大主要应用领域,其主电路中包含了整流、斩波和逆变等三类基本的电能变换类型,是研究电能变换电路的典型实例。注:交-交变换电路可以由上述三种基本变换电路组合而成,不是最基本的变换电路,为了使内容更加精炼,本课程将不包括交-交变换电路的内容，读者可参考其他教材。本教程的学习单元（产品设计过程）与该领域的学科知识（三类基本电能变换电路）之间的关系如表1所示。

表1 《电力电子工作坊教程》的学习单元及其与学科知识的关系

学习单元/工作过程	学科体系/变换电路类型							综合设计
	AC－DC		DC－DC			DC－AC		
	单相整流	三相整流	降压	升压	复合	原理	设计	
U1 电力电子技术基础知识	1 直流稳压电源的结构		3 功率半导体器件的应用特性			5 直流输入变换电路的基本计算		
	2 电力电子技术概述		4 典型电力电子器件简介			6 交流输入变换电路的基本计算		
U2 小功率UPS主电路设计(1)	7 单相二极管整流器原理		9 直流降压变换器原理	11 直流升压变换器原理				小功率UPS主电路综合设计(包含在各专题中)
	8 单相二极管整流器设计		10 直流降压变换器设计	12 直流升压变换器设计				
U3 直流电机驱动电源设计					13 电流可逆斩波器			15 电机脉宽调制驱动系统
					14 桥式可逆斩波器			16 电机驱动电源综合设计
U4 小功率UPS主电路设计(2)						17 逆变器结构和控制方法	19 单相逆变器的设计	20 小功率UPS主电路综合设计
						18 PWM逆变器的控制参数		
U5 交流电机驱动电源设计		21 三相二极管整流器原理				23 三相逆变器的设计		24 交流电机驱动电源综合设计
		22 三相二极管整流器设计						
U6 大功率UPS主电路设计	25 单相晶闸管整流器原理	27 三相晶闸管整流器原理						大功率UPS主电路综合设计(包含在专题28中)
	26 单相晶闸管整流器设计	28 三相晶闸管整流器设计						

2 教程的主要特点

本课程采用工作坊教学模式，这是一种以"做中学"为本质特征，具有行动导向、建构主义和体验学习等特征,注重动手能力、认知能力培养的新型教学模式。《电力电子工作坊教程》是为工作坊教学模式开发的配套教程,是工作坊式教学模式的必要载体。本教程与传统的按照学科体系编写的教材的主要区别如下。

1)本教程不同于普通的教材,它不是一本典型的教科书,它主要由大量活动组成,通过这些精心设计的活动引导学生自己发现基本概念。教程中只提示了必要基础知识和基本方法,围绕学习重点设计了大量的讨论题和仿真题,要求学生通过研讨和仿真自己找到答案,在行动中提炼和掌握相关的知识和技能。

2)本教程不是按照抽象的学科体系来编写,而是围绕典型电源产品主电路的设计过程,按照结构选择、参数计算、器件选择、仿真实验等实际工作过程来组织学习内容。本教程通过工作坊的形式将抽象的变流电路与具体的工程设计问题紧密结合,在注重核心概念的理解和工作能力培养的同时,有效地化解了采用传统的学科型教材时由知识体系烦琐、数学内容高深等所导致的教师难教、学生难学的困难。

本教程选取了 UPS 电源和电机驱动电源两类典型产品,以其主电路的设计(教学项目)为线索组织教学内容。从实际工程设计的角度,将学科体系中繁杂的内容按照情境(电源类型)分散到不同单元(项目)中。既化繁为简,又紧密结合实际应用,将学习内容与工作(设计)过程相结合,有利于工作知识的学习和职业技能的培养。《电力电子工作坊教程》的基本结构如表 1 所示。

1)在教学顺序上,本教程将传统的学科体系解构后,按照实际工作过程重新排序。本教程中教学内容(28 个专题)与学习单元、学科体系之间的关系如表 1 所示。

传统的电力电子技术课程一般采用学科体系的教学顺序,通常是将表 1 中的内容按照纵向排列,按照变流电路的类型安排学习顺序。先从表 1 中左起第 3~4 列(AC-DC 变换)开始,首先学习整流电路相关的各个专题;再进入第 5~7 列(DC-DC 变换),继续学习斩波电路相关的各个专题;最后进入第 8~9 列,学习与逆变电路有关的各个专题。所有类型的变换电路都掌握之后,再来学习综合设计,即第 10 列的各个专题。

为了将复杂的知识体系分解为较简单的模块,以利于学生理解,本教程首先将上述学科体系解构,然后将知识点按照若干个典型工作过程重构后,形成了按照工作过程排序的教学顺序。这样排序符合实际工作规律,使理论与实践紧密结合,在实际的工作情境下有利于学生理解相关的学科理论知识,并掌握有关工作过程的知识。在表 1 中,本教程将所有教学内容(28 个专题)分解为 6 个学习单元,每个学习单元对应一个典型的工作(设计)过程,按照工作过程的顺序,从左到右排列各教学专题。

2)本教程由 6 个典型工作过程组成,这些工作过程按照由简单到复杂的顺序排列,每个工作过程对应一个学习单元。每个学习单元由若干个专题组成,以便于教学实施。每个专题由几个学习活动组成,一般情况下每次课(2 学时)可完成一个专题。各个专题既相互联系又相对独立,具有模块化的特点,便于改进和组合,同时有利于及时复习和反馈。

3)每个学习单元都对应一个工作任务(见表 1 中左起第 2 列),在教学过程中,学习和工作是交替进行的,体现了工学结合的教学思想。每个学习单元结束前,通过单元总结环节(见表 1 中右起第 1 列)将该工作过程中积累的知识点提炼出来,加以系统化和拓展,帮助学生建立自己的学科体系。

3　教程的使用方法

本教程以学材的形式呈现,它不是一本典型的教科书,而是学习手册。本教程采用专题的形式编排,各专题围绕所在单元的典型工作任务,以任务驱动的形式循序渐进地展开教学内容。每个专题包括若干学习活动,学习活动中首先介绍完成学习任务所需的基础知识,然后通过例题引导学生共同探索学习主题。

以单元 2 中的专题 9 为例,图 1 为专题 9 的知识导图。单元 2 的工作任务之一是小功率 UPS 电源中直流降压电路的设计,为完成此任务在专题 9 中将学习直流降压变换器的工作原理。专题 9 包括 5 个学习活动,循序渐进地引导学生了解直流降压变换器的电路结构和分析方法。以学习活动 9.2 为例,学习活动中首先介绍降压变换电路的结构,然后通过例题 Q9.2.1 建立该电路的仿真模型并观察仿真波形。

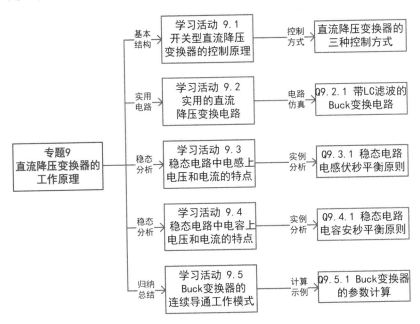

图 1　专题 9 的知识导图

在课堂教学过程中,需要学生在教师的引导下,以小组合作学习的形式,完成各个学习活动中的例题,并填写教程中预留的空白。以例 Q9.2.1 为例,例题用双线方框(加灰底色)标识,如图 2 所示。在本例题中,需要首先建立仿真模型并观测仿真波形,然后在下划线处,填写观测到的数据。例题中需要填写的空白部分用下划线或虚线框标识,仿真、填空等任务的关键词加黑并用下划线突出表示。

为了便于教学,本教程在体例方面也进行了合理的设计。

1)每个单元的开始部分为单元学习指南,概述了本单元的主要学习目标以及其中各专题的相互关系。单元学习指南之后是基础知识汇总表,单元学习结束后,学生通过填写该表对本单元重要知识进行汇总和提炼。汇总表的作用是帮助学生在行动体系的学习过程结束后,重构学科知识体系,实现两个体系的统一。

Q9.2.1 图 9.2.1(a)为带 LC 滤波的 Buck 变换电路,建立电路仿真模型,并观察其工作特点。控制要求:开关 T 的开关频率为 20kHz,占空比为 0.5。

解:

1)建立带 LC 滤波的 Buck 变换电路的仿真模型。

• 打开 PSIM 软件,建立图 9.2.2 中 Buck 变换电路的仿真模型,保存为仿真文件 Q9_2_1。

Q9_2_1
建模步骤

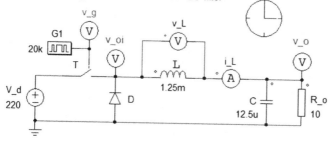

图 9.2.2 带 LC 滤波的 Buck 变换电路的仿真模型

2)设置仿真参数。

• 根据 9.2.2 中的标注,正确设置电源电压和电感、电阻、电容等器件的参数。

3)观测仿真结果。

• 运行仿真,观测开关 T 的门控信号 v_g、LC 滤波器的输入电压 v_{oi} 的波形,如图 9.2.5 所示。

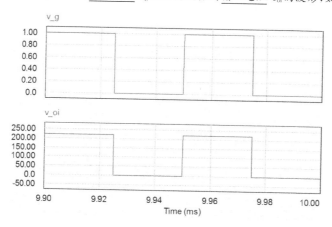

图 9.2.5 斩波器的门控信号和输出电压波形

• 观测门控信号 v_g 的开关频率和占空比,判断是否满足题目中的控制要求。

开关频率:$f = 1/T_s = $ _____。

占空比:$D = t_{on}/T_s = $ _____。

图 2 例题 Q9.2.1 的部分内容

2)每个专题的引言部分,通过承上启下(或引言)、学习目标、知识导图、基础知识和基本技能、工作任务 5 个栏目,使学生明确学习目标以及重难点。每个专题的结尾部分为专题小结和测验,专题小结将归纳该专题的主要知识点,专题测验将通过填空、选择等题目检测学生对该专题基本知识的掌握情况,提供及时的教学反馈。每个专题中,将以知识卡的形式突出核心知识点(见图3),便于学生查阅。

知识卡 9.1:稳态电路中电感上的伏秒平衡原则

稳态时电感电压在一个周期内的平均值为零。

图 3 知识卡 9.1

3)每个专题的习题以及习题中仿真报告的模板为电子资源,可扫码下载。多数专题中还包含若干课后思考题(见图4),设置课后思考题的目的之一是将部分学习内容放在课后完成,以节省课堂教学时间;另一个目的是为学有余力的学生提供一些拓展学习的课题。

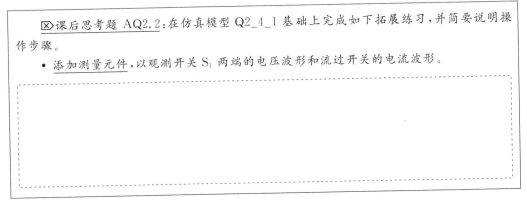

图 4 专题 2 的课后思考题

4)本教程的附录中包括重要术语解释(附录 1)、PSIM 仿真模型中用到的元件(附录 2)、知识卡和基础知识汇总表索引(附录 3)、贯穿课程的设计实例索引(附录 4)、各单元(各专题)中一些共同的基础知识(附录 5～12),以帮助课程学习。

综上所述,《电力电子工作坊教程》实现了从教材向学材的转化,从课本中学习向行动中学习的转变,从以教师为中心向以学生为中心的转移,体现了新工科建设背景下教材和教法改革的新趋势。

4 教程的体例说明

本课程教学过程中,将充分利用 PSIM 电路仿真工具来帮助学习。PSIM 是一款好学易用的电路仿真软件,入门很容易,本教程利用该软件进行电力电子电路的仿真研究。使用电路仿真软件可以构建实际电路的仿真模型,便于更加直观地分析问题,并极大地提高了解题效率。本教程中仿真工具是实现工作坊式教学的重要手段,几乎每个专题中都有电路仿真的内容,学生需要在自己的电脑上安装 PSIM 软件,以便完成仿真作业。本教程中使用的 PSIM 版本为 6.0(学生版)。根据 PSIM 仿真软件绘制电路图和波形图的特点,需要对教程中部分变量的书写规范进行如下说明。

1）为了与 PSIM 仿真软件中电压的文字符号保持一致，书稿中所有电压变量一律用"V"来表示。

2）在 PSIM 绘制的电路中，由于软件功能的限制，变量本身用正体字母表示，下划线之后的字母为下标，变量后面的数字均为下标，请注意与正文中变量及其下标的对应关系。例如：图 9.2.2 中变量 v_o，正文中用符号 v_o 表示；变量 G1，正文中用符号 G_1 表示。

本教程为新形态数字化教材，部分内容作为线上资源，可通过扫码进行阅读。

1）所有附录均作为线上资源，可通过扫码阅读。

2）在部分仿真例题中，建立仿真模型的过程（视频演示或文字说明）作为线上资源，可通过扫码观看或阅读。

目　　录

单元1 电力电子技术基础知识

• 学习目标

了解电力电子技术的概况。

熟悉电力电子技术课程学习所需要的基础知识。

• 知识导图

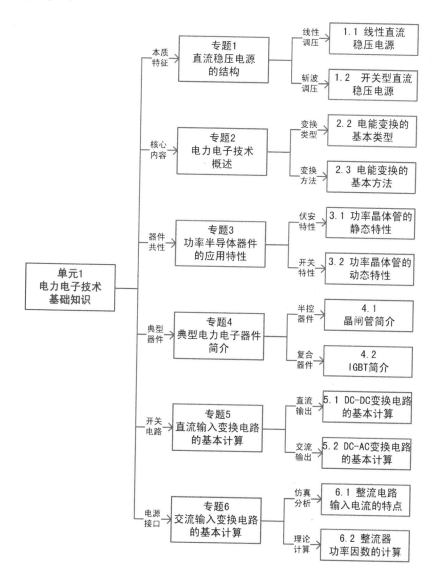

- **基础知识和基本技能**

直流稳压电源的种类和基本结构。

电能变换的基本类型。

功率半导体器件种类和应用特性。

有效值和平均值的计算。

周期信号的傅里叶分解。

非正弦电路中功率因数的计算。

- **工作任务**

建立基本电能变换电路的仿真模型。

查阅典型开关器件的数据手册。

计算开关型变换器的电气参量。

单元 1 学习指南

电力电子技术是电气工程学科的重要分支，是研究如何制作高效率电源的技术。单元 1 是课程的引论，主要介绍电力电子技术的概况及学习该课程需要的基础知识。

首先在专题 1 中，通过比较线性稳压电源和开关稳压电源，说明效率指标对电源的意义，以及提高电能变换效率的关键因素。进而在专题 2 中，从提高电能变换效率的角度给出电力电子技术的定义，并介绍电力电子技术的主要研究内容以及与相关学科的关系。

电力电子器件是直接用于主电路中，实现电能的变换或控制的电子器件。电力电子器件，一般指功率半导体器件，是电力电子电路（变流技术）的基础。电能变换器中的功率半导体器件工作于开关状态，往往具有较高的功率等级，要求能够承受高电压和大电流。功率半导体器件种类繁多、结构复杂，从应用的角度，可主要掌握器件的应用特性（外部特性）。专题 3 以功率晶体管（GTR）为例，介绍了功率半导体器件的主要应用特性。专题 4 重点介绍了电力电子器件中最具代表性的两个器件：SCR 和 IGBT，并在此基础上对各种典型器件进行了比较。

电力电子技术的先修课程包括电路、电子技术、电机学、自动控制理论和供配电技术等。在学习过程中用到以前学过的知识时，将进行适当的复习和讲解。作为本课程较重要的基础知识，专题 5 和专题 6 主要介绍了针对开关型变换器产生的非正弦的电压、电流波形的数学分析方法。包括平均值和有效值的计算，非正弦信号的傅里叶分解，波形畸变率和交流电路功率因数的计算等内容。

在学习和研究电力电子电路时，电路仿真软件是非常有用的工具。专题 2 介绍了简单易学的电力电子电路仿真软件 PSIM，在其后的专题中将利用该软件进行仿真研究。

单元 1 由 6 个专题组成，各专题的主要内容详见知识导图。学习指南之后是"单元 1 基础知识汇总表"，帮助学生梳理和总结本单元所涉及的主要学习内容。

单元 1 基础知识汇总表

基础知识汇总表如表 U1.1～表 U1.4 所示。

表 U1.1　电能变换的基本类型和变换器的拓扑结构

基本类型	变换器拓扑结构	变换器输出波形
DC – DC		
DC – AC		
AC – DC		
AC – AC		

表 U1.2　开关型变换器的基本计算

参量	信号波形	计算公式
平均值	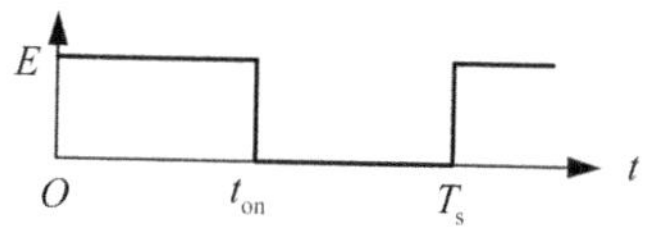	
有效值		

续表

参量	信号波形	计算公式
基波分量（有效值）	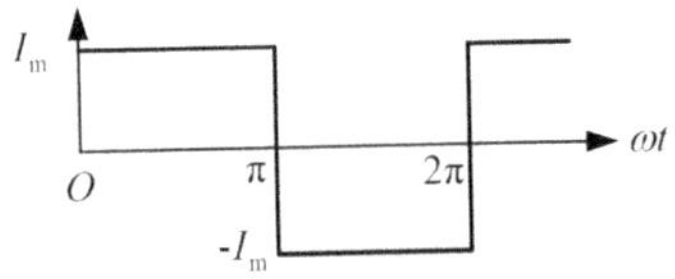	
畸变率		
功率因数	注：上述为端口电流波形，端口电压为同频率、同相位的正弦电压。	

信号波形图（I_m，O，π，2π，ωt，$-I_m$）

表 U1.3　电力电子器件比较表 1

比较内容	P. MOSFET	GTR	IGBT	GTO	SCR
电气符号					
理想伏安特性					
导通条件					
关断条件					

表 U1.4 电力电子器件比较表 2

比较内容		P. MOSFET	GTR	IGBT	GTO	SCR
控制性能	半控					
	全控	○				
载流子	单极型					
	双极型					
	复合型					
功率等级	小功率					
	中等功率					
	大功率					
开关频率	低					
	中等					
	高					
驱动类型	电流驱动					
	电压驱动					
	脉冲驱动					

注:在正确的分类栏目中填入"○"标志。例如,P. MOSFET 为全控器件。

专题 1　直流稳压电源的结构

• 引　言

电子产品中一般包含一个或多个直流稳压电源,为内部的数字或模拟电子电路提供工作电源。假设一个直流稳压电源的技术要求是:输入为 AC 220V;输出为 DC 5V。本专题将通过两个具体示例,分析直流稳压电源的两种典型结构形式,并通过比较说明效率指标对电源的意义,以及提高电能变换效率的关键因素。

• 学习目标

了解影响电源效率的主要因素。

• 知识导图

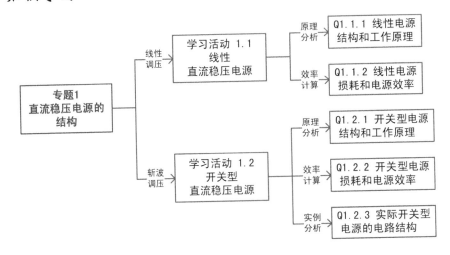

• 基础知识和基本技能

线性直流稳压电源的结构和工作原理。

开关型直流稳压电源的结构和工作原理。

电能变换过程中损耗和电源效率的计算方法。

• 工作任务

通过比较两类稳压电源,分析提高电能变换效率的方法。

学习活动 1.1　线性直流稳压电源

在模拟电子技术中介绍的直流稳压电源(电路)，一般属于<u>线性直流稳压电源</u>，它是利用工作于线性放大状态的晶体三极管实现对输出电压的调节和控制。下面通过例题来分析一种典型的线性直流稳压电源的工作原理，并评价电源的工作效率。

> **Q1.1.1**　线性串联稳压电源的电路结构如图 1.1.1 所示，试分析其工作原理。

解：

1)线性串联稳压电源的组成及各部分的主要功能。

- 线性串联稳压电源如图 1.1.1 所示，主要由变压、整流和稳压三个部分组成。

- 电源<u>变压器</u> T_1，输入端接工频电源，变压器的作用是_____。

- 桥式<u>整流器</u> $VD_1 \sim VD_4$ 和滤波容 C_1，作用是_____，整流器的平均输出电压用 V_d 表示。

- <u>串联稳压电路</u> VT_1、A_1、R_1、R_2，作用是_____，稳压电路的平均输出电压用 V_o 表示。误差放大器 A_1 的正输入端为参考电压 V_{ref}，负输入端为反馈电压 V_f，输出为两者之差。

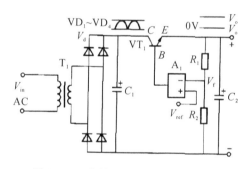

图 1.1.1　线性串联稳压电源的结构

2)直流稳压部分的基本工作原理。

- 图 1.1.1 所示稳压控制系统的原理性方框图如图 1.1.2 所示，在方框中填入<u>各个环节</u>的名称。直流稳压部分的基本原理是反馈控制原理。

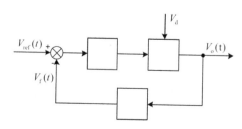

图 1.1.2　稳压控制系统的原理性方框图

- 当输入电压 V_d 受到扰动有所下降时，说明该电路输出电压的<u>调节过程</u>。

$V_d \downarrow \Rightarrow V_o \downarrow \Rightarrow$ _____。

其他情况下,电压调整的过程依此类推。

• 由于稳压过程中调压晶体管 VT_1 与负载_____,且工作于_____状态,故该电路称作线性串联稳压电路。

$\triangle$

在例 Q1.1.1 中,电能变换过程中的损耗主要出现在 VT_1 上,其平均功率损耗为:

$$P_{loss} = \frac{1}{T}\int_0^T v_{CE} i_E \, dt \tag{1.1.1}$$

式中,P_{loss} 为功率器件上的平均功率损耗;v_{CE} 为器件两端的电压;i_E 为通过器件的电流;T 为计算功率损耗的周期。

如果只考虑 VT_1 上的功率损耗,电源的效率近似为:

$$\eta = \frac{P_o}{P_{in}} \times 100\% \approx \frac{P_o}{P_o + P_{loss}} \times 100\% \tag{1.1.2}$$

式中,η 表示电源的效率;P_o 为电源的输出功率;P_{in} 为电源的输入功率。可近似认为输入功率的小部分消耗在功率器件上,其余大部分转化为输出功率。

> **Q1.1.2** 接上例,设 $V_d = 7 \sim 10V$,$V_o = 5V$,$I_o = 1A$,试估算此时调压晶体管 VT_1 上的损耗和电源的效率。

解:

• 在图 1.1.1 中,直流电压 V_d 变化时,调压晶体管 VT_1 的管压降 V_{CE} 会自动调整,使输出电压 V_o 保持不变,电压关系式为:

$$V_d = V_{CE} + V_o \tag{1.1.3}$$

• 利用式(1.1.3)确定管压降 V_{CE} 的变化范围,然后根据式(1.1.1)估算调压晶体管 VT_1 的平均功率损耗。

最小损耗:$P_{loss_min} \approx V_{CE} I_E = V_{CE_min} I_o = $ _____。

最大损耗:$P_{loss_max} \approx V_{CE} I_E = V_{CE_max} I_o = $ _____。

• 利用上面确定的功率损耗,根据式(1.1.2)估算电源的效率。

最高效率:$\eta_{max} \approx \dfrac{P_o}{P_o + P_{loss_min}} \times 100\% = $ _____。

最低效率:$\eta_{min} \approx \dfrac{P_o}{P_o + P_{loss_max}} \times 100\% = $ _____。

$\triangle$

从功率损耗/效率、体积/重量角度来分析,线性稳压电源存在如下的缺点:

1)由于调压晶体管 VT_1 上的较大的功率损耗,导致线性稳压电源效率不高;

2)由于工频变压器 T_1 的存在,使电源的体积和重量均较大。

解决上述问题的改进思路如下:

1)改变 VT_1 的调压方式(工作状态);

2)取消工频变压器。

学习活动 1.2　开关型直流稳压电源

从例 Q1.1.2 可以看出,线性稳压电源的效率不高,而作为电源最重要的性能指标就是电能变换的效率,下面以开关型直流稳压电源为例来说明实现高效电能变换的基本思路。与线性稳压电源不同,<u>开关型</u>直流稳压电源是利用工作于开关状态的功率半导体元件,实现对输出电压的调节和控制。其中直流稳压部分的原理图如图 1.2.1 所示。

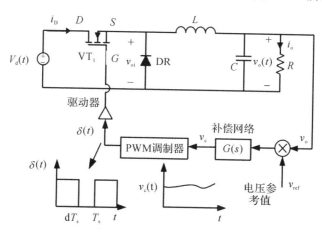

图 1.2.1　开关型直流稳压电源中直流稳压部分的原理图

> Q1.2.1　开关型直流稳压电源中的直流稳压部分如图 1.2.1 所示,试分析其工作原理。

解:

1) 直流稳压部分的组成及各部分的主要功能。

• 直流稳压部分如图 1.2.1 所示,输入为直流电源 V_d(假设电压恒定),该电路主要由<u>斩波器</u>、滤波器和反馈控制环路等三个部分组成。

• 功率开关器件 VT_1(MOSFET),工作于开关状态,作用是斩波,该电路也称<u>斩波器</u>。当加在门极的驱动信号为高电平时,器件导通;当驱动信号为低电平时,器件截止。

• L、C、DR 构成低通<u>滤波器</u>,作用是滤波和续流。当器件 VT_1 关断时,电感电流将通过 DR 续流。

• 比较器、补偿网络(控制器)和 PWM 调制器,作用是构成<u>反馈控制环路</u>。PWM 的含义是脉冲宽度调制,PWM 调制器产生宽度可变的脉冲,脉冲宽度与输入信号 v_c 成正比,作为 VT_1 的开关控制信号,脉冲波形见图中 $\delta(t)$。

2) 斩波器和滤波器的基本工作原理。

• 在图 1.2.2 和图 1.2.3 中,v_{GS} 为 VT_1 的门极驱动信号。在一个开关周期 T_s 中,v_{GS} 为高电平时(对应时间段为 t_{on})VT_1 饱和导通,v_{GS} 为低电平时 VT_1 处于阻断状态。

• 试在图 1.2.2 中画出一个开关周期中,LC 滤波器的<u>输入电压</u> v_{oi} 和输出电压 v_o 的波形。图中 V_d 为直流电源电压的幅值（假设电压恒定）。经过滤波器之后 v_o 近似为 v_{oi} 的平均值。

• 试在图 1.2.3 中画出器件 VT_1 的<u>管压降</u> v_{DS} 和<u>漏极电流</u> i_D 的波形。假设理想开关 VT_1 导通时通态电阻很小，关断时阻断电阻很大；且器件开关速度很快。图中 V_d 为直流电源电压的幅值，I_o 为负载电流的幅值，假设负载电流平直且与电感电流相同。

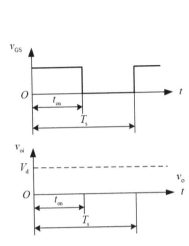

图 1.2.2　斩波器输出电压波形　　图 1.2.3　VT_1 上的电压和电流波形

• 根据图 1.2.2 中的波形，计算<u>滤波器输出电压</u> v_o 的平均值 V_o（与滤波器输入电压 v_{oi} 的平均值 V_{oi} 相同），试用占空比 D 来表示。

$$V_o \approx V_{oi} = \underline{\qquad} \qquad D = \frac{t_{on}}{T_s} \tag{1.2.1}$$

式中，导通时间与开关周期的比值 D，定义为开关器件的占空比。

3）直流稳压部分的基本工作原理。

• 直流稳压部分的原理性方框图如图 1.2.4 所示，在方框中填入<u>各个环节</u>的名称。

• 当输入电压 V_d 受到扰动有所下降时，试说明<u>输出电压</u>的调节过程。

$V_d \downarrow \Rightarrow V_o \downarrow \Rightarrow \underline{\qquad\qquad\qquad\qquad}$。

• 由于调压过程中功率场效应晶体管 VT_1 处于 $\underline{\qquad}$ 工作状态，通过控制 $\underline{\qquad}$ 的变化来调节输出电压平均值，故称<u>开关型</u>稳压电路。

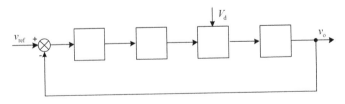

图 1.2.4　稳压控制系统的原理性方框图

Q1.2.2 接上例,计算开关型稳压电源的功率损耗和电能变换效率。

解:

- 根据图 1.2.3 中的波形,参照式(1.1.1)计算器件 VT_1 的平均损耗。

$$P_{loss} = \frac{1}{T_s} \int_0^{T_s} v_{DS} i_D dt = \underline{\hspace{4cm}} 。$$

- 根据图 1.2.3 中的波形,参照式(1.1.2)估算开关型稳压电源的效率。

$$\eta = \frac{P_o}{P_{in}} \approx \underline{\hspace{4cm}} 。$$

可见,功率器件工作于开关状态,损耗小、电源效率高。由于功率器件损耗小,可配置较小的散热器,使得装置体积更小。

△

Q1.2.3 实际的开关型电源如图 1.2.5 所示,查找相关资料试分析该电路的工作原理。

解:

1)分析开关型电源的结构和功能。

- 开关电源的原理性结构如图 1.2.5 所示。整流电路的输入直接连接交流电源,取消了笨重的工频变压器。为了实现隔离和降压的功能,整流电路的输出侧接入小而轻的高频变压器。取消工频变压器而改用高频变压器,可以明显地减轻稳压电源的体积和重量。

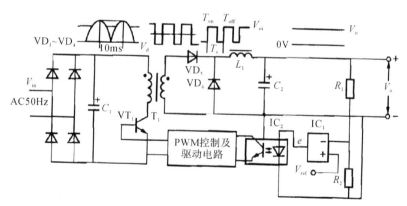

图 1.2.5 实际的开关型稳压电源原理图

- 参照例 Q1.2.1,试分析图 1.2.5 中开关电源的主要组成部分及各部分的主要功能。

2）分析开关型电源中稳压部分的工作原理。

- 稳压控制系统的原理性方框图如图 1.2.6 所示，在方框中填入各个环节的名称。

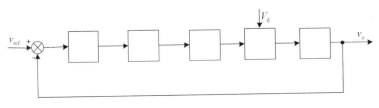

图 1.2.6　稳压控制系统的原理性方框图

- 当输入电压 V_d 受到扰动有所下降时，试说明输出电压的调节过程。

$V_d \downarrow \Rightarrow V_o \downarrow \Rightarrow$ ＿＿＿＿＿＿＿＿＿＿＿＿＿＿＿＿。

⊠课后思考题 AQ1.1：查阅相关资料，根据上述步骤完成本题。

与线性稳压电源相比较，开关型稳压电源有如下优点：

1）功率器件工作于开关状态，损耗小、电源效率高；由于功率器件损耗小，可配置较小的散热器，使得装置体积更小。

2）取消了笨重的工频变压器，改用小而轻的高频变压器，可实现装置的小型化。

专题 1 小结

本专题对线性稳压电源和开关型稳压电源这两种典型电源，进行了分析和比较。两种电源都是通过反馈控制实现稳压的目的。

1）线性稳压电源与开关型稳压电源的主要区别，在于承担电能变换和控制作用的功率半导体器件的工作方式不同：

- 线性稳压电源中功率半导体器件工作于线性放大状态，器件损耗较大，电源效率较低。

- 开关型稳压电源中功率半导体器件工作于开关状态，器件损耗较小，电源效率较高。

2）两者的另一个显著区别是开关型电源取消了笨重的工频变压器，改用小而轻的高频变压器，可实现装置的小型化。

对于电源来讲，最重要的性能指标是电能变换的效率。电能变换过程中功率损耗和电源效率的近似计算公式见式（1.1.1）和式（1.1.2）。稳压电源设计的关键问题之一是如何实现高效率的电能转换，而这正是电力电子技术的核心问题。下个专题将介绍电力电子技术的概况。

专题 1 测验

R1.1 串联线性稳压电路，调压晶体管与负载串联，且工作于（　　）状态，通过控制晶体管（　　）的变化来调节输出电压。开关型稳压电路中，斩波晶体管处于（　　）工作状态，通过控制（　　）的变化来调节输出电压平均值。

A.线性放大　　　　B.开关　　　　　　C.管压降　　　　　D.占空比

R1.2　填写表 R1.1，比较两种结构直流稳压电源的主要特点。

表 R1.1　两种结构稳压电源的比较

主要指标	线性直流稳压电源	开关型直流稳压电源
晶体管 VT$_1$ 的工作状态		
晶体管 VT$_1$ 的功率损耗		
变压器的类型		
电源的效率		
电源的体积和重量		
电路的复杂程度		

R1.3　图 1.1.1 中稳压电路，设 $V_d = 20\text{V}$，输出电压平均值为 12V，输出电流平均值为 1A，则晶体管 VT$_1$ 的近似损耗为（　　），电源的近似效率为（　　）。

　　A. 12W　　　　　　B. 8W　　　　　　　C. 60%　　　　　　D. 40%

R1.4　图 1.2.1 中稳压电路，设 $V_d = 20\text{V}$，晶体管 VT$_1$ 的开关周期是 $100\mu\text{s}$，占空比为 25%，则 VT$_1$ 的导通时间为（　　），斩波器输出电压的平均值为（　　）。

　　A. $25\mu\text{s}$　　　　　　B. $50\mu\text{s}$　　　　　　C. 5V　　　　　　C. 10V

专题 1
习题

专题 2　电力电子技术概述

• 承上启下

专题 1 中介绍的线性稳压电源,是利用模拟电子技术原理设计的,由于功率晶体管损耗较大,导致电能转换效率不高。为了提高电源的电能转换效率,电子技术学科的一个新分支应运而生,这就是电力电子技术。专题 1 中介绍的开关型稳压电源就是采用电力电子技术原理设计的。

电力电子技术是电气工程学科的重要分支,是研究如何制作高效率电源的技术。本专题将从提高电能变换效率的角度给出电力电子技术的定义,并介绍其主要研究内容及其与相关学科的关系。为了帮助学习,本专题还将介绍一种简单易学的电力电子电路仿真软件 PSIM。

• 学习目标

了解电能变换的基本类型和方法。

• 知识导图

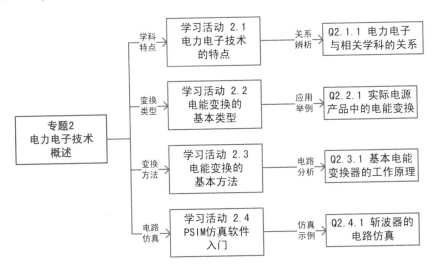

• 基础知识和基本技能

电力电子技术的特点和研究内容。

电能变换的基本类型和方法。

仿真软件 PSIM 的基本使用方法。

•工作任务

建立基本电能变换电路的 PSIM 仿真模型。

学习活动 2.1 电力电子技术的特点

电力电子技术(Power Electronics)是使用电力电子器件对电能进行变换和控制的技术。电力电子技术具有以下特点：

1)电力电子技术是电子技术的一个分支，是应用在电力变换领域的电子技术。而以前学习过的微电子技术(包括模拟电子技术和数字电子技术)是应用在信息处理领域的电子技术。电力电子技术的核心目标是实现高效的电能变换。

2)电能变换电路一般由功率半导体器件和电感、电容等无功率损耗的器件组成。电能变换电路中的功率半导体器件一般称作电力电子器件。为了减小损耗，电力电子器件应工作于开关状态。

3)电力电子技术的研究内容包括电力电子器件的制造技术和电能变换技术(即变流技术)。变流技术中又包括变流电路、控制方式及装置设计等内容。

综上所述，电力电子技术的研究内容及其与电子技术的关系如图 2.1.1 所示。

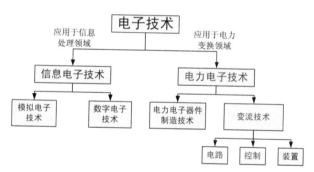

图 2.1.1 电力电子技术的研究内容及其与电子技术的关系

4)电力电子技术是在电力、电子和控制等学科基础上形成的交叉学科，是电气工程领域最具活力的研究方向之一。电力电子技术与相关学科的关系如图 2.1.2 所示。

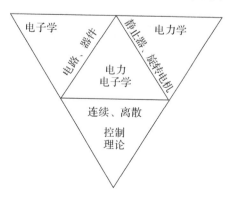

图 2.1.2 电力电子技术与相关学科的关系

Q2.1.1　以例 Q1.2.1 中开关型直流稳压电源为例,说明在该产品中,电力电子技术与信息电子技术的相互关系,以及电力电子技术与其他学科的交叉关系。

解:

• 以开关型直流稳压电源为例,电力电子产品在主电路中要运用_____电子技术,在控制_____电路中要运用_____电子技术,所以电力电子产品是一种混合电子产品。

• 电力电子产品中要运用_____技术来制作控制电路,运用_____理论设计校正装置,最终目的是实现_____变换,所以与电子、电力和控制等学科均有交叉关系。

△

能源是人类永恒的话题,电能是最优质的能源。电力电子技术是电能变换的技术,是把粗电变精电的技术。电力电子装置的需求迅速增长,应用领域不断扩大。据统计 70% 的电能都是经过变换后才使用的,随着科技的发展,电能变换的比例将会进一步提高。

现代科技的发展不断推动着电力电子技术的发展。电力电子器件(半导体)技术和微处理器技术的进步极大地推动了电力电子技术的发展。电力电子技术是电气工程领域的最活跃的新学科和迅速发展的朝阳产业。

学习活动 2.2　电能变换的基本类型

电能变换的含义:在输入与输出之间,将电压、电流、频率(含直流)、相位、相数中的一项以上加以改变。电能变换系统的输入、输出关系如图 2.2.1 所示。

为了简化起见,可将电能划分为直流和交流两种类型,这样根据电能输入类型与电能输出类型的不同组合,电能变换可划分为以下四个基本类型,如表 2.2.1 所示。这四个基本类型的变流电路就是本门课程的主要学习内容。

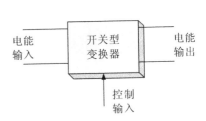

图 2.2.1　电能变换系统的输入、输出关系

知识卡 2.1:电能变换的四个基本类型

表 2.2.1　电能变换的四个基本类型

输　入	输　出	
	直流(DC)	交流(AC)
交流(AC)	整流	交流电力控制变频、调功
直流(DC)	直流斩波	逆变

Q2.2.1　对于四个基本的电能变换类型,试举例说明其在实际电源产品中的应用。

解:

1)查阅资料填写表 2.2.2,每个类型至少列出 2 个典型应用。

表 2.2.2　四个基本电能变换类型在实际产品中的应用

变换类型	应用举例
AC – DC	
DC – DC	直流开关电源、
DC – AC	
AC – AC	

2)画出其中一个典型应用中电能变换电路的示意图,并简述其工作原理。

☒课前思考题 AQ2.1:要求通过预习,于课前完成本题。

△

学习活动 2.3　电能变换的基本方法

电力电子技术是电能变换的技术,其主要目标是实现高效的电能变换。在电能变换电路中,为了尽量提高电能变换的效率,应采用开关型变换器,即变换电路中的功率器件工作于开关状态。开关型变换器能将电能任意地、高效率地变换和控制。典型电能变换器的拓扑结构和控制方法是本门课程的主要内容。

2.3.1　开关型变换器的一般性拓扑结构

电力电子变换器(电路)是采用开关的导通和关断来控制输出的电压或者电流,实现电能的变换和控制。以单相整流器为例,开关型变换器的一般性拓扑结构如图2.3.1所示:A和B为变换器输入端口,P和N为变换器输出端口,则该变换器实际上是一个双端口网络,其内部由开关器件$S_1 \sim S_4$组成了矩阵型的电路,所以称作矩阵式变换器。

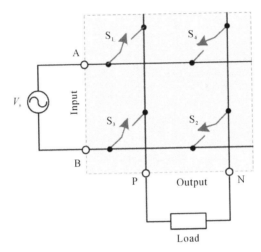

图2.3.1　矩阵式变换器

矩阵式变换器的基本工作原理是:控制位于矩阵交叉点上开关的通断状态,以改变输出和输入之间的连接关系,对输入电源的波形进行合理重构,最终在输出端得到所需的波形(电能形式)。各种类型的实际变换电路都是从矩阵式变换器演变而来的,在实际应用中要用各种具体的电力电子器件来替代图2.3.1中的开关。

2.3.2　电能变换的基本方法

下面分析各种开关型变换器的基本结构及其实现电能变换的基本方法。

> Q2.3.1　四种电能变换电路的基本结构如图2.3.2至图2.3.5所示。合理控制开关$S_1 \sim S_4$的导通和关断,可以实现各种基本类型的电能变换。试分析各变换器的工作原理,并根据其结构和输出电压波形,画出其开关控制信号的波形("1"表示闭合,"0"表示关断)。

解:

1)DC-DC变换电路的基本结构和工作原理。

• 一种简单的DC-DC变换电路如图2.3.2(a)所示。该变换电路又称直流斩波器,输入为直流电源E,输出接负载电阻R_o,通过开关S_1来调节输出电压v_o的平均值。

• 门控器件G_1用于产生开关S_1的控制信号,门控信号为"1"时开关闭合,门控信号为

"0"时开关断开。假设输出电压 v_o 的波形如图 2.3.2(b)所示,试分析门控信号 G_1 的波形,并补充在图(b)中。

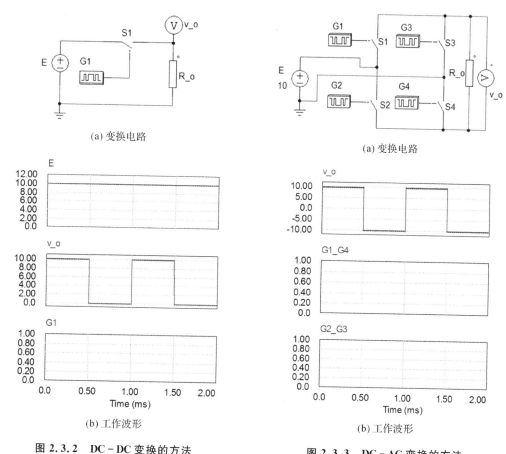

(a) 变换电路   (a) 变换电路

(b) 工作波形   (b) 工作波形

图 2.3.2   DC – DC 变换的方法   **图 2.3.3   DC – AC 变换的方法**

2)DC – AC 变换电路的基本结构和工作原理。

• 一种简单的 DC – AC 变换电路如图 2.3.3(a)所示。该变换电路又称逆变器,输入为直流电源 E,开关 $S_1 \sim S_4$ 组成了桥式逆变电路,输出为交流方波电压 v_o。

• 假设开关 S_1 和 S_4 一起动作,开关 S_2 和 S_3 一起动作,且输出电压 v_o 的波形如图 2.3.3(b) 所示,试分析门控信号 $G_1\_G_4$ 和 $G_2\_G_3$ 的波形,并补充在图(b)中。

3)AC – DC 变换电路的基本结构和工作原理。

• 一种简单的 AC – DC 变换电路如图 2.3.4(a)所示。该变换电路又称整流器,输入为交流电源 v_s,开关 $S_1 \sim S_4$ 组成了桥式整流电路,输出为脉动的直流电压 v_o。

• 假设开关 S_1 和 S_4 一起动作,开关 S_2 和 S_3 一起动作,且输出电压 v_o 的波形如图 2.3.4(b) 所示,试分析门控信号 $G_1\_G_4$ 和 $G_2\_G_3$ 的波形,并补充在图(b)中。

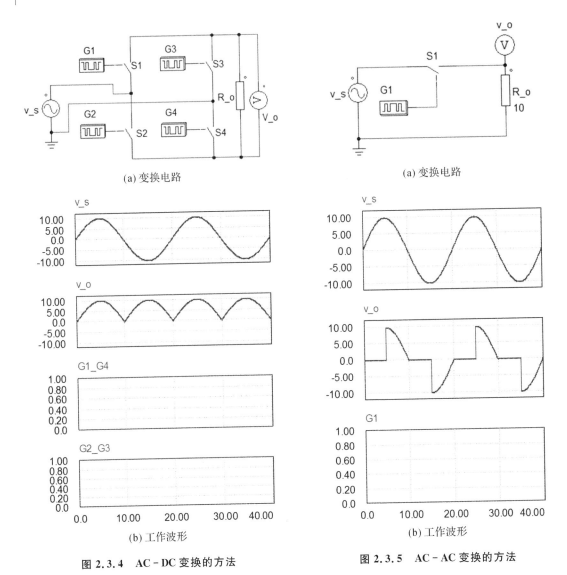

(a) 变换电路　　　　　　　　　　　　　(a) 变换电路

(b) 工作波形　　　　　　　　　　　　　(b) 工作波形

图 2.3.4　AC - DC 变换的方法　　　**图 2.3.5　AC - AC 变换的方法**

4)AC - AC 变换电路的基本结构和工作原理。

• 一种简单的 AC - AC 变换电路如图 2.3.5(a)所示。该变换电路又称<u>交流调功器</u>,输入为交流电源 v_s,通过开关 S_1 来调节输出电压 v_o 的有效值。

• 假设输出电压 v_o 的波形如图 2.3.5(b)所示,试分析<u>门控信号 G_1</u> 的波形,并补充在图(b)中。

△

学习活动 2.4　PSIM 仿真软件入门

利用计算机仿真软件来研究电力电子电路有以下好处:

1)搭建电路简单,在短时间内安全地得到结果。

2）电路参数和电压等诸多条件可以容易地改变。

3）适合于电力电子电路的分析设计和工程计算，可避免烦琐的理论计算，成为工程设计中不可缺少的工具软件。

4）在大学教学中，利用电路仿真软件可方便地开展仿真实验，帮助学生加深对理论知识的理解，并可提高课程教学、解题作业和分析研究的效率和质量。

常用的电力电子电路仿真软件主要有以下几种：

1）PSPICE、SABER（侧重开关电源，专业电路仿真软件）；

2）MATLAB（侧重控制系统，各行业通用的仿真软件）；

3）PSIM（侧重电机驱动，可结合硬件联机仿真）。

本课程将采用PSIM仿真软件，以利于更好地学习和研究电力电子电路。PSIM 是由美国 Powersim 公司开发的面向电力电子电路的仿真软件，具有如下特点：

1）仿真时的时间步长是固定的，不容易出现开关动作时的不收敛问题，可以进行快速的仿真。

2）用于电力电子专用的模型库很丰富，可以搭建同实际电路同样的电路模型。

3）可以搭建模拟和数字电路混合的控制电路。

4）半导体器件都采用理想开关。

5）软件操作简便，适用于概念的理解和控制回路的设计，是一种易于初学者使用的仿真软件。

6）PSIM 的试用版 PSIM-demo 可免费试用，且软件小巧，易于安装。

PSIM 同其他电路仿真软件一样，通过图形化的人机交互方式输入电路（SimCAD），实施计算（PSIM 仿真器），显示计算结果（Simview）。

下面以图 2.3.2 中的直流斩波器为例，介绍 PSIM 的使用方法。

Q2.4.1　利用 PSIM 仿真软件建立图 2.3.2 中斩波器的电路仿真模型，并观测仿真结果。

解：

1）用 SimCAD 建立电路仿真模型。

• 打开 PSIM 软件，建立直流斩波器的电路仿真模型，如图 2.4.1 所示。仿真模型中各元件按照如下方法找到后，放置在工作窗口中，然后用工具栏上"Wire"按钮 ✐ 连线。仿真模型建立好之后，保存为仿真文件 Q2_4_1。

• 功率电路中的直流电源 E（DC Voltage Source）、负载电阻 R_0（Resistor）等器件，以及控制部分的门控器件 G_1（Gating Block），可从 SimCAD 窗口下方的元件工具条中找到。

Q2_4_1
建模步骤

• 双向开关 S_1（Bi-directional Switch）可在菜单 Elements→Power→Switched 下找到。

提示：常用元件可在元件工具条中找到，其他元件需要在菜单 Elements 下查找。查找元件的快捷方法是：按下 SimCAD 窗口上方工具栏上"Library Browser"按钮 ▥ ，可弹出库浏览器窗口，输入要查找元件的英文名称，可快速找到该元件。例如，查找双向开关的库浏览器窗口，如图 2.4.2 所示。

2)设置元件参数。

● 双击<u>直流电源</u>E打开元件的属性窗口,进行参数设置。

Name(名称)设置为"E"。

Amplitude(幅值)设置为"10"(单位:V)。

勾选 Display(显示)选项,显示该元件的名称和幅值。

● 双击<u>负载电阻</u>R_o打开元件的属性窗口,进行参数设置。

Name(名称)设置为"R_o"。

Resistance(阻值)设置为"10"(单位:Ω)。

勾选 Display(显示)选项,显示该元件的名称和幅值。

● <u>门控器件</u>G_1用于产生开关S_1的控制信号,信号为"1"时开关闭合,信号为"0"时开关断开。双击该器件打开元件的属性窗口,进行参数设置,如图 2.4.3 所示。

Name(名称)设置为"G1"。

Frequency(频率)设置为"1000"(单位:Hz)。

No. of Points(开关次数)设置为"2"(单位:次)。

Switching Points(开关点的电角度)设置为"0 180"(单位:°)。

勾选 Display(显示)选项,显示该元件的名称。

注:在元件的属性窗口中点击"<u>Help</u>"按钮,可以打开帮助信息,了解该元件的功能和参数。

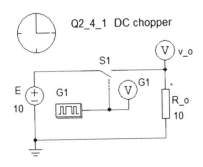

图 2.4.1 斩波器的电路仿真模型

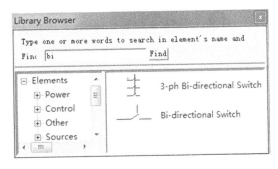

图 2.4.2 库浏览器窗口

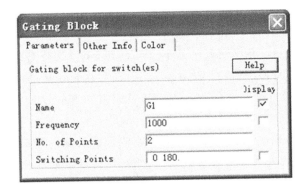

图 2.4.3 门控元件 G_1 的属性窗口

3)使用测量元件。

· <u>单端电压表</u> G_1 和 v_o(Voltage Probe:node to ground)用于测量门控信号和负载电压,并输出被测信号(变量)的仿真结果。测量元件可从元件工具栏中选取。

· 双击<u>电压表</u> G_1 打开元件的属性窗口,进行参数设置。

Name(名称)设置为"G1"。

勾选 Display(显示)选项,显示该元件的名称。

· 双击<u>电压表</u> v_o 打开元件的属性窗口,进行参数设置。

Name(名称)设置为"v_o"。

勾选 Display(显示)选项,显示该元件的名称。

· 单端电压表测量电压的参考点为<u>接地端</u>(Ground),可从元件工具栏中找到。

4)设定仿真条件。

· 图 2.4.1 中的表形元件为<u>仿真控制器</u>(Simulation Control),它用来设置仿真计算的条件,可在菜单 Simulate 下找到。

· 双击<u>表型元件</u>,打开属性窗口进行参数设置。

Time Step(仿真步长)设置为"1E−006"(单位:s),表示计算的步长为 $1×10^{-6}$s。

Total Time(总仿真时间)设置为"0.002"(单位:s),表示仿真将持续 2ms。

5)执行仿真分析。

· 按下工具栏上"Run Simulation"按钮![]可<u>启动仿真计算</u>,计算完成后,Simview 会自动启动,弹出属性对话框。

· 首先在属性对话框中选择变量 G_1,画出该信号的<u>仿真波形</u>。

· 然后点击 Simview 窗口上方标准工具条上的增加图形按钮![],在属性对话框中选择变量 v_o,可在当前波形图下方<u>增加一个波形图</u>,如图 2.4.4 所示。

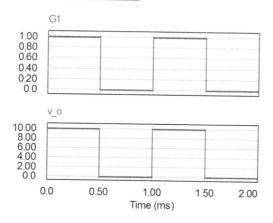

图 2.4.4　显示门控信号 G_1 和输出电压 v_o 的仿真波形

提示:在 Simview 窗口中,可以利用窗口上方标准工具条上的功能按钮,增、减曲线和波形图,以及调节坐标轴的范围;还可以利用窗口下方<u>测量工具条</u>上的功能按钮,对所测量的信号进行定量的分析,比如显示被测信号的平均值、有效值等,以及对信号进行 FFT 变换。

编写仿真报告时,可通过菜单 Edit→Copy to Clipboard,拷贝仿真电路图或波形图。

⊠课后思考题 AQ2.2：在仿真模型 Q2_4_1 基础上完成如下拓展练习，并简要说明操作步骤。

- 添加测量元件，以观测开关 S_1 两端的电压波形和流过开关的电流波形。

- 修改有关参数，将开关 S_1 的控制信号频率改为"2kHz"、占空比改为"0.4"，并观测其波形。

△

专题 2 小结

本专题对电力电子技术的特点和研究内容、仿真工具等进行了概述：

1）电力电子技术是电子技术的一个分支，是应用在电力变换领域的电子技术。电力电子技术是使用电力电子器件对电能进行变换和控制的技术，其主要目标是实现高效的电能变换。

2）电力电子技术的研究内容包括电力电子器件的制造技术和电能变换技术（即变流技术）。根据电能输入类型与电能输出类型的不同组合，电能变换可划分为四个基本类型。实际电源产品中的电能变换电路，基本上可以看作是上述四个基本类型的组合。

3）在电能变换电路中，为了尽量提高电能变换的效率，应采用开关型变换器。开关型变换器能将电能任意地、高效率地变换和控制。典型电能变换器的拓扑结构和控制方法是本课程的主要内容。

4）PSIM 仿真软件是一种针对电机驱动应用开发的电力电子电路仿真软件，要求学生熟练掌握该仿真工具，并结合教学内容开展仿真实验，提高求解习题和分析研究的效率。

专题 2 测验

R2.1　关于电力电子技术，下列说法正确的是（　　　）。

A.电力电子技术是对电能进行变换和控制的技术，所以直流线性稳压电源中的电能变换技术也属于电力电子技术

B.电能变换电路中的功率半导体器件一般称作电力电子器件，电力电子器件既可工作

于线性放大状态,也可工作于开关状态

　　C. 电力电子技术的研究内容包括电力电子器件的制造技术和变流技术

　　D. 电力电子技术是一门由电力、电子和控制三个学科交叉形成的边缘学科

R2. 2　电能变换的含义是在输入与输出之间,将(　　　)中的一项以上加以改变。

　　A. 电压　　　　　　　B. 功率　　　　　　　C. 频率　　　　　　　D. 相数

R2. 3　逆变和变频归属的电能变换类型分别是(　　　)和(　　　)。

　　A. AC - DC　　　　B. DC - AC　　　　C. DC - DC　　　　D. AC - AC

R2. 4　关于 PSIM 仿真软件,下列说法正确的是(　　　)。

　　A. PSIM 仿真软件是侧重于开关电源应用的电力电子电路仿真软件

　　B. PSIM 仿真软件是侧重于电机驱动应用的电力电子电路仿真软件

　　C. 仿真步长是变化的,可以进行快速的仿真

　　D. 半导体器件多采用理想开关模型

专题 2
习题

专题 3 功率半导体器件的应用特性

• 承上启下

专题 2 介绍了电力电子技术的概况,它是使用电力电子器件对电能进行变换和控制的技术,其主要研究内容包括电力电子器件和变流技术。

电力电子器件是直接用于主电路中,实现电能的变换或控制的电子器件。电力电子器件,一般指工作于开关状态的功率半导体器件,是电力电子电路(变流技术)的基础。专题 3 和专题 4 将围绕有哪些、怎么用、用在哪等核心问题,介绍电力电子器件的种类、特性和应用。作为基础知识,附录 5首先介绍了功率半导体器件的主要种类,附录 6 分析了各类功率器件在结构上的共同特点,并概括了器件的主要应用特性。在此基础上,本专题将以功率晶体管为例,介绍电力电子器件的主要应用特性。

附录 5

附录 6

• 学习目标

了解功率半导体器件(电力电子器件)的应用特性。

• 知识导图

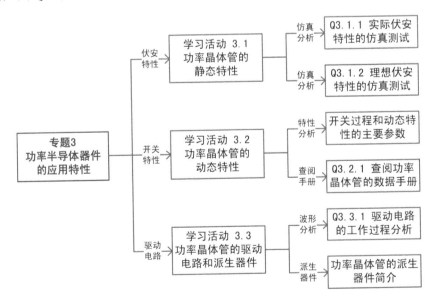

• 基础知识和基本技能

电力电子器件的特征和分类。

功率半导体器件的结构特点。

功率晶体管的主要特性和驱动电路。

● 工作任务

查阅典型器件的数据手册，获取主要的应用参数。

学习活动 3.1　功率晶体管的静态特性

在设计变流电路时，要根据具体的应用场合选择适合的电力电子开关器件，所以必须要了解各种电力电子器件的基本特性。虽然电力电子器件的结构和特性比较复杂，但是从应用的角度来看，一般只关心其主要的静态特性和动态特性。下面以功率晶体管（GTR）为例，介绍电力电子器件的主要应用特性，其他类型的功率半导体器件也具有类似的特性，可以通过对比来学习。出于应用目的下面只介绍功率晶体管的主要外部特性，关于器件内部的物理结构请参阅相关资料。

功率晶体管（Giant Transistor，GTR，直译为巨型晶体管），是一种耐高电压、大电流的双极结型晶体管（Bipolar Junction Transistor，BJT），英文有时候也称为 Power BJT。电力电子器件的特性主要包括静态特性和动态特性，本节主要介绍静态特性，下一节将介绍动态特性。静态特性主要是伏安特性，加在器件两端的电压和流过器件的电流之间的关系曲线称为伏安特性曲线。伏安特性是电力电子器件最重要的外特性，表征了器件的开关条件和静态工作点。

3.1.1　功率晶体管的伏安特性

下面利用 PSIM 仿真模型测试功率晶体管的伏安特性。

> **Q3.1.1**　利用电路仿真测试实际 NPN 晶体管的伏安特性，并分析其特点。

解：

1）建立测试实际 NPN 晶体管伏安特性的 PSIM 仿真模型。

● 打开 PSIM 软件，建立如图 3.1.1 所示仿真模型，保存为仿真文件Q3_1_1。

Q3_1_1
建模步骤

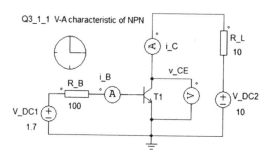

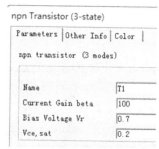

图 3.1.1　测试 NPN 晶体管伏安特性的 PSIM 仿真模型（T_1 采用缺省参数）

2)通过仿真实验观测晶体管 T_1 的伏安特性。

• 当驱动电阻 $R_B=100\Omega$、负载电阻 $R_L=10\Omega$ 时，按下工具栏上"Run Simulation"按钮 启动仿真计算，通过相关仪表观测基极电流 i_B、晶体管集射电压 v_{CE} 和集电极电流 i_C，并填入表 3.1.1 的上半部分中。

按下工具栏上"Pause Simulation"按钮 暂停仿真计算，根据表 3.1.1 的第 1 行依次改变负载电阻 R_L 的值，再次运行仿真，观测晶体管集射电压 v_{CE} 和集电极电流 i_C，填入表 3.1.1 中。

• 将驱动电阻改为 $R_B=50\Omega$，根据表 3.1.1 的第 4 行依次改变 R_L 的取值，再次观测相关数据，填入表 3.1.1 的下半部分中。

3)根据仿真结果绘制被测晶体管的伏安特性曲线。

• 根据表 3.1.1 中的观测数据，在图 3.1.2 中画出被测晶体管伏安特性曲线。

• 根据表 3.1.1 中的观测数据，估算被测晶体管的特征参数。

基极偏置电压：$v_{BE}=$ _____。

饱和压降：$v_{CE(sat)}=$ _____。

电流增益：$\beta=i_C/i_B=$ _____。

表 3.1.1　晶体管 T_1 的伏安特性

$R_B=100\Omega$ $i_B=$ A	R_L/Ω	20	10	7.5	5
	v_{CE}/V				
	i_C/A				
$R_B=50\Omega$ $i_B=$ A	R_L/Ω	10	5	3.75	2.5
	v_{CE}/V				
	i_C/A				

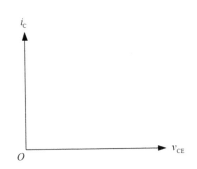

图 3.1.2　被测 NPN 晶体管的伏安特性曲线

GTR 的电气符号和准确的伏安特性如图 3.1.3 所示。与普通晶体管类似，GTR 的伏安特性也分为三个区域：靠近横轴的截止区、靠近纵轴的饱和区和位于中间的放大区。与普通小功率晶体管不同之处在于：为了减小器件损耗，GTR 的静态工作点应只处于截止区（阻断状态）或饱和区（导通状态），只有在开关的动态过程中会穿越放大区。根据伏安特性，可以归纳出使器件工作状态发生转换的条件，即器件的开关控制条件。

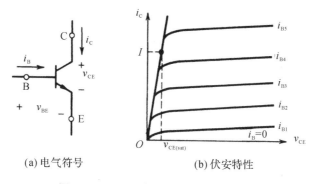

(a)电气符号   (b)伏安特性

图 3.1.3 GTR 的电气符号和伏安特性

知识卡 3.1:功率晶体管的开关条件

功率晶体管(以 NPN 晶体管为例)的导通条件(两个条件需要同时满足):

1)导通时要求 $v_{CE}>0$,该器件不能承受反向电压。

2)导通时有足够大的基极驱动电流,使器件进入饱和导通状态,即要求 $i_B>i_C/\beta$。

功率晶体管的关断条件:关断时取消基极电压或加反偏电压,即要求 $v_{CE}<0$。

3.1.2 功率晶体管的理想伏安特性

由于 GTR 主要工作于开关状态,伏安特性中关于放大区的复杂描述对实际应用的指导意义不大,因此从电路分析的角度出发,可按照如下两个原则,将实际器件模型简化为理想化器件模型。

1)对于变流电路,由于电能转换的效率通常设计得很高,所以器件的通态电压与工作电压相比比较小,阻断状态下的漏电流与负载电流相比也比较小,因此在电路分析中可以忽略通态电压和漏电流。

2)器件的开关动作时间一般远小于器件的开关工作周期,因此可忽略开关的动态过程,近似认为是瞬时通断。

采用理想化器件模型适合于分析变换器的拓扑结构,可大大简化变换器工作原理的分析。

根据上述简化原则,GTR 的理想伏安特性如图 3.1.4 所示,其特点是:只能稳定工作于导通 on 和关断 off 两个状态,并可以控制状态的转换。导通时 $v_{CE}=0$,关断时 $i_C=0$。

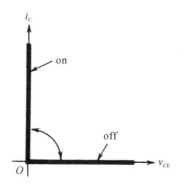

图 3.1.4 GTR 的理想伏安特性

Q3.1.2 利用电路仿真测试理想 NPN 晶体管的伏安特性,并分析其特点。

解：

1）建立测试理想 NPN 晶体管伏安特性的 PSIM 仿真模型。

- 打开 PSIM 软件，建立如图 3.1.5 所示仿真模型，保存为仿真文件 Q3_1_2。

Q3_1_2
建模步骤

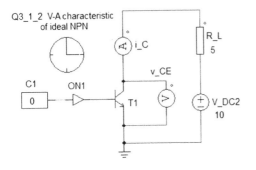

图 3.1.5　测试理想 NPN 晶体管伏安特性的 PSIM 仿真模型（T_1 采用缺省参数）

2）通过仿真实验观察理想 NPN 晶体管的工作状态。

- 常数 C_1 设置为"1"时（所驱动的器件将闭合），按下工具栏上"Run Simulation"按钮 启动仿真计算，通过相关仪表观测晶体管两端的电压和电流，并判断晶体管的工作状态（导通状态还是阻断状态）。

$v_{CE}=$ _____，$i_C=$ _____，晶体管处于 _____ 状态。

- 按下工具栏上"Pause Simulation"按钮 暂停仿真计算，将常数 C_1 设置为"0"时（所驱动的器件将断开），再次运行仿真，通过相关仪表观测晶体管两端的电压和电流，并判断此时晶体管的工作状态（导通状态还是阻断状态）。

$v_{CE}=$ _____，$i_C=$ _____，晶体管处于 _____ 状态。

△

但是理想化器件模型不能直接用作实际变换器的设计。在设计实际变流装置时，必须考虑器件的具体特性，如器件损耗和散热问题等。从 GTR 的实际静态特性中，可以提炼出该器件的一些重要参数：

1）最高工作电压（额定电压），器件在长期工作时所能承受的最高电压，该电压值的确定一般与器件的击穿电压有关。实际使用时，为了确保安全，最高工作电压一般要比击穿电压低得多。GTR 最高工作电压的典型值可达到 1400V。

2）最大工作电流（额定电流）。各种电力电子器件因为失效形式的不同，对于长期工作时所允许的最大负载电流的定义有所不同。GTR 是根据直流放大系数的变化情况，将最大工作电流定义为集电极最大允许电流 I_{CM}；通常规定直流电流放大系数 h_{FE} 下降到规定值的 $1/2 \sim 1/3$ 时，所对应的为集电极最大允许电流。GTR 最大工作电流的典型值可达到 800A。

3）导通时的饱和压降，该参数将决定器件通态损耗的大小。由于电导调制效应的存在，GTR 导通压降较小，典型值为 $1 \sim 2V$，这意味着器件的通态损耗较小。

学习活动 3.2 功率晶体管的动态特性

动态特性是指器件在开通和关断的动态过程中所表现出来的特性,也称<u>开关特性</u>。GTR 是用基极电流来控制集电极电流的,图 3.2.1 给出了 GTR 在开通和关断过程中基极电流和集电极电流的波形,以描述其开关的动态过程,其中主要的特征参数如下。

1)<u>开通时间 t_{on}</u>。GTR 开通时需要经过延迟时间 t_d 和上升时间 t_r,两者之和为开通时间 t_{on}。延迟时间主要是由发射结势垒电容和集电结势垒电容充电产生的。增大基极驱动电流可以缩短延迟时间,同时也缩短上升时间,从而加快开通过程。

2)<u>关断时间 t_{off}</u>。GTR 关断时需要经过存储时间 t_s 和下降时间 t_f,两者之和为关断时间 t_{off}。存储时间是用来除去饱和导通时存储在基区的载流子的,是关断时间的主要部分。减小导通时的饱和深度以减少存储的载流子,或者增大基极抽取负电流的幅值,可以缩短存储时间。

器件的开关时间由开通时间和关断时间决定,不同器件由于机理不同,其开关时间有较大差别。GTR 关断时有明显的存储时间。典型的开关时间在几百纳秒(ns)到几微秒(μs)之间。

在具体应用时,开关时间将决定器件的最高工作频率,同时开关过程与开关损耗密切相关。由于实际的开关过程比较复杂,在分析变换器的拓扑结构时往往可以采用理想化的开关模型,以简化分析过程。器件的开关动作时间一般远小于器件的开关工作周期,因此可忽略开关的动态过程,近似认为是瞬时通断。

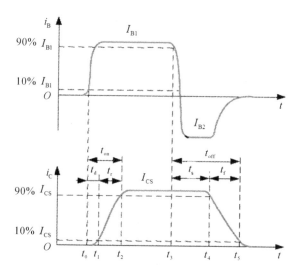

图 3.2.1 GTR 在开通和关断过程中的电流波形

根据学习活动 3.1 和 3.2 的介绍,可将功率晶体管的主要参数概括如下。

知识卡 3.2：功率晶体管的主要参数

1）额定电压 V_{CEO}，器件在长期工作时所能承受的最高（集电极）电压。

2）额定电流 I_{CM}，h_{FE} 下降到规定值的 $1/2 \sim 1/3$ 时，所对应的最大（集电极）电流。

3）饱和压降 $V_{CE(sat)}$，器件在额定工作电流下，饱和导通时的压降。

4）开通时间 t_{on}，器件开通过程所需要的时间，由延迟时间 t_d 和上升时间 t_r 组成。

5）关断时间 t_{off}，器件关断过程所需要的时间，由存储时间 t_s 和下降时间 t_f 组成。

Q3.2.1 查阅功率晶体管 2SC4552 的数据手册，了解其主要参数。

解：

1）扫码阅读功率晶体管 2SC4552 的数据手册，将主要参数的典型值填入表 3.2.1 中。

2SC4552
数据手册

表 3.2.1　功率晶体管 2SC4552 的主要参数

参数类别	参数名称	参数典型值	应用意义
额定电压	V_{CEO}		规定最高工作电压
额定电流	I_{CM}		规定最大工作电流
饱和压降	$V_{CE(sat)}$		估计导通损耗
电流增益	β		计算开通时基极驱动电流
开通时间	t_{on}		合称开关时间，规定最高开关频率
关断时间	$t_{off} = t_s + t_f$		

2）根据表 3.2.1 中的参数进行以下计算。

• 当 $I_C = 8A$ 时，计算器件的<u>最小驱动电流</u>。

$I_{B,min} = $ _____。

• 当 $I_C = 8A$ 时，计算器件的<u>最大导通损耗</u>。

$P_{loss,max} = $ _____。

学习活动 3.3　功率晶体管的驱动电路和派生器件

3.3.1　功率晶体管的驱动电路

为了使电力电子器件工作在较理想的开关状态，缩短开关时间，减小开关损耗，需要为器件选配合适的驱动电路。

1）<u>驱动电路</u>的作用是，按控制目标的要求向电力电子器件施加开通或关断的信号，而且还要实现控制电路与主电路之间的电气隔离。

2)驱动电路对装置的运行效率、可靠性和安全性都有重要的意义。

3)为达到参数最佳配合,首选器件生产厂家专门开发的集成驱动电路。

以 GTR 为例,其理想的驱动电流波形如图 3.3.1 所示,其特点是:

1)开通时前沿很陡的过冲驱动电流使 GTR 快速导通,以减小开通时间;之后驱动电流下降使器件处于准饱和导通状态,不进入放大区和深饱和区,有利于之后器件的关断。

2)关断 GTR 时,施加一定的负基极电流有利于减小关断时间和关断损耗。关断后应在基射极之间施加一定幅值(6V 左右)的负偏压,以提高阻断状态下的耐压能力。

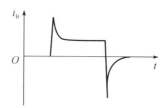

图 3.3.1　理想的 GTR 驱动电流波形

满足上述驱动要求的典型 GTR 驱动电路如图 3.3.2 所示,控制信号由端子 A 输入,V 是被驱动的 GTR。在图 3.3.2 中,C_2 为加速电容,用来实现驱动电流的过冲;VD_2 和 VD_3 构成钳位电路,避免器件进入过饱和状态。光耦的作用是实现控制电路和主电路之间的电气隔离。

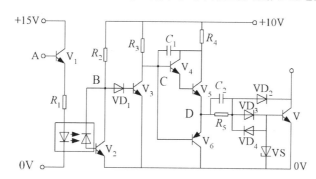

图 3.3.2　典型的 GTR 驱动电路

Q3.3.1　分析如图 3.3.2 所示 GTR 驱动电路的工作过程。

解:

• A 点输入为高电平时(用 H 表示),晶体管 V_1 将饱和导通(用 on 表示),依次分析电路中各晶体管的开关状态以及各特征点的电位。

$V_A(H) \rightarrow V_1(on) \rightarrow V_2(\quad) \rightarrow V_B(\quad) \rightarrow V_3(\quad) \rightarrow V_C(\quad) \rightarrow V_{4,5}(\quad) \rightarrow V_D(\quad) \rightarrow V(\quad)$。

• A 点输入为低电平时(用 L 表示),晶体管 V_1 将关断(用 off 表示),依次分析电路中各晶体管的开关状态以及各特征点的电位。

$V_A(L) \rightarrow V_1(off) \rightarrow V_2(\quad) \rightarrow V_B(\quad) \rightarrow V_3(\quad) \rightarrow V_C(\quad) \rightarrow V_{4,5}(\quad) \rightarrow V_D(\quad) \rightarrow V(\quad)$。

⊠课后思考题 AQ3.1:分析加速电容 C_2 的作用,画出一个开关周期中基极驱动电流的波形。

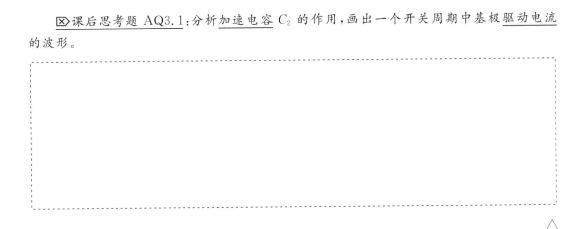

△

3.3.2　功率晶体管的派生器件

大功率 GTR 的电流增益 β 比小功率的晶体管小得多,通常为 $5\sim 10$,经常采用达林顿接法来增大电流增益,如图 3.3.3 所示。这种结构的晶体管称作达林顿晶体管。

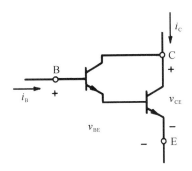

图 3.3.3　大功率 GTR 的达林顿接法

3.3.3　功率晶体管的应用领域

GTR 为电流驱动型器件,其缺点是基极所需驱动功率大,开关频率不如 MOSFET 高;优点是导通压降低,通态损耗小。20 世纪 80 年代以来,GTR 在中、小功率范围内曾取代晶闸管,但目前又大多被 IGBT 和功率 MOSFET 取代。电力晶体管虽然作为过渡产品,但其结构是晶体管类电力电子器件的基础。

专题 3 小结

作为本专题的补充,附录 5、6 介绍了电力电子器件(即功率半导体器件)的种类,以及功率半导体器件在结构上的共同特点。

1)电力电子系统由控制电路、驱动电路、保护电路和以电力电子器件为核心的主电路组成。电力电子器件是直接用于主电路中,实现电能的变换或控制的电子器件。电力电子器件主要指功率半导体开关器件。

2）电力电子器件按照器件能够被控制的程度，分为<u>半控型器件</u>（如 SCR）、<u>全控型器件</u>（如 GTO、GTR、MOSFET、IGBT）和<u>不可控器件</u>（Power Diode）三类。按照驱动电路信号的性质，分为<u>电流驱动型</u>（如 SCR、GTO、GTR）和<u>电压驱动型</u>（如 MOSFET、IGBT）两类。

3）功率半导体器件在结构设计方面主要采取了以下措施，以适应大功率的应用：采取垂直导电结构，加入漂移区，强化电导调制效应，采用多元集成结构。

在此基础上本专题以<u>功率晶体管</u>为例介绍了电力电子器件的主要应用特性。

1）本专题以功率晶体管为例，介绍了功率半导体器件的典型<u>伏安特性</u>和<u>动态特性</u>，并从应用角度提炼出该器件的主要特性参数。其他类型的电力电子器件的应用特性，也可以此为例进行学习和总结，请结合习题并查阅相关资料进行自学。

2）本专题还以功率晶体管为例，介绍了功率半导体器件的<u>理想开关模型</u>。采用器件的理想开关模型，可使后面课程中关于电能变换电路的拓扑分析变得更加简明。

下一专题将重点介绍最具代表性的两个电力电子器件：SCR 和 IGBT。

专题 3 测验

注：题目 R3.1～R3.3 的选项相同。

R3.1 电力电子系统，一般由（　　）等部分组成，其中（　　）是电气设备或电力系统中直接承担电能的变换或控制任务的电路。

R3.2 电力电子器件是直接用于（　　）中，实现电能的变换或控制的电子器件。

R3.3 （　　）的作用是向电力电子器件施加开通或关断的信号，而且还要实现控制电路与主电路之间的（　　）。

  A. 主电路   B. 控制电路   C. 驱动电路

  D. 保护电路   E. 电气隔离

R3.4 电力电子器件主要是半导体器件，由于其处理电功率的能力远大于（　　），且一般都工作在（　　），所以电力电子器件也称作（　　）。

  A. 微电子器件   B. 功率半导体开关器件

  C. 放大状态   D. 开关状态

R3.5 根据不同的分类原则，将附录 5 中列出的 6 种常见电力电子器件的名称填入表 R3.1。

表 R3.1 主要电力电子器件的分类

分类原则	器件分类	器件名称
	不可控器件	
	半控器件	
	全控器件	
	电流驱动型（双极型）	
	电压驱动型（单极型）	

R3.6 为了适应大功率的应用,将功率半导体器件在结构上所采取的改进措施填入表 R3.2。

表 R3.2　功率半导体器件在结构上的改进措施

改进目的	改进措施
提高器件的通流能力	
提高器件的耐压能力	
降低导通电阻和压降	
提高门极的控制能力	

专题 3
习题

专题 4　典型电力电子器件简介

● 承上启下

专题 3 以功率晶体管(GTR)为例,介绍了电力电子器件的主要应用特性。其他类型的电力电子器件的应用特性,也可按照这种方法来学习和总结。本专题将重点介绍电力电子器件中最具代表性的两种器件:可控整流器件 SCR 和高性能复合型器件 IGBT。

前面已经介绍了 6 种典型电力电子器件的基本特性,在此基础上本专题通过对比分析的方法,介绍各类器件的主要应用领域,即回答用在哪的问题。最后还将介绍功率半导体器件的损耗和缓冲电路等应用问题,以及电力电子器件的发展趋势。

● 学习目标

能够对各类电力电子器件进行正确的比较和选用。

● 知识导图

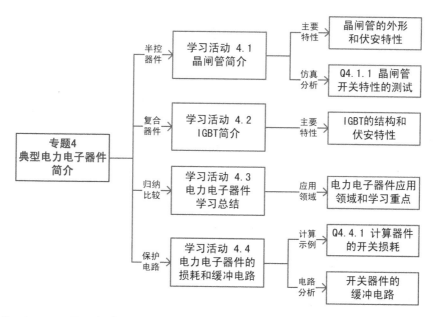

● 基础知识和基本技能

SCR 和 IGBT 的主要特性。

功率半导体器件的损耗和缓冲电路。

电力电子器件的发展趋势。

● **工作任务**

比较各类电力电子器件,分析选用原则。

学习活动 4.1　晶闸管简介

晶闸管(Thyristor),即晶体闸流管,又称可控硅整流器(Silicon Controlled Rectifier, SCR)。1957 年美国通用电气公司开发出第一只晶闸管产品,标志着电力电子技术的诞生。SCR 只能门极控制开通,而无法由门极控制关断,属于半控型器件。晶闸管作为一种典型的半控型器件,其传统的应用领域为可控整流。在电力电子器件中其能承受的电压和电流容量最高,工作可靠,在大容量的场合(如高压直流输电)具有重要地位。

门极可关断晶闸管(Gate Turn-off Thyristor,GTO)是晶闸管的一种派生器件,在晶闸管问世后不久出现。与 SCR 的不同之处在于,GTO 可以通过在门极施加负的脉冲电流使其关断,属于全控型器件。GTO 在兆瓦级以上的大功率场合(如电力牵引)有较多的应用。

下面只介绍普通晶闸管 SCR 的主要特点。

4.1.1　常用晶闸管的外形

电力电子器件自身的功率损耗远大于信息电子器件,一般需要安装散热器,以提高散热性能,使管芯的平均温度不超过最高工作结温的要求。为了便于安装散热器,功率半导体器件往往要采用特殊的封装设计。常用晶闸管的外形如图 4.1.1 所示,可以有螺栓型、模块型和平板型等多种封装形式。

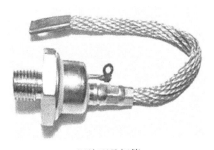

螺栓型晶闸管

模块型晶闸管

平板型晶闸管

图 4.1.1　常用晶闸管的外形

4.1.2　晶闸管的伏安特性

晶闸管的电气符号和伏安特性如图 4.1.2 所示。晶闸管是三端可控器件,各端子的名称为:门极 G、阳极 A 和阴极 K。其中门极为控制端子,阳极和阴极为功率端子。晶闸管是双极型器件,其特殊的物理结构使其具有自锁功能。为了控制其开通,在门极施加脉冲电压(电流)即可,习惯上称之为触发脉冲或触发电流。通过在门极施加触发脉冲可以控制晶闸管导通,但不能控制晶闸管关断,该器件属于半控型电力电子器件。晶闸管的正向伏安特性包括正向阻断状态和正向导通状态,反向伏安特性与二极管相似,为反向阻断状态。在阻断状态下,超过击穿电压后,器件会被击穿。

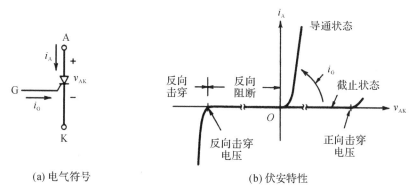

(a) 电气符号　　　　　　(b) 伏安特性

图 4.1.2　SCR 的电气符号和伏安特性

下面利用仿真实验观测晶闸管的工作特性。

Q4.1.1　建立测试晶闸管工作特性的 PSIM 仿真模型,试分析其工作特点。

Q4_1_1
建模步骤

解:

1) 建立测试电路的仿真模型。

• 打开 PSIM 软件,建立图 4.1.3 中测试电路的仿真模型,保存为仿真文件 Q4_1_1。

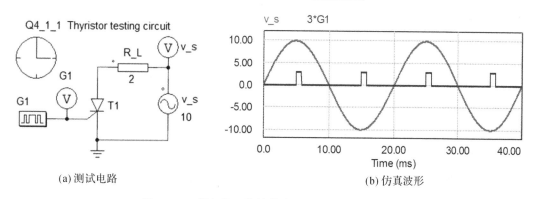

(a) 测试电路　　　　　　(b) 仿真波形

图 4.1.3　晶闸管工作特性的测试电路和仿真波形

2)观测仿真结果。

• 按下工具栏上"Run Simulation"按钮🖵可启动仿真计算,计算完成后,Simview 会自动启动,弹出属性对话框。

• 在属性对话框中添加要显示的变量 v_s,$3*G_1$ 和 i_{T1},在同一个波形图中同时显示三个变量的波形,如图 4.1.3 所示。在添加显示变量之前,可以对候选变量进行计算,如 $3*G_1$。

• 将晶闸管阳极电流 i_{T1} 的仿真波形画在图 4.1.3 中。

3)根据仿真结果分析晶闸管的导通条件。

• 在交流电源的正半周,施加触发脉冲前,晶闸管电流 $i_{T1}=$ _____;施加触发脉冲后,晶闸管电流 $i_{T1}=$ _____。表明承受正向电压时,仅在门极有_____的情况下晶闸管才能开通。

• 在交流电源的负半周,施加触发脉冲前,晶闸管电流 $i_{T1}=$ _____;施加触发脉冲后,晶闸管电流 $i_{T1}=$ _____。表明承受反向电压时,不论门极是否有触发电流,晶闸管都_____。

• 试归纳晶闸管的开通条件:阳极电压 v_{AK} _____且门极电流 i_G _____。

• 此外,晶闸管导通后可自锁保持而不需要门极电流。由于 SCR 为触发式导通,所以其驱动脉冲习惯上称为_____。由于通过门极只能控制开通,而不能控制关断,所以 SCR 被称为_____型器件。

4)根据仿真结果分析晶闸管的关断条件。

• 晶闸管一旦导通,门极就失去控制作用。要使已导通的晶闸管关断,只能使晶闸管的阳极电流 i_A 降到维持电流以下。维持电流 i_H 是维持晶闸管导通所需要的最小电流。

• 实际应用中,晶闸管往往工作于交流电路中,当阳极电压承受反向电压时,导通的晶闸管将会自动关断。

• 试归纳晶闸管的关断条件:i_A _____或 v_{AK} _____。

△

根据上例的分析,可将晶闸管的开关条件概括如下。

知识卡 4.1:晶闸管的开关条件

晶闸管的导通条件:
1)承受正向阳极电压时,仅在门极有触发电流的情况下晶闸管才能导通。
2)晶闸管一旦导通,门极就失去控制作用,导通后可自锁保持而不需要门极电流。
晶闸管的关断条件:
承受反向阳极电压,或阳极电流小于维持电流。

为了简化对变换器工作原理的分析,可采用开关器件的理想化模型。下面分析晶闸管的理想化伏安特性。

Q4.1.2 根据学习活动 3.1 中给出的简化原则,试画出 SCR 的理想伏安特性曲线。

解:

• 开关器件伏安特性的简化原则是:导通时压降为 0,关断时电流为 0,且电压和电流都没有限制。

· 根据此原则,对图 4.1.2(b)中的伏安特性进行简化处理,将 SCR 的<u>理想伏安特性</u>画在图 4.1.4 中。

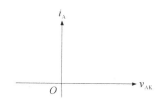

图 4.1.4 SCR 的理想伏安特性

学习活动 4.2 IGBT 简介

<u>绝缘栅双极晶体管</u>(Insulated Gate Bipolar Transistor,IGBT 或 IGT)是 GTR 和 MOSFET 两种器件取长补短结合而成的复合器件,同时具备这两种器件的优点。1986 年 IGBT 投入市场,作为一种性能优越的复合型器件,已取代 GTR,成为中小功率电力电子设备(变频器、UPS)的主导器件,继续提高电压和电流容量,以期再取代 GTO。

4.2.1 IGBT 的结构

GTR 和 MOSFET 两种器件各自都存在优点,也有不足之处:

1)GTR 是双极型器件(两种载流子参与导电),有电导调制效应,导通时管压降较小,通流能力较强。开关时依靠电流驱动,所需驱动功率大、驱动电路复杂,而且开关速度较低。

2)MOSFET 是单极型器件(只有一种载流子参与导电),无电导调制效应,导通时管压降较大,通流能力较差。开关时依靠电压驱动,输入阻抗高,所需驱动功率小、驱动电路简单,而且开关速度较高。

IGBT 在结构设计上融合了上述两种器件的优点,图 4.2.1 为一种由 N 沟道 MOSFET 与双极型晶体管组合而成的 IGBT 器件的简化等效电路。简化等效电路表明,IGBT 是双极型晶体管与 MOSFET 组成的达林顿结构,一个由 MOSFET 驱动的厚基区 PNP 晶体管,其中 R_N 为晶体管基区内的调制电阻。

IGBT 的驱动原理与电力 MOSFET 基本相同,为场控器件,通断由栅射极电压 v_{GE} 决定。

1)当 v_{GE} 大于开启电压 $v_{GE(th)}$ 时,MOSFET 内形成沟道,为晶体管提供基极电流,IGBT 导通。

2)电导调制效应使电阻 R_N 减小,使通态压降减小。

3)栅射极间施加反压或不加信号时,MOSFET 内的沟道消失,晶体管的基极电流被切断,IGBT 关断。

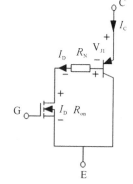

图 4.2.1 IGBT 等效电路

4.2.2 IGBT 的伏安特性

IGBT 的电气符号和伏安特性如图 4.2.2 所示,其主要特点为:

1)开关速度高,开关损耗小。

2)相同电压和电流定额时,安全工作区比 GTR 大,且具有耐脉冲电流冲击能力。

3)通态压降比 MOSFET 低。

4)输入阻抗高,输入特性与 MOSFET 类似。

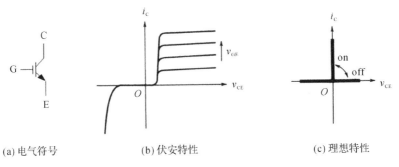

(a)电气符号   (b)伏安特性   (c)理想特性

图 4.2.2 IGBT 的电气符号、伏安特性和理想特性

学习活动 4.3 电力电子器件学习总结

4.3.1 电力电子器件的分类

首先回答"有哪些"的问题。根据载流子参与导电的情况,电力电子器件可分为三类:单极型、双极型和复合型。主要电力电子器件的分类树如图 4.3.1 所示。

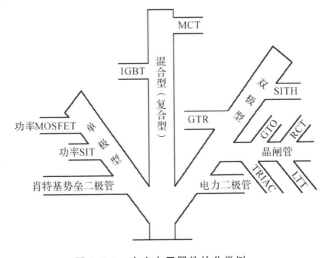

图 4.3.1 电力电子器件的分类树

根据驱动控制的情况,电力电子器件可分为电压驱动型和电流驱动型。

1)单极型器件和复合型器件属于电压驱动型。电压驱动型器件的特点:输入阻抗高,所需驱动功率小,驱动电路简单,工作频率高。

2)双极型器件属于电流驱动型。电流驱动型器件的特点:具有电导调制效应,因而通态压降低,导通损耗小,但工作频率较低,所需驱动功率大,驱动电路较复杂。

4.3.2　电力电子器件的应用格局

然后回答"用在哪"的问题。典型电力电子器件的主要应用场合如下:

1)IGBT 为主体,第四代产品,制造水平为 2.5kV/1.8kA,兆瓦以下场合(中小功率的变频器、UPS 等)的首选。仍在不断发展,试图在兆瓦以上取代 GTO。

2)GTO:兆瓦以上场合(如电力牵引、直流输电)首选,制造水平为 6kV/6kA。

3)光控晶闸管:适用于功率更大的场合(如高压直流输电),制造水平为 8kV/3.5kA。装置最高达 300MV·A,容量最大。

4)电力 MOSFET:已取得长足进步,在中小功率领域特别是低压场合(如小功率开关电源),地位牢固。

5)功率模块和功率集成电路是现在电力电子发展的一个共同趋势。

Q4.3.1　根据下列电源的特点,分析其主电路中应使用何种类型的电力电子器件。

解:将下列电源与最适合的电力电子器件相连。

小功率控制电源	IGBT
中小功率交流电机变频器	P. MOSFET
电力机车中的变频器	SCR
大功率电解、电焊电源	GTO

4.3.3　电力电子器件的学习重点

专题 3 和专题 4 对电力电子器件进行了概括性的介绍,主要包括以下内容:

1)电力电子器件与微电子器件的区别。

2)6 种主要电力电子器件的应用特性。

3)电力电子器件的应用问题(损耗、缓冲、驱动)。

电力电子器件部分的学习重点是6 种主要电力电子器件的应用特性,所包含的知识较多,教程中只是提纲挈领,没有面面俱到。为了回答"怎么用"的问题,课后需要结合习题,根据专题 3 提供的学习方法,查阅相关资料,整理和掌握每种器件的相关知识。

1)电气符号。

2)如何控制开通和关断(驱动电路)。

3)理想的伏安特性。

4)大致的功率等级和开关速度。

5)派生器件的种类和特点。

6)优缺点和主要应用领域。

学习活动 4.4　功率半导体器件的损耗和缓冲电路

4.4.1　半导体开关的损耗

电力电子器件自身的功率损耗主要包括以下三种类型:通态损耗、断态损耗和开关损耗。

1)通常来讲,电力电子器件的断态漏电流极其微小,因而通常情况下通态损耗成为功率损耗的主要原因。

2)但当器件的开关频率较高时,开关损耗会随之增大而可能成为器件功率损耗的主要因素。

图 4.4.1 为直流斩波器中开关器件的工作波形和功率损耗,通过计算可以得到器件总功率损耗的表达式为:

$$P_{\mathrm{T}}=P_{\mathrm{T\_sw}}+P_{\mathrm{T\_on}}+P_{\mathrm{T\_off}}=2\times\frac{T_{\mathrm{s}}}{T}\frac{EI}{6}+\frac{T_{\mathrm{on}}}{T}V_{\mathrm{CE(sat)}}I+\frac{T_{\mathrm{off}}}{T}EI_{\mathrm{LEAK}} \qquad (4.4.1)$$

式中,总损耗 P_{T} 包括三个部分,开关损耗 $P_{\mathrm{T\_sw}}$、导通损耗 $P_{\mathrm{T\_on}}$ 和关断损耗 $P_{\mathrm{T\_off}}$;T 为开关周期;T_{on} 为导通时间;T_{off} 为关断时间;T_{s} 为开关动作时间;$V_{\mathrm{CE(sat)}}$ 为饱和电压;I_{LEAK} 为漏电流。

通常情况下,式(4.4.1)右边第三项(关断损耗)较小可以忽略。求出器件的损耗就可以知道产生的热量,据此可设计向外散发这些热量的散热器。

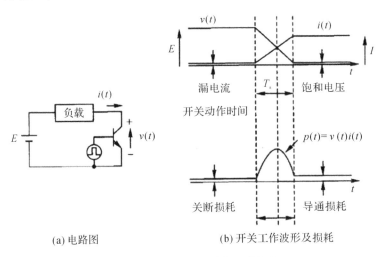

(a) 电路图　　　　　　(b) 开关工作波形及损耗

图 4.4.1　半导体器件的开关损耗

Q4.4.1 设图 4.3.1 中电路按照以下条件进行开关动作,忽略漏电流,分析器件功率损耗。$E=100\text{V},I=10\text{A}$,开关频率 $f_s=10\text{kHz},T_s=2\mu s,T_{on}=50\mu s,V_{CE(sat)}=1\text{V}$。

解:

- 根据式(4.4.1)计算开关器件的<u>导通损耗</u>、<u>开关损耗</u>并估计<u>总损耗</u>。

导通损耗:$P_{\text{T\_on}}=$ _____。

开关损耗:$P_{\text{T\_sw}}=$ _____。

总损耗:$P_{\text{T}}\approx$ _____。

- 根据上述计算结果,分析影响开关器件功率损耗的<u>主要因素</u>。

负载电流 I 变化时,_____损耗会随之发生变化。

占空比不变,开关频率 f_s 变化时,_____损耗会随之发生变化。

开关频率不变,占空比增加后,_____损耗会随之发生变化。

△

4.4.2 缓冲电路

缓冲电路(Snubber Circuit)是为了抑制功率器件开关动作时,器件上的过电压和过电流,以及减小包括过电压和过电流在内的开关损耗而设计的辅助性电路。缓冲电路分为两类:

1)<u>开通缓冲器</u>,抑制器件开通时的电流过冲和 di/dt,减小器件的开通损耗。典型实例为图 4.4.2(a)中的 di/dt 抑制电路。

2)<u>关断缓冲器</u>,吸收器件的关断过电压和换相过电压,抑制 dv/dt,减小关断损耗。典型实例为图 4.4.2(a)中的 RCD 吸收电路。

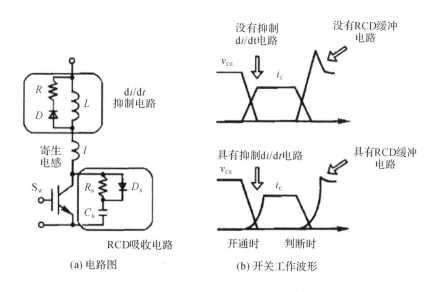

(a) 电路图　　　　(b) 开关工作波形

图 4.4.2　缓冲电路和器件的开关工作波形

图 4.4.2(b)为具有缓冲电路和不具有缓冲电路两种情况下,开关器件上的电压和电流波形。在没有缓冲电路的情况下,开通时器件电流急剧增加,关断时由于线路寄生电感上所储存的能量而产生了急剧的过电压。

缓冲电路缓和了 dv/dt 和 di/dt 的冲击量对器件的影响,带来以下好处:

1)提高了器件的关断能力。

2)抑制了开关动作时伴随的电磁干扰。

3)具有减小开关损耗的效果。

但是,随着开关频率的增加,缓冲电路的损耗增大,在选定电路参数时需要注意。

专题 4 小结

本专题首先介绍了两种代表性器件——SCR 和 IGBT,然后对电力电子器件部分的学习内容进行了归纳和总结,最后还介绍了功率半导体器件的损耗和缓冲电路等应用问题。

1)晶闸管(SCR)只能由门极控制开通,而无法由门极控制关断,属于半控型器件。SCR能承受的电压和电流容量最高,工作可靠,在可控直流、逆变电源等场合具有重要地位。

2)IGBT 作为复合型器件的代表,它把 MOSFET 驱动功率小、开关速度快的优点和BJT 的通态压降小、载流能力大、可承受高电压的优点集于一身,性能十分优越,成为中小功率电力电子产品(变频器、UPS)的主导器件。

3)电力电子器件部分的学习重点是6 种主要电力电子器件的应用特性,应重点掌握各种器件的电气符号、开关特性、主要参数和主要应用领域等内容。

4)电力电子器件自身的功率损耗远大于信息电子器件,一般都要安装散热器。器件的损耗主要包括以下三种类型:通态损耗、断态损耗和开关损耗。

5)缓冲电路是为了抑制功率器件开关动作时器件上的过电压和过电流,以及减小包括过电压和过电流在内的开关损耗而设计的辅助性电路。

6)电力电子器件的发展趋势是模块化封装和发展功率集成电路(详见附录 5)。

专题 4 测验

R4.1 晶闸管,又称可控硅整流器(英文缩写_____)。晶闸管只能门极控制_____,而无法由门极控制_____,属于半控型器件。晶闸管能承受的电压和电流容量最高,工作可靠,在_____场合具有重要地位。

R4.2 晶闸管的基本工作特性可概括为:

1)承受反向电压时,不论门极是否有触发电流,晶闸管都_____。

2)承受正向电压时,仅在_____情况下,晶闸管才能导通。

3)晶闸管一旦触发导通,_____ 就失去控制作用。

4)要使晶闸管关断,只能使晶闸管的电流_____。

5)晶闸管导通状态下,如果阳极和阴极之间电压变负,则晶闸管将会_____。

R4.3 GTO 是_____的英文缩写。GTO 开通控制方式与晶闸管相似,但是可以通过在门极_____使其关断。GTO 在_____以上的大功率场合有较多的应用。

R4.4　IGBT 是由_____和_____两类器件取长补短结合而成的复合器件。

R4.5　IGBT 的驱动原理与_____基本相同,为场控器件,通断由_____电压决定。IGBT 的通态压降与_____相似。

R4.6　电力电子器件的功率损耗主要包括:_____。当器件的开关频率较高时,_____会随之增大而可能成为器件功率损耗的主要因素。

R4.7　缓冲电路是为了抑制功率器件开关动作时,器件上的_____和_____,以及减小_____损耗而设计的辅助性电路。

R4.8　将多个电力电子器件封装在一个模块中,称为_____。

P4.9　功率集成电路将功率器件与_____等信息电子电路制作在同一芯片上。功率集成电路实现了_____和_____的集成,成为机电一体化的理想接口。

R4.10　根据载流子参与导电的情况,电力电子器件可分为:_____。其中,_____属于电压驱动型。_____属于电流驱动型。两者相比,电压驱动型的主要优点是_____高,电流驱动型的主要优点是_____低。

专题 4
习题

专题 5 直流输入变换电路的基本计算

- **承上启下**

电力电子变换器(电路)是开关型变换器,通过开关的导通和关断来控制输出的电压或电流,因此变换器输出的电压和电流经常是非正弦波形。作为本课程较重要的基础知识之一,专题 5 和专题 6 将研究开关型变换器产生的非正弦的电压、电流波形的数学分析方法。本专题主要分析输入为直流时,DC - DC 以及 DC - AC 变换电路工作波形的特点,并研究变换电路中电压、电流等变量的计算方法。

- **学习目标**

掌握非正弦电压、电流波形的数学分析方法。

- **知识导图**

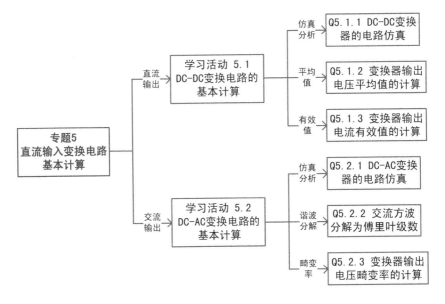

- **基础知识和基本技能**

平均值和有效值的计算。

交流方波中基波分量和谐波分量的计算。

非正弦波形畸变率的计算。

- **工作任务**

求解交流方波信号的傅里叶级数。

学习活动 5.1　DC‐DC 变换电路的基本计算

5.1.1　DC‐DC 变换电路工作波形的特点

下面建立基本 DC‐DC 变换电路的仿真模型,并观察该变换器工作波形的特点。

> Q5.1.1　图 5.1.1 为 DC‐DC 变换器的 PSIM 仿真模型,观测其工作波形的特点。

解:

1)建立 DC‐DC 变换器的仿真模型。

• 打开 PSIM 软件,建立图 5.1.1 中测试电路的仿真模型,保存为仿真文件 Q5_1_1。图中,开关器件 T_1 连接在直流电源和负载电阻之间,实现 DC‐DC 变换的功能。

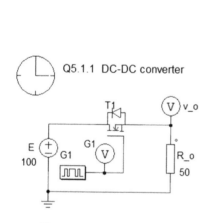

图 5.1.1　DC‐DC 变换器

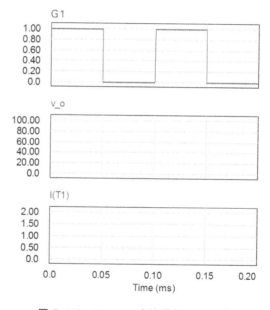

图 5.1.2　DC‐DC 变换器的工作波形

• 场效应晶闸管 T_1(MOSFET)可在元件工具条上找到,参数设置如下:
On Resistance(通态电阻)设置为"0.5"(单位:Ω)。
Current Flag(电流标志)设置为"1",用于观测流过 T_1 的电流。

• 门控元件 G_1 用来施加开关控制信号。根据图 5.1.2 中门控信号 G_1 的波形,合理设置门控元件的参数。

Frequency=_____,No. of Points=_____,Switch Point=_____。

• 直流电源 E 的参数设置:$E=100$V。

• 电阻 R_o 的参数设置:$R_o=50$Ω。

• 单端电压表 G_1 和 v_o 分别用于观测开关控制信号和输出电压波形,主电路的参考端接地。

• 合理设置仿真控制器的参数,以观测到如图 5.1.2 所示仿真波形。注:由于 demo 版的限制,(Total Time/Time Step)<6000,应合理设置仿真步长,以满足该要求。

仿真条件:Time Step＝＿＿＿＿＿＿,Total Time＝＿＿＿＿＿＿。

2)观测变换器工作波形的特点。

• 运行仿真,观测开关控制信号 G_1、输出电压 v_o 和功率器件电流 i_{T1} 的仿真波形,如图 5.1.2 所示。将 v_o 和 i_{T1} 的仿真波形画在图 5.1.2 中。注:显示多幅波形图的操作方法参见专题 2 的例 Q2.4.1。

• 分析上述电压、电流波形特点:除直流分量外,还有高频交流分量。

• 在仿真波形上观测输出电压的平均值和器件电流的有效值。

v_o 的平均值:V_{o_ave}＝＿＿＿＿＿＿＿＿＿＿＿＿＿＿＿＿＿＿＿。

i_{T1} 的有效值 I_{T1_rms}：＿＿＿＿＿＿＿＿＿＿＿＿＿＿＿＿＿。

注:在 Simview 窗口中,选择某信号后,点击窗口下方测量工具条上的按钮 $\bar{x}$ 可显示被测信号的平均值,点击按钮 rms 可显示被测信号的有效值。

△

5.1.2 周期信号平均值的计算

在图 5.1.2 中,DC‑DC 变换电路的输出电压波形中除了直流分量外,还包含高频的交流分量。对直流负载而言,有效的往往是直流成分,即直流电压平均值。周期信号平均值(average value)的计算公式如下。注:以平均电压的计算为例,下标"ave"表示平均值。

知识卡 5.1:周期信号平均值的计算公式

$$V_{ave} = \frac{1}{T}\int_0^T v(t)\,\mathrm{d}t = \frac{1}{2\pi\int_0^{2\pi} v(\theta)\,\mathrm{d}\theta} \tag{5.1.1}$$

Q5.1.2 计算图 5.1.2 中输出电压 v_o 的平均值 V_{o_ave},并与例 Q5.1.1 中的仿真结果相比较。

解:

• 利用公式(5.1.1)计算图 5.1.2 中输出电压 v_o 的平均值(开关器件采用理想模型)。

V_{o_ave}＝＿＿＿＿＿＿＿＿＿＿＿＿＿＿＿＿＿＿＿＿。

• 例 Q5.1.1 中输出电压 v_o 平均值的仿真观测值为:V_{o_ave}＝＿＿＿＿＿＿＿。

⊠课后思考题 AQ5.1:分析上述仿真结果,回答下列问题。

• 试分析仿真观测值与理论计算值略有不同的原因。

• 以该变换电路为例，试说明在什么条件下可以忽略器件的导通压降，采用器件的理想模型进行电路的分析和计算。

△

5.1.3 周期信号有效值的计算

在图 5.1.2 中，DC-DC 变换电路中开关器件 T_1 的电流波形为方波，该电流将会使器件发热。如果只考虑热效应的话，可用有效值来表达。周期信号有效值（Effective Value；或 Root Mean Square，RMS）的计算公式见式（5.1.2）。注：以电压有效值为例，下标"rms"表示有效值。

知识卡 5.2：周期信号有效值的计算公式

$$V_{rms} = \sqrt{\frac{1}{T}\int_0^T v^2(t)\,dt} = \sqrt{\frac{1}{2\pi}\int_0^{2\pi} v^2(\theta)\,d\theta} \tag{5.1.2}$$

Q5.1.3 计算图 5.1.2 中 T_1 电流 i_{T_1} 的有效电流 I_{T1_rms}，并与例 Q5.1.1 中的仿真结果相比较。

解：

• 利用公式（5.1.2）计算图 5.1.2 中 T_1 电流 i_{T1} 的有效值（开关器件采用理想模型） $I_{T1_rms} = $ _____。

• 例 Q5.1.1 中电流 i_{T1} 有效值的仿真观测值为：$I_{T1_rms} = $ _____。

☒课后思考题 AQ5.2：对于占空比（导通时间与开关周期的比值）为 D，幅值为 I_m 的周期性方波电流，例如图 5.1.2 中 i_{T1}，推导其有效值 I_{rms} 的简便计算公式。

△

学习活动 5.2 DC-AC 变换电路的基本计算

5.2.1 DC-AC 变换电路工作波形的特点

下面建立基本 DC-AC 变换电路的仿真模型，并观察该变换器工作波形的特点。

Q5.2.1 图 5.2.1 为 DC-AC 变换器的 PSIM 仿真模型，观测其工作波形。

解：

1）建立 DC - AC 变换器的仿真模型。

• 打开 PSIM 软件，建立图 5.2.1 中测试电路的<u>仿真模型</u>，保存为仿真文件 Q5_2_1。图中开关器件 $T_1 \sim T_4$ 构成桥式逆变电路，实现 DC - AC 变换的功能。

• <u>绝缘栅双极晶体管</u> $T_1 \sim T_4$（IGBT），可在元件工具条上找到，采用缺省参数。

• <u>门控元件</u> $G_1 \sim G_4$ 分别用来施加 $T_1 \sim T_4$ 的开关控制信号，根据图 5.2.2 中门控信号的波形，合理设置门控元件的参数。

G_1 和 G_4 的参数：Frequency＝_____，No. of Points＝_____，Switch Point＝_____。

G_2 和 G_3 的参数：Frequency＝_____，No. of Points＝_____，Switch Point＝_____。

• <u>直流电源 E 的参数设置</u>：$E＝100V$。

• <u>电阻 R_o 的参数设置</u>：$R_o＝10\Omega$。

• <u>单端电压表</u> $G_1\_G_4$ 用于观测 T_1 和 T_4 的开关控制信号波形，<u>单端电压表</u> $G_2\_G_3$ 用于观测 T_2 和 T_3 的开关控制信号波形，双端电压表 v_o 用于观测负载电阻上的电压波形。

• 合理设置<u>仿真控制器</u>的参数，以观测到如图 5.2.2 所示仿真波形。

仿真条件：Time Step＝_____，Total Time＝_____。

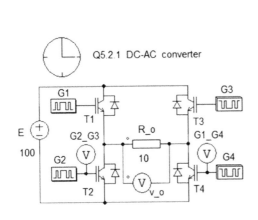

图 5.2.1 DC - AC 变换器

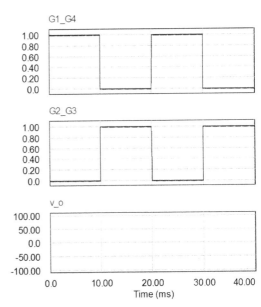

图 5.2.2 DC - AC 变换器的工作波形

2）观测仿真波形。

• 运行仿真，观测开关控制信号 $G_1\_G_4$、$G_2\_G_3$ 以及<u>输出电压</u> v_o 的仿真波形，如图 5.2.2 所示。将 v_o 的仿真波形画在图 5.2.2 中。注：显示多幅波形图的方法见专题 2 的例 Q2.4.1。

• 分析输出电压 v_o 波形的<u>特点</u>：除基波分量外，还有高频交流分量（交流方波）。

3）观测输出电压的频谱图。

• 对仿真波形进行快速傅里叶变换（FFT），可得到其频谱图（傅里叶级数折线图）。对

输出电压 v_o 的仿真波形进行傅里叶变换时,应选择该信号一个周期的仿真波形进行变换,这样才能得到正确的结果。所以要将**仿真条件改为**:Total Time＝0.02s。

• 运行仿真,单独显示**输出电压** v_o 在一个开关周期内的波形。然后点击标准工具条上的"FFT"按钮,对该信号进行快速**傅里叶变换**。

• 下一步点击标准工具条上的"X"按钮,将频谱图的 X 轴频率范围设置为 $0 \sim 500\,\text{Hz}$,如图 5.2.3 所示。确认之后,将清楚地显示出该信号的**频谱折线图**,如图 5.2.4(a)所示,折线的顶点代表傅里叶级数的各次分量。

• 在折线图上点击右键,选择 View Data Point 功能,将显示对应的**数据表**,如图 5.2.4(b)所示。

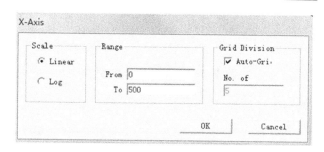

图 5.2.3　设置波形图 X 轴范围的对话框

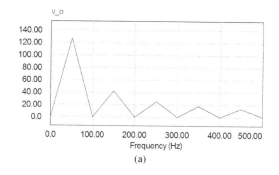

| (a) | (b) |

图 5.2.4　输出电压的频谱折线图和数据表

5.2.2　周期信号的基波分量和谐波分量

非正弦波周期函数 $v(t)$,周期为 T(角频率为 $\omega = 2\pi/T$),在满足一定条件时,可分解为**傅里叶级数**(Fourier Series),如式(5.2.1)所示。

$$
\begin{aligned}
v(t) &= a_0 + \sum_{n=1}^{\infty}(a_n\cos n\omega t + b_n\sin n\omega t) \\
&= a_0 + \sum_{n=1}^{\infty}\sqrt{a_n^2 + b_n^2}\sin(n\omega t + \varphi_n) \\
&= V_0 + \sum_{n=1}^{\infty}\sqrt{2}V_n\sin(n\omega t + \varphi_n) \\
a_0 &= \frac{1}{T}\int_0^T v(t)\,\mathrm{d}t = \frac{1}{2\pi}\int_0^{2\pi}v(\theta)\,\mathrm{d}\theta
\end{aligned}
\tag{5.2.1}
$$

$$a_n = \frac{2}{T}\int_0^T v(t)\cos n\omega t\,\mathrm{d}t = \frac{1}{\pi}\int_0^{2\pi} v(\theta)\cos n\theta\,\mathrm{d}\theta$$

$$b_n = \frac{2}{T}\int_0^T v(t)\sin n\omega t\,\mathrm{d}t = \frac{1}{\pi}\int_0^{2\pi} v(\theta)\sin n\theta\,\mathrm{d}\theta$$

$$V_n = \frac{\sqrt{a_n^2 + b_n^2}}{\sqrt{2}} \qquad \varphi_n = \tan^{-1}\frac{a_n}{b_n}$$

式中,周期函数 $v(t)$ 可以用正弦函数和余弦函数构成的无穷级数来表示。定义:

基波为频率与 $1/T$ 相同的分量($n=1$);

谐波为频率为基波频率整数倍的分量($n\geqslant 2$),谐波次数 n 为谐波频率和基波频率的比。

根据上述定义,式(5.2.1)中各分量为:

知识卡 5.3:周期信号的分量

周期函数 $v(t)$ 的傅里叶级数见式(5.2.1),其中包含如下分量:

直流分量——$V_0 = a_0$ (5.2.2)

基波分量——$\sqrt{2}V_1\sin(\omega t + \varphi_1)$ (5.2.3)

谐波分量——$\sqrt{2}V_n\sin(n\omega t + \varphi_n)$ $n\geqslant 2$ (5.2.4)

下面,利用傅里叶级数来表达开关型变换器输出波形中的各种分量。

Q5.2.2 将例 Q5.2.1 中逆变器输出电压 v_o 分解为傅里叶级数。

解:

1)将输出电压 v_o 分解为傅里叶级数。

• 利用波形的对称性可以简化运算。输出电压波形如图 5.2.5 所示,若该波形是奇对称,则傅里叶级数中只有正弦项;若该波形是半周期对称,则只包含奇数次频率成分。所以求解傅里叶级数时只需计算下式即可:

$$b_n = \frac{1}{\pi}\int_0^{2\pi} v(\theta)\sin n\theta\,\mathrm{d}\theta = \frac{4E}{\pi n} \qquad n = 1,3,5,\cdots \tag{5.2.5}$$

• 将式(5.2.5)代入式(5.2.1)得到输出电压(交流方波)的傅里叶级数为:

$$v_o(t) = \sqrt{2}V_1\sin(\omega t + \varphi_1) + \sqrt{2}V_3\sin(3\omega t + \varphi_3) + \cdots$$
$$= \underline{\hspace{6cm}} \tag{5.2.6}$$

• 式(5.2.6)中各分量的有效值为:

基波有效值:$V_1 = \underline{\hspace{4cm}}$。

n 次谐波有效值:$V_n = \underline{\hspace{4cm}}$。

• 输出电压(交流方波)的频谱图(傅里叶级数的棒图形式)如图 5.2.6 所示。横轴为谐波次数 n,纵轴为 n 次谐波与基波的幅值比。

☒ 课后思考题 AQ5.3:推导式(5.2.5)的详细计算过程。

$$b_n = \frac{1}{\pi}\int_0^{2\pi} v(\theta)\sin n\theta\,\mathrm{d}\theta = \underline{\hspace{5cm}} \qquad n = 1,3,5,\cdots$$

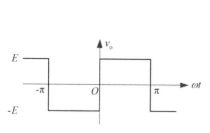

图 5.2.5　输出电压的波形

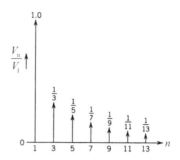

图 5.2.6　输出电压的频谱图

2)将傅里叶级数的理论计算值与仿真结果相比较。

- 将例 Q5.2.1 中的仿真参数代入式(5.2.6)，计算逆变器输出电压中各分量的有效值，填入表 5.2.1 的第 2 列中。图 5.2.2 中输出电压的周期为 $T=0.02\text{s}$，则基波频率为 $f=1/T=50\text{Hz}$。

- 图 5.2.4 为仿真得到的输出电压频谱图和数据表。观察数据表中各分量的峰值，填入表 5.2.1 的第 3 列中。

- 数据表中为各分量的峰值，将其除以 $\sqrt{2}$ 变换为有效值，填入表 5.2.1 的第 4 列中，并与第 2 列中的理论计算值相比较。

表 5.2.1　逆变器输出电压中的基波分量和谐波分量

分量	理论值(有效值)	仿真观测值(峰值)	变换为有效值
基波 50Hz	$V_1 = \dfrac{4E}{\sqrt{2}\pi} = 90$	$\hat{V}_1 = 127.3$	$V_1 = \dfrac{127.3}{\sqrt{2}} = 90$
3 次谐波 150Hz	$V_3 =$		
5 次谐波 250Hz	$V_5 =$		

5.2.3　非正弦波形的畸变率的计算

逆变器的输出电压为非正弦电压，一般用畸变率表示非正弦波形的畸变程度。

畸变率 THD(Total Harmonic Distortion)定义为全部高次谐波有效值与基波有效值的比值，如式(5.2.7)所示。

$$\text{THD} = \frac{V_\text{H}}{V_1} = \frac{\sqrt{\sum_{n=2}^{\infty} V_n^2}}{V_1} \tag{5.2.7}$$

由于各次谐波有效值和总有效值的关系为：

$$V_\text{rms} = \sqrt{\frac{1}{T}\int_0^T v^2(t)\,\mathrm{d}t} = \sqrt{V_0^2 + V_1^2 + \sum_{n=2}^{\infty} V_n^2} \tag{5.2.8}$$

可以推导出：

$$V_{\mathrm{H}} = \sqrt{V_{\mathrm{rms}}^2 - V_1^2 - V_0^2} \tag{5.2.9}$$

首先根据式(5.2.9)计算出 V_{H} 后,代入式(5.2.7)即可求得波形的畸变率。

知识卡 5.4:畸变率的计算公式

周期函数 $v(t)$ 的傅里叶级数如式(5.2.1)所示,其波形畸变率的计算公式如下:

$$\mathrm{THD} = \frac{V_{\mathrm{H}}}{V_1} = \frac{\sqrt{V_{\mathrm{rms}}^2 - V_1^2 - V_0^2}}{V_1} \tag{5.2.10}$$

式中,V_0 为直流分量;V_1 为基波分量的有效值;V_{rms} 为 $v(t)$ 的总有效值。

Q5.2.3 计算例 Q5.2.1 中逆变器输出电压波形(交流方波)的畸变率。

解:

- 根据例 Q5.2.2 的分析结果,写出逆变器输出电压 v_o 的傅里叶级数表达式:

$v_o(t) = $ _____。

- 为了计算畸变率,写出输出电压相关变量的表达式:

有效值:$V_{\mathrm{rms}} = $ _____。

基波有效值:$V_1 = $ _____。

直流分量:$V_0 = $ _____。

- 将上述表达式代入式(5.2.10),计算逆变器输出电压(交流方波)的畸变率:

$$\mathrm{THD} = \frac{V_{\mathrm{H}}}{V_1} = \frac{\sqrt{V_{\mathrm{rms}}^2 - V_1^2 - V_0^2}}{V_1} = \underline{\qquad\qquad\qquad}。$$

△

专题 5 小结

本专题主要分析输入为直流时,DC-DC 以及 DC-AC 变换电路工作波形的特点,并研究变换电路中主要变量的作用和计算方法。

1)平均值和有效值。对于开关型 DC-DC 变换电路,其输出电压波形中除了直流分量外,还包含高频的交流分量。对直流负载而言,有效的往往是直流成分,所以一般用平均值来衡 DC-DC 变换电路的输出电压。而在选取开关器件时,如果主要考虑热效应,则一般用有效值来衡量经过器件的电流。平均值和有效值的计算公式参见知识卡 5.1 和 5.2。

2)基波分量和谐波分量。对于开关型 DC-AC 变换电路,其输出电压波形中除了基波分量外,还包含谐波分量,各分量的定义参见知识卡 5.3。对交流负载而言,有效的往往是基波成分,一般用畸变率来描述输出电压偏离正弦波形的程度。畸变率的计算公式参见知识卡 5.4。

下一个专题将研究输入为交流时,AC-DC 变换电路工作波形的特点和相关计算。

专题 5 测验

R5.1 假设某 DC-DC 变换器的负载为直流电动机,电枢电流存在脉动。电机的平均电磁转矩,与电枢电流的(　　)有关;电枢绕组的温升,与电枢电流的(　　)有关。

　　A. 最大值　　　　　B. 最小值　　　　　C. 平均值　　　　　D. 有效值

R5.2　某开关器件电流波形如图 R5.1 所示,该电流的平均值为(　　),有效值为(　　)。

　　A. 10A　　　　　B. 6.3A　　　　　C. 5A　　　　　D. 4A

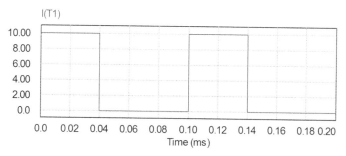

图 R5.1　某开关器件的电流波形

R5.3　某逆变器输出电压的波形如图 R5.2 所示,试回答下列问题。

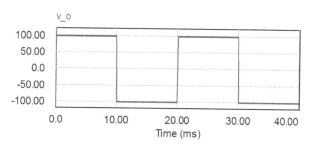

图 R5.2　某逆变器输出电压波形

1)计算<u>基波频率</u> f_1,<u>基波有效值</u> V_1。

2)是否存在频率为 75Hz、100Hz、150Hz 的<u>谐波</u>? 存在谐波的<u>有效值</u>是多少?

3)是否存在<u>直流分量</u>? 为什么?

R5.4　畸变率 THD 定义为 ＿＿＿＿＿＿＿＿＿＿＿＿ 有效值与基波有效值的比值。

1)正弦信号的畸变率为 ＿＿＿＿＿＿＿＿＿＿＿＿＿＿＿。

2)如图 R5.2 所示交流方波信号的畸变率为 ＿＿＿＿＿＿＿＿＿＿＿＿＿＿＿＿＿＿＿。

专题 5
习题

专题6　交流输入变换电路的基本计算

- **承上启下**

专题5介绍了输入为直流时,DC-DC和DC-AC变换电路中工作波形的特点以及相关参量的计算。专题6将研究输入为交流时,AC-DC变换电路中工作波形的特点和相关计算。当开关型变换器输入端连接电网时,流入变换器的电流往往不是正弦电流,会向电网中注入谐波电流和无功功率。本专题将以AC-DC变换器(整流器)为例,介绍开关型变换器功率因数的分析和计算方法。

- **学习目标**

非正弦电路中功率因数的计算方法。

- **知识导图**

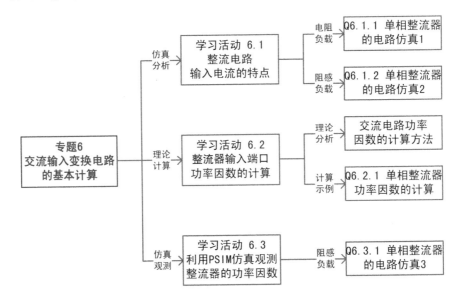

- **基础知识和基本技能**

交流电路功率因数的一般计算方法。

正弦交流电路功率因数的计算方法。

非正弦交流电路功率因数的计算方法。

- **工作任务**

用理论计算和电路仿真的方法,求解整流电路的功率因数。

学习活动 6.1　整流电路输入电流的特点

6.1.1　电阻负载时整流电路的仿真模型

下面建立单相整流电路的仿真模型,并观察其工作波形。

> Q6.1.1　图 6.1.1 为单相整流电路的 PSIM 仿真模型,电阻负载,观测其工作波形。

解:

1)建立单相二极管桥式整流电路的仿真模型。

● 打开 PSIM 软件,建立图 6.1.1 中单相二极管桥式整流电路的仿真模型,保存为仿真文件 Q6_1_1。图 6.1.1 中,四个二极管 $D_1 \sim D_4$ 构成桥式整流电路,实现 AC – DC 变换的功能。电源和整流桥之间的瓦特表用来测量端口的平均功率,即有功功率。

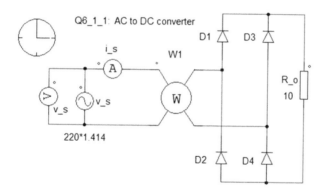

图 6.1.1　单相二极管桥式整流电路

● 工频交流电源 v_s 的有效值为 220V(频率为 50Hz),双端电压表 v_s 用于观测电源电压的波形,电流表 i_s 用于观测电源电流的波形。注意:交流电源的幅值参数为峰值,设置时需要将有效值 220V 转化为峰值 220×1.414V。

v_s 的参数设置:Peak Amplitude=_____,Frequency=_____。

● 瓦特表(Wattmeter)W_1 用来测量整流器的有功功率,该元件可在库浏览器中查找。
参数 Cut-off Frequency(截止频率)设置为 10Hz。

勾选 Show Prob's Value,在仿真过程中显示仪表的测量值。

● 二极管(Diode)$D_1 \sim D_4$ 可在元件工具条上找到。

● 合理设置仿真控制器的参数,以观测到如图 6.1.2 所示仿真波形。

仿真条件:Time Step=_____,Total Time=_____。

2)观测电源电压和电流波形,并计算整流器的功率因数。

● 运行仿真,将电源电压 v_s 和 5 倍电源电流(即 $5 \times i_s$)画在同一幅波形图中,如图 6.1.2 所示。注:在同一幅波形图中同时显示多个波形的操作方法参见专题 4 的例 Q4.1.1。

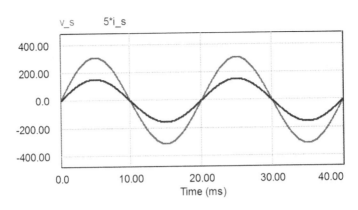

图 6.1.2　整流电路的电源电压和电流波形

- 分析整流器电源电流<u>波形</u>的特点：电源电流为正弦交流，且与输入电压相位相同。
- 在仿真波形上观测电源电流的有效值，并计算整流器的<u>输入功率</u>。注：在 Simview 窗口中，选择某信号后，点击窗口下方测量工具条上按钮 [ms] 可显示被测信号的有效值。

观测输入电流 i_s 的有效值：$I_s =$ ＿＿＿＿＿＿。

计算整流器输入端口的视在功率：$S = V_s \cdot I_s =$ ＿＿＿＿＿＿。

计算整流器输入端口的有功功率：$P = S \cdot \cos\varphi =$ ＿＿＿＿＿＿。

计算整流器输入端口的功率因数：$\mathrm{PF} = P/S =$ ＿＿＿＿＿＿。

注：V_s 表示电源电压有效值，本例中为 220V。I_s 表示电源电流有效值。φ 为功率因数角，即交流电源电压和电流的相位差。

3）利用瓦特表测量有功功率。

- 在仿真控制器中勾选"Free Run"，使仿真过程持续运行，以便观察瓦特表的准确测量值。
- 运行仿真，从瓦特表 W_1 上观测<u>有功功率</u>，并与步骤 2）中的理论计算值相比较。

有功功率的仿真观测值：$W_1 =$ ＿＿＿＿＿＿＿＿＿＿＿＿＿。

有功功率的理论计算值：$P =$ ＿＿＿＿＿＿＿＿＿＿＿＿＿。

△

6.1.2　阻感负载时整流电路的仿真模型

下面观察阻感负载时整流电路的工作波形。

> Q6.1.2　在单相整流电路的仿真模型 Q6_1_1 基础上，将输出端的电阻负载改为阻感负载，观测阻感负载时整流电路的工作波形。

解：

1）建立阻感负载时的整流电路的仿真模型。

- 打开仿真文件 Q6_1_1，将电阻负载 R_o 改为如图 6.1.3 所示的<u>阻感负载</u> R_o 和 L_o，保存为仿真文件 Q6_1_2a。
- <u>电感</u>（Inductor）L_o 可在元件工具条上找到，参数设置如下：Inductance（电感量）设置为"200m"（单位：H）。

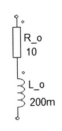

图 6.1.3　阻感负载

Current Flag(电流标志)设置为"1",以观测电感电流的波形。

• 电阻 R_o 的参数设置为: $R_o = 10\Omega$。

• 由于电感的存在,仿真开始后,需要经历一个过渡过程,电感电流才能够进入稳态,所以应合理设置仿真控制器的参数,以观察电感电流的稳态波形。

仿真条件:Time Step$=1E-005$,Total Time$=0.24$,Print Time$=0.2$。

注:Print Time 为绘制仿真波形的开始时间,Total Time 为绘制仿真波形的结束时间。仿真结束后只显示 $0.2\sim0.24$ 之间的仿真数据,在该区间上电感电流已进入稳态。

2)观察阻感负载时电感电流的特点。

• 运行仿真,观测电感电流 i_L 的仿真波形。点击标准工具条上的"Y"按钮,将波形图的 Y 轴范围设置为 $0\sim25$。确认之后,可以观测到电流的仿真波形如图 6.1.4 所示。

• 分析负载电流的特点:对于单相整流电路,电阻负载时,负载电流为脉动的直流;阻感负载时,由于电感的平波作用,电流的脉动会减小。当感抗较大时,负载电流的波形将趋近于恒定的直流,此时可将负载视为恒流型,以方便分析和计算。

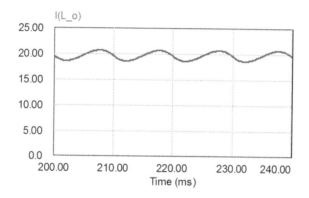

图 6.1.4　负载电流(电感电流)的波形

3)建立恒流型负载时整流电路的仿真模型。

• 打开仿真文件 Q6_1_2a,将阻感负载 R_o 和 L_o 改为如图 6.1.5 所示的恒流源 I_{DC1},保存为仿真文件 Q6_1_2b。

• 恒流源(DC Current Source) I_{DC1} 可在库浏览器中查找,参数设置如下:

Amplitude(幅值)设置为"10"(单位:A)。

图 6.1.5　恒流型负载

4)观察恒流型负载时电源电流的特点。

• 运行仿真,将电源电压 v_s 和 10 倍电源电流(即 $10\times i_s$)画在同一幅波形图中,如图 6.1.6 所示。注:在同一幅波形图中同时显示多个波形的操作方法参见专题 4 的例 Q4.1.1。

• 分析电源电流波形的特点:电源电流为交流方波,频率、相位与电源电压相同。

• 在仿真波形上观测电源电流的有效值,并推算整流器的功率因数。注:在 Simview 窗口中,选择某信号后,点击窗口下方测量工具条上按钮 **ms** 可显示被测信号的有效值。

观测整流器输入电流 i_s 的有效值: $I_s=\underline{\hspace{2cm}}$。

计算整流器输入端口的视在功率: $S=V_s\cdot I_s=\underline{\hspace{2cm}}$。

观测瓦特表显示的有功功率: $P=W_1=\underline{\hspace{2cm}}$。

推算整流器输入端口的功率因数：PF＝P/S＝_____。

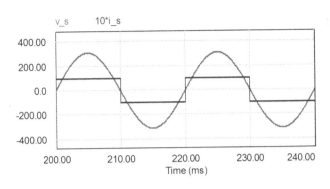

图 6.1.6　电源电压和电流的波形

△

由例 Q6.1.2 可见，在很多情况下，整流器的输入电流为非正弦电流。下面介绍输入电流为非正弦时，整流器输入端口功率因数的计算方法。

学习活动 6.2　整流器输入端口功率因数的计算

6.2.1　交流电路功率因数的定义

功率因数是衡量电气设备用电效率高低的一个系数，功率因数越高，系统运行则更有效率。交流电路中与功率因数相关的物理量的定义如下：

1)有功功率(Active Power)定义为一个周期内瞬时功率的平均值，如式(6.2.1)所示。有功功率也称平均功率，单位瓦特(W)。它表示电能用于做功被消耗的功率，它们转化为热能、光能、机械能或化学能等。

$$P = \frac{1}{T}\int_0^T p(t)\mathrm{d}t = \frac{1}{T}\int_0^T \big[v(t)i(t)\big]\mathrm{d}t \tag{6.2.1}$$

2)视在功率(Apparent Power)定义为端口的电压和电流有效值的乘积，如式(6.2.2)所示，单位伏安(VA)。它表示外部传给网络的电能或该网络的容量。

$$S = V \cdot I \tag{6.2.2}$$

3)功率因数(Power Factor,PF)定义为有功功率与视在功率之比，如式(6.2.3)所示。它表示电气设备用电效率的高低。

$$\mathrm{PF} = \frac{P}{S} \tag{6.2.3}$$

6.2.2　交流电路功率因数的计算方法

不失一般性，假设交流电路输入端口上的电压和电流均为非正弦的交流波形，可分解为如下傅里叶级数的形式。

$$v(t) = \sum_{n=1}^{\infty} \sqrt{2} V_n \sin(n\omega t + \varphi_n) \qquad (6.2.4)$$

$$i(t) = \sum_{n=1}^{\infty} \sqrt{2} I_n \sin(n\omega t + \varphi_n - \gamma_n) \qquad (6.2.5)$$

代入式(6.2.1)可推导出该交流电路的有功功率为:

$$P = \frac{1}{T} \int_0^T p(t) \mathrm{d}t = \frac{1}{2\pi} \int_0^{2\pi} \left[v(\theta) i(\theta) \right] \mathrm{d}\theta = \sum_{n=1}^{\infty} V_n I_n \cos\gamma_n \qquad (6.2.6)$$

由于不同频率的电压和电流之间产生功率(平均值)为零,所以有功功率是相同频率的电压和电流间产生的功率总和。

将式(6.2.6)代入式(6.2.3)可推导出该交流电路功率因数的一般表达式为:

$$\mathrm{PF} = \frac{P}{S} = \frac{\sum_{n=1}^{\infty} V_n I_n \cos\gamma_n}{VI} \qquad (6.2.7)$$

6.2.3　正弦交流电路的功率因数

在正弦交流电路中,输入端口上的电压和电流均为正弦,即只有基波而没有谐波,则功率因数表达式(6.2.7)可简化为:

$$\mathrm{PF} = \frac{P}{S} = \frac{V_1 I_1 \cos\gamma_1}{VI} = \cos\gamma_1 = \cos\varphi \qquad (6.2.8)$$

即正弦交流电路的功率因数是输入端口上电压与电流之间相位差 φ 的余弦函数,电压和电流的相位关系如图 6.2.1 所示。

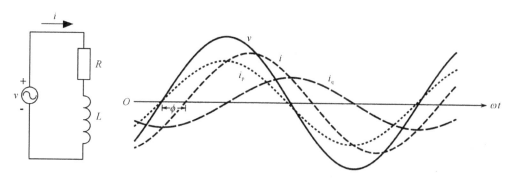

图 6.2.1　正弦交流电路中电压和电流的相位关系

6.2.4　非正弦交流电路的功率因数

当开关型变换器输入端连接电网时,输入端的电压可近似认为是正弦,而流入变换器的电流往往不是正弦,在这种情况下功率因数表达式(6.2.7)可简化为:

$$\mathrm{PF} = \frac{P}{S} = \frac{\sum_{n=1}^{\infty} V_n I_n \cos\gamma_n}{VI} = \frac{V_1 I_1 \cos\gamma_1}{VI} = \frac{I_1}{I} \cos\gamma_1 \qquad (6.2.9)$$

式中,I_1 为电流基波有效值;I 为电流总有效值;γ_1 为电流基波与电压的相位差。

为了计算方便,可做如下定义:

1)基波因子,定义为基波电流占总电流的比例,如式(6.2.10)所示。基波因子反映了电流波形的畸变情况。

$$\beta = \frac{I_1}{I} \qquad (6.2.10)$$

2)移相因子,表示基波电流的功率因数,如式(6.2.11)所示。移相因子反映了基波电流的相移情况。

$$\text{DPF} = \cos\gamma_1 \qquad (6.2.11)$$

知识卡 6.1:非正弦交流电路的功率因数

交流电路中电压为正弦交流,而电流不是正弦(即电流畸变)时,功率因数由基波电流相移(移相因子)和电流波形畸变(基波因子)这两个因素共同决定:

$$\text{PF} = \frac{I_1}{I}\cos\gamma_1 = \beta \cdot \text{DPF} \qquad (6.2.12)$$

式中,I_1 为电流基波有效值;I 为电流总有效值;γ_1 为电流基波与电压的相位差。

Q6.2.1 恒流型负载时,单相整流电路输入端口的电压和电流波形如图 6.1.6 所示,计算该整流电路的功率因数。

解:

• 该电路属于电压正弦、电流畸变的情况,可用式(6.2.12)来计算。为求得电源电流的基波分量,需要首先对该波形进行傅里叶分解。

• 电源电流 i_s 的波形为宽度为 $180°$ 的交流方波,设电流的幅值为 I_m,则电源电流 i_s 可分解为傅里叶级数形式(参见例 Q5.2.2)。

$i_s(t) = $ _____。

电源电流 i_s 的基波有效值为:$I_{s1} = $ _____。

基波电流相移为:$\gamma_{s1} = 0°$。

电源电流 i_s 的总有效值为:$I_s = I_m$。

• 根据式(6.2.12)计算变换器的功率因数,并与功率因数的仿真观测结果相比较。

$\text{PF} = \dfrac{I_{s1}}{I_s}\cos\gamma_{s1} = $ _____。

例 Q6.1.2 中功率因数的仿真观测值为:$\text{PF} = $ _____。

⊠课后思考题 AQ6.1:根据本题中的条件,试证明以下两个结论。

• 与电源电压相比,电源电流的基波相移 $\gamma_1 = 0°$。

• 电源电流的总有效值 $I_s = I_m$。

学习活动 6.3　利用 PSIM 仿真观测整流器的功率因数

PSIM 电路仿真软件适合于电力电子电路的分析设计和工程计算,可避免烦琐的理论计算,成为工程设计中不可缺少的工具软件。本节将介绍利用 PSIM 仿真软件观测整流电路功率因数的方法。

> Q6.3.1　建立单相桥式二极管整流电路(恒流型负载)的仿真模型,对电源电流进行 FFT(快速傅里叶变换)分析,并计算变换器的功率因数。
> 　　电路的主要参数为:电源电压为交流 220V(50Hz),负载电流为直流 10A。

解:

1)建立 AC－DC 变换器的仿真模型。

• 打开仿真文件 Q6_1_2b,在电源回路中插入电流传感器 $ISEN_1$,并添加有效值计算模块 RMS_1 和快速傅里叶变换模块 FFT_1,对电源电流进行分析和计算。完整的仿真模型如图 6.3.1 所示,保存为仿真文件 Q6_3_1。

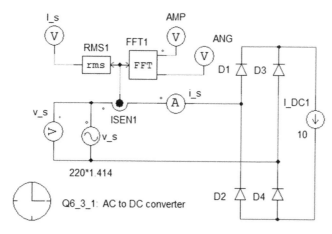

图 6.3.1　AC－DC 变换器的 PSIM 仿真模型

• 电流传感器 $ISEN_1$(Current Sensor),用于检测电源电流并变送到控制电路,可在元件工具条上找到。

• 有效值计算模块 RMS_1(RMS),用于计算输入信号的有效值,可在库浏览器中查找。参数 Base Frequency(基准频率)设置为"50"(单位:Hz),表示基准频率为 50Hz。

• 快速傅里叶变换模块 FFT_1(FFT),用于计算输入信号的基波分量和相位,可在库浏览器中查找。FFT 的第一个输出 AMP 为基波的峰值,第 2 个输出 ANG 为基波的相位(单位是角度),负值表示相位滞后。

参数 Fundamental Freq.(基波频率)设置为"50"(单位:Hz),表示基波频率为 50Hz。

• 单端电压表 I_s 用于显示 RMS_1 模块输出的电流有效值,AMP 和 ANG 分别用于显示 FFT_1 模块输出的基波峰值和相位,在上述三个电压表的属性中勾选 Show Prob's Value,显示仿真过程中的测量值。

- 在仿真控制器中勾选"Free Run",使仿真过程持续运行。

2)观测仿真结果并计算功率因数。

- 运行仿真,观察 RMS 和 FFT 模块的输出。

$I_s=$＿＿＿＿＿＿,AMP＝＿＿＿＿＿＿,ANG＝＿＿＿＿＿＿。

- 利用仿真观测值计算变换器的<u>功率因数</u>,并与 Q6.2.1 中的理论计算值相比较。

$$PF=\frac{I_{s1}}{I_s}\cos\gamma_{s1}=\frac{AMP/\sqrt{2}}{I_s}\cos(-ANG°)=\underline{\qquad\qquad}。$$

Q6.2.1 中功率因数的理论计算值为:$PF=$＿＿＿＿＿＿。

△

专题 6 小结

开关型变换器输入端连接电网时,流入变换器的电流往往不是正弦电流,会向电网中注入谐波电流和无功功率。本专题介绍了电流畸变时的变换器功率因数的计算方法。

交流电路中电压正弦而<u>电流畸变时</u>(比如整流电路),<u>功率因数</u>由基波电流相移和电流波形畸变这两个因素共同决定,参见知识卡 6.1。

对整流电路进行实际分析时,可利用电路仿真观测电源电流的有效值和 FFT 分量,代入式(6.2.12)计算变换器输入端口的功率因数。

专题 6 测验

R6.1 功率因数定义为＿＿＿＿＿＿ 功率与＿＿＿＿＿＿ 功率之比。它表示电气设备用电效率的高低。

R6.2 交流电路中电压正弦而电流畸变时,功率因数由基波电流＿＿＿＿＿＿和电流波形＿＿＿＿＿＿两个因素共同决定:前者越大,则功率因数越＿＿＿＿＿＿;后者越大,则功率因数越＿＿＿＿＿＿。

R6.3 在 PSIM 电路仿真模型中,正弦电压源的电压设定值为交流电压的＿＿＿＿＿＿值。

R6.4 如图 R6.1 所示的 DC－DC 变换器的工作波形如图 R6.2 所示,试回答下列问题:

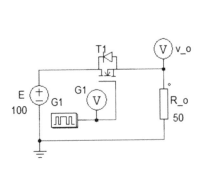

图 R6.1 DC－DC 变换器

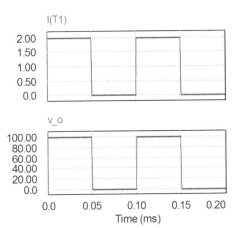

图 R6.2 DC－DC 变换器的工作波形

1)电源 E 输出(有功)功率的正确表达式是(　　　)。

　　A. $P_1 = E \cdot I_{T1\_ave}$　　　　　　　　　　B. $P_1 = E \cdot I_{T1\_rms}$

2)负载电阻上消耗(有功)功率的正确表达式是(　　　)。

　　A. $P_2 = V_{o\_rms} \cdot I_{T1\_rms}$　　　　　　　B. $P_2 = V_{o\_ave} \cdot I_{T1\_ave}$

　　C. $P_2 = R_o \cdot I_{T1\_ave}^2$

3)代入仿真模型中的参数取值,计算上述两个功率的具体数值,并比较两者是否相同。

　　$P_1 = $ _____ 。

　　$P_2 = $ _____ 。

专题 6
习题

单元 2　小功率 UPS 主电路设计(1)

● 学习目标

掌握单相二极管整流电路的工程设计方法。

掌握直流降压变换器的工程设计方法。

掌握直流升压变换器的工程设计方法。

● 知识导图

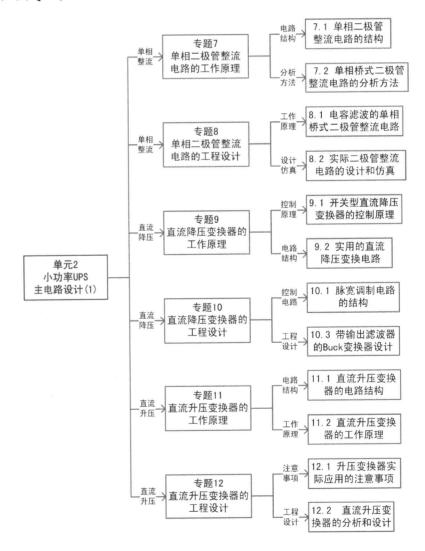

● **基础知识和基本技能**

单相二极管整流电路的工作原理。

直流降压变换器的工作原理。

直流升压变换器的工作原理。

● **工作任务**

小功率 UPS 电源中,单相桥式整流电路、直流降压电路和直流升压电路的设计。

单元 2 学习指南

　　不间断电源(UPS)的主电路包含了多种电能变换的形式,是一种典型电力电子装置(详见附录 10)。UPS 的主电路一般由整流器、逆变器、蓄电池、静态开关等部件组成。本单元将以 UPS 主电路的设计为线索,学习其中 AC – DC 变换器(整流器)和 DC – DC 变换器(直流斩波器)的结构和工作原理,并完成相关部分的设计任务。

附录 10

　　整流器的作用是将交流变换为直流。根据交流电源的相数,整流器可分为单相整流器和三相整流器(详见附录 7)。本单元只学习单相二极管整流器,三相二极管整流器将在单元 5 中继续研究。专题 7 将学习单相二极管整流器的结构和工作原理,在此基础上专题 8 将介绍 UPS 中二极管整流电路(位于 AC – DC 功率因数校正器中)的工程设计方法。

附录 7

　　直流斩波器的作用是将固定直流变换为可控直流。直流斩波器可分为基本斩波器和复合斩波器(详见附录 8)。本单元只学习基本斩波器,复合斩波器将在单元 3 中继续研究。基本斩波器包括直流降压变换器和直流升压变换器。专题 9 将学习直流降压变换器的结构和工作原理,在此基础上专题 10 将介绍 UPS 中直流降压变换电路(位于充电器中)的工程设计方法。专题 11 将学习直流升压变换器的结构和工作

附录 8

原理,在此基础上专题 12 中将介绍 UPS 中直流升压变换电路(位于 DC – DC 变换器中)的工程设计方法。

　　单元 2 由 6 个专题组成,各专题的学习目标详见知识导图。学习指南之后是"单元 2 基础知识汇总表",帮助学生梳理和总结本单元所涉及的主要学习内容。

单元 2 基础知识汇总表

　　基础知识汇总表如表 U2.1～表 U2.2 所示。

表 U2.1 单相桥式二极管整流电路在不同负载下工作特点的比较

比较项目	电阻型负载	恒流型负载
电路图	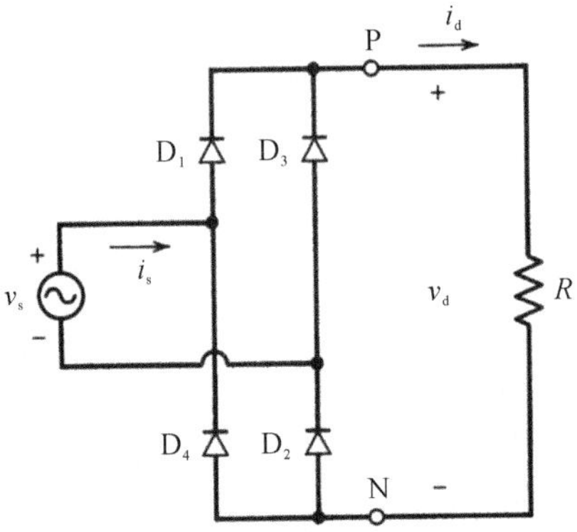 注:交流电源的电压有效值为 V_s，负载电阻的阻值为 R	注:交流电源的电压有效值为 V_s，负载电流的幅值为 I_d
输出电压波形、器件导通区间		
输出电压平均值		
电源电流波形、器件导通区间		
电源电流的基波分量		
输入侧功率因数		

表 U2.2　直流降压变换器和直流升压变换器工作特点的比较

比较项目	带输出滤波器的 Buck 电路	Boost 电路
电路图	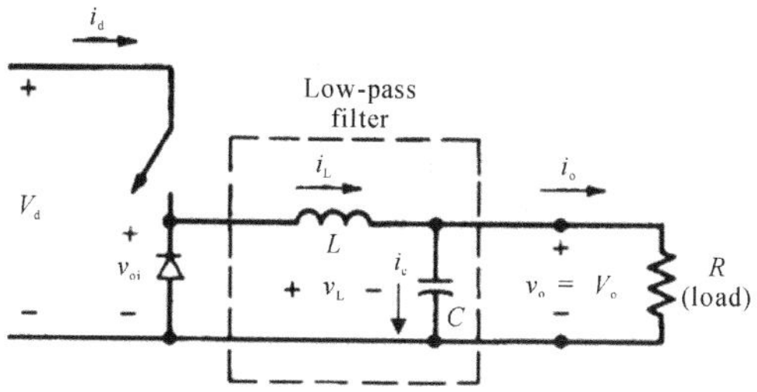 注:直流电源的电压幅值为 V_d,输入电流平均值为 I_d;输出电压平均值为 V_o,输出电流平均值为 I_o;控制占空比为 D	注:直流电源的电压幅值为 V_d,输入电流平均值为 I_d;输出电压平均值为 V_o,输出电流平均值为 I_o;控制占空比为 D
电感上电压、电流波形	注:连续导通工作模式	注:连续导通工作模式
输出电压平均值		
输入电流平均值		
临界连续输出电流		
输出电压脉动率		

专题 7　单相二极管整流电路的工作原理

• 引　言

整流电路(Rectifying Circuit)是把交流电能转换为直流电能的电路(参见附录7)。根据交流电源的相数,二极管整流电路可分为单相整流电路和三相整流电路。专题7~8将与本单元的设计项目相结合,介绍单相二极管整流电路的工作原理及其在小功率 UPS 主电路中的应用。三相二极管整流电路将在以后的单元中,结合其他的设计项目进行学习。

附录 7

• 学习目标

掌握理想单相二极管整流电路的分析方法。

• 知识导图

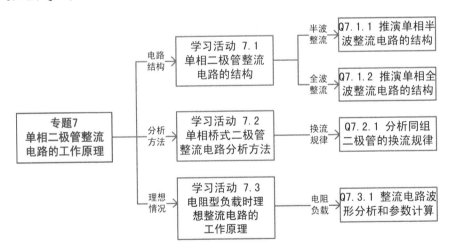

• 基础知识和基本技能

单相整流电路的典型拓扑结构。

整流电路中二极管的换流规律。

• 工作任务

理想单相桥式整流电路的波形分析和计算。

学习活动 7.1　单相二极管整流电路的结构

7.1.1　单相半波整流电路的结构

以专题 2 图 2.3.1 中矩阵式变换器为基础,设定下列条件,可以推演出单相整流电路的各种形式。

1)假设 V_s 为单相交流电源,瞬时值用 v_s 表示,参考方向 A 端为正,B 端为负。

2)输出电压为直流电压,参考方向 P 端为正,N 端为负,使负载上获得直流电流。

3)为了在电源和负载之间构成电流通路,变换器中应采用 1 对或 2 对开关。

首先通过例 Q7.1.1,推演单相半波整流电路的结构。

> Q7.1.1　以图 2.3.1 为基础,根据上述设定条件,只采用 1 对开关时,试推演单相整流电路的各种拓扑结构,并分析其特点。

解:

1)画出单相半波整流电路的拓扑结构。

- 只采用 1 对开关,可以形成如图 7.1.1 所示的两种拓扑结构。

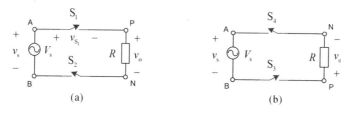

图 7.1.1　只采用 1 对开关时整流电路的拓扑结构

2)分析单相半波整流电路的工作方式。

- 首先分析电路(a)的工作方式。当电源电压 $v_s > 0$ 时,如果开关 S_1 和 S_2 同时闭合,$v_{PN} = v_{AB} = v_s > 0$,输出电压为正;当电源电压 $v_s < 0$ 时,应将开关 S_1 和 S_2 同时断开,避免产生负的输出电压,此时输出电压 $v_{PN} = 0$。将上述分析填入表 7.1.1 的第 2 行中。

- 同理,试分析电路(b)的工作方式,并将分析结果填入表 7.1.1 的第 3 行中。

表 7.1.1　只采用 1 对开关时整流电路的工作方式

电路类型	开关同时闭合		开关同时断开	
	闭合条件	输出电压	断开条件	输出电压
电路(a)	$v_s > 0$	$v_{PN} = v_{AB} = v_s$	$v_s < 0$	$v_{PN} = 0$
电路(b)				

- 根据表 7.1.1 中的分析结果,在图 7.1.2 基础上画出整流电路输出电压的波形。

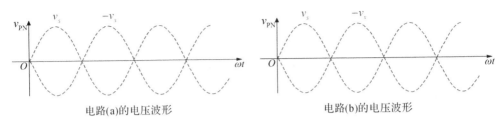

电路(a)的电压波形　　　　　　　　电路(b)的电压波形

图 7.1.2　只采用 1 对开关时整流电路输出电压的波形

3）分析整流电路中开关器件的工作特点。

• 开关器件工作于交流电路中，具有<u>单向导电性</u>和<u>承受反向电压</u>的能力。

开关两端电压为正时，开关闭合。例如，当 $v_{s1}>0$ 时，开关 S_1 闭合。

开关两端电压为负时，开关断开。例如，当 $v_{s1}<0$ 时，开关 S_1 断开。

• 根据上述工作特点，整流器中通常采用<u>二极管</u>（或晶闸管）作为开关器件。

采用二极管构成整流器，则输出电压不可控。

采用晶闸管构成整流器，则输出电压可控。

4）分析单相半波整流电路的特点。

• 观察图 7.1.2 中整流器输出电压的波形可以发现：电路(a)的输出电压为电源电压的正半波，电路(b)的输出电压为电源电压的负半波。这两个整流电路在电能变换过程中，只利用了电源电压的某个半波，所以称为<u>半波整流电路</u>。

• 将图 7.1.1 中的开关简化为一个，并用二极管替换，则演变为<u>单相半波二极管整流电路</u>，如图 7.1.3 所示。

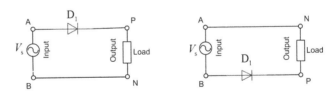

图 7.1.3　单相半波二极管整流电路

• 单相半波二极管整流电路的<u>主要优点</u>是使用开关器件少，只用 1 只二极管。<u>主要缺点</u>是电源中只流过单向电流，对电源工作不利。为了克服上述缺点，可采用 2 对开关组成更完善的整流器。

7.1.2　单相全波整流电路的结构

接下来还是通过例 Q7.1.2，推演单相全波整流电路的结构。

Q7.1.2　以图 2.3.1 为基础，根据 7.1.1 节中设定的整流电路工作条件，当 2 对开关都采用时，试推演此时单相整流电路的拓扑结构，并分析其特点。

解：

1)画出单相全波整流电路的拓扑结构。

• 2 对开关都采用时，可以形成如图 7.1.4 所示的拓扑结构。这种结构相当于把图 7.1.1 中的两种半波整流器组合起来。

• 电源电压为正半波时($V_{AB}>0$)，图 7.1.1 中电路(a)工作，S_1 和 S_2 闭合，S_3 和 S_4 关断，输出电压与电源电压相同。

• 电源电压为负半波时($V_{AB}<0$)，图 7.1.1 中电路(b)工作，S_3 和 S_4 闭合，S_1 和 S_2 关断，输出电压与电源电压极性相反，加在负载上的仍为正电压。

2)分析单相全波整流电路的特点。

• 图 7.1.4 中整流电路在电能变换过程中，通过开关的切换，电源电压的正负半波都得到了充分利用，所以称为全波整流电路。由于变换器中四个开关所形成电路为桥式电路，所以这种整流器习惯上也称为桥式整流电路。

• 将开关用二极管替换，则演变为单相桥式二极管整流电路，如图 7.1.5 所示。

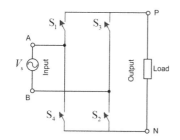

图 7.1.4　只采用 2 对开关时整流变换器的拓扑结构

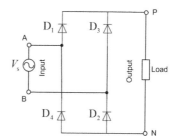

图 7.1.5　单相桥式二极管整流电路

△

学习活动 7.2　单相桥式二极管整流电路的分析方法

7.2.1　单相桥式二极管整流电路的结构

实际的单相桥式二极管整流电路如图 7.2.1 所示，交流电源模型中包括电源内阻抗(以

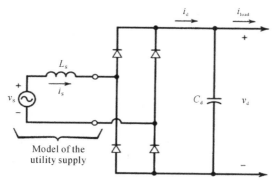

图 7.2.1　实际的单相二极管桥式整流电路

感抗为主),在直流输出端需要并联电容进行滤波。该电路看上去虽然简单,但求取电压、电流波形的函数形式是很烦琐的,因而往往要借助仿真工具来分析电路。

为了便于分析,可忽略电源内阻抗,并简化整流器的负载形式,得到两种理想化的单相桥式整流电路形式,如图 7.2.2 所示。

1)电阻型负载的理想化整流电路,如图 7.2.2(a)所示。

2)恒流型负载的理想化整流电路,如图 7.2.2(b)所示。

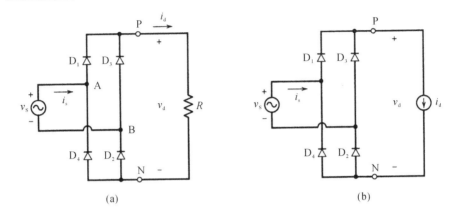

图 7.2.2　理想化的单相桥式整流电路

7.2.2　桥式整流器中二极管的通断规律

整流器中二极管通断的规律,也称为换相(换流)规律。所谓换流是指:一组器件关断、另一组器件导通时,电流从即将关断的器件转换到即将导通的器件的动态过程。

为了便于分析,将单相桥式整流器中的四个二极管分为 2 组,如图 7.2.3 所示。

1)D_1 和 D_3 的阴极接在一起,合称共阴极组。

2)D_2 和 D_4 的阳极接在一起,合称共阳极组。

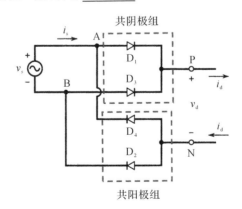

图 7.2.3　单相桥式整流器中二极管的分组

假设负载电流连续,i_d 从 P 端(共阴极组)流出,从 N 端(共阳极组)流入,则每组中应至少有 1 个器件导通以形成电流回路。哪个器件导通,应该遵循一定的换流规律。

Q7.2.1　单相桥式二极管整流器如图 7.2.3 所示,为了方便分析,将交流电源与二极管整流器的连接点定义为 A 和 B。假设负载电流连续,试根据交流电源电压极性的变化(即 A、B 两点电位关系的变化),分析各组二极管的换流规律。

解:

　　1)交流电源电压极性变化时,分析各组二极管的通断状态。

　　• 当交流电源电压 $v_s = v_{AB} > 0$ 时,A、B 两端的相对极性为 A+、B−,此时 D_1 和 D_2 正偏导通,D_3 和 D_4 反偏关断,二极管的通断状态如表 7.3.1 中第 2 行所示。

　　• 同理,当交流电源电压 $v_s = v_{AB} < 0$ 时,分析二极管的通断状态,并填入表 7.3.1 的第 3 行中。

表 7.3.1　二极管的通断状态与阳极或阴极电位的关系

电源电压 A、B 端极性	共阴极组		共阳极组	
	D_1	D_3	D_2	D_4
$v_s = v_{AB} > 0$ A+　　B−	导通	关断	导通	关断
$v_s = v_{AB} < 0$ A−　　B+				

　　2)分析桥式整流器中共阴组和共阳组二极管的换流规律。

　　• 分析表 7.3.1 中共阴组中二极管的导通条件可知:共阴组中阳极电位最高的二极管正偏导通,该器件导通后,将使同组其他二极管反偏关断。这就是负载电流连续时,桥式整流器中共阴组二极管的换流规律。

　　• 同理,试分析共阳组二极管的换流规律:共阳组中阴极电位_____的二极管正偏导通,该器件导通后,将使同组其他二极管_____。

　　　　　　　　　　　　　　　　　　　　　　　　　　　　　△

7.2.3　理想化整流电路的分析方法

　　根据整流器中二极管的换流规律,结合具体的负载形式,就可以详细分析整流电路的基本工作原理。其分析步骤大致如下:

　　1)首先根据电源电压的极性,确定在一个电周期内每个二极管的导通和关断的区间。

　　2)根据二极管的导通区间及负载的特点,确定整流输出电压和电流的波形。

　　3)根据二极管的导通情况,以及输出电流的波形,确定整流器输入电流的波形(即电源电流的波形)。

　　4)根据同组内二极管的换流情况,确定二极管上电压和电流的波形。

　　5)根据波形计算整流输出电压平均值、整流器功率因数、器件上最高电压和电流有效值等主要参数。

学习活动 7.3　电阻型负载时理想整流电路的工作原理

　　下面根据 7.2 节介绍的分析方法,研究电阻型负载时理想化单相桥式二极管整流电路的工作原理。恒流型负载时理想整流电路的分析留作课后习题。

> Q7.3.1　电阻型负载下理想整流电路如图 7.2.2(a)所示,按照如下步骤分析其工作原理。建立该电路的仿真模型,利用仿真结果验证理论分析的正确性。

解:

　　1)根据电源电压的极性确定导通器件及电流通路。

　　• 在交流电源的正半周($v_s = v_{AB} > 0$),A、B 两端的相对极性为 A+、B−。根据例 Q7.2.1 中给出的换流规律,此时共阴组中 D_1 的阳极电位最高,共阳组中 D_2 的阴极电位最低,所以 D_1 和 D_2 导通,D_3 和 D_4 关断。此时,电流的通路为 A→D_1→R→D_2→B,将电流通路画在图 7.3.1(a)中。

　　• 根据图 7.3.1(a)所示的电流通路,分析可知:输出电压 $v_d = v_s$,电源电流 $i_s = i_d = v_s/R$,二极管 D_1 电压 $v_{D_1} = 0$,二极管 D_1 电流 $i_{D_1} = i_d = v_s/R$,如表 7.3.1 的第 2 行所示。

　　• 同理,在交流电源的负半周,分析二极管通断状态并将电流通路画在图 7.3.1(b)中。

　　• 根据图 7.3.1(b)所示的电流通路,分析相关参量的关系式,填入表 7.3.1 的第 3 行。

表 7.3.1　整流电路的工作状态

电源电压的极性	共阴组的导通器件	共阳组的导通器件	v_d	i_s	v_{D_1}	i_{D_1}
$v_s > 0$	D_1	D_2	v_s	$i_d = v_s/R$	0	$i_d = v_s/R$
$v_s < 0$						

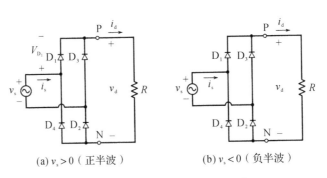

(a) $v_s > 0$ (正半波)　　　　(b) $v_s < 0$ (负半波)

图 7.3.1　各种情况下的电流通路

　　2)在步骤 1)的基础上,绘制整流电路的工作波形。

　　• 根据表 7.3.1 中整流电路输出电压的表达式,在图 7.3.2 中画出整流电路输出电压

v_s 和输出电流 i_d 的波形。

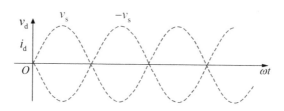

图 7.3.2　整流输出电压和电流的波形

- 根据表 7.3.1 中电源电流的表达式,在图 7.3.3 中画出电源电流的波形。

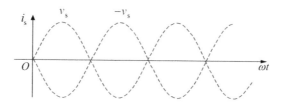

图 7.3.3　电源电流的波形

- 根据表 7.3.1 中二极管 D_1 上电压(阳极为正)和电流(导通电流的方向为正)的表达式,在图 7.3.4 中画出二极管电压 v_{D_1} 和电流 i_{D_1} 的波形。

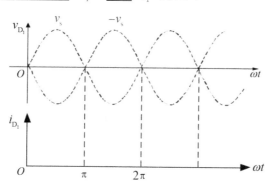

图 7.3.4　二极管上电压和电流的波形

3)在步骤 2)的基础上,推导整流电路输出电压和电流的表达式。

- 输出电压 v_d 和输出电流 i_d 的表达式:

$$v_d = |v_s| \qquad i_d = \frac{v_d}{R} = \frac{|v_s|}{R} \tag{7.3.1}$$

- 输出电压平均值 V_d 的计算公式:

$$V_d = \frac{1}{\pi} \int_0^\pi \sqrt{2} V_s \sin\omega t \, \mathrm{d}(\omega t) = \underline{\hspace{4cm}} \tag{7.3.2}$$

式中,V_s 中为电源电压的有效值。

- 输出电压脉动率(定义为幅值脉动量 ΔV_d 与平均值 V_d 的比值):

$$\frac{\Delta V_d}{V_d} = \frac{v_{d\_max} - v_{d\_min}}{V_d} = \underline{\hspace{4cm}} \tag{7.3.3}$$

4)在步骤 2)的基础上,计算整流电路交流侧电流畸变率和功率因数。

• 交流侧电流 i_s 的表达式为:

$$i_s = \frac{v_s}{R} = \frac{\sqrt{2}V_s}{R}\sin\omega t \tag{7.3.4}$$

• 交流侧电流的傅里叶级数表达式为:

$$i_s = \frac{\sqrt{2}V_s}{R}\sin\omega t = \sqrt{2}I_{s1}\sin\omega t \tag{7.3.5}$$

• 交流侧电流的电流畸变率为(参见专题 6):

$$\text{THD} = \frac{I_H}{I_1} = \frac{\sqrt{I_s^2 - I_{s1}^2}}{I_{s1}} = 0 \tag{7.3.6}$$

• 交流侧功率因数为(参见专题 6):

$$\text{PF} = \frac{P}{S} = \frac{I_{s1}}{I_s}\cos\gamma_1 = 1 \tag{7.3.7}$$

5)在步骤 2)的基础上,确定二极管的额定电压和额定电流。

• 半导体功率开关过载能力较差,确定额定电压和电流时要考虑一定的安全裕量。

• 半导体开关器件的额定电压可选择为正常工作条件下所承受最高电压的 2~3 倍。对本例而言,二极管的额定电压可按下式选取:

$$V_{D\_rated} = (2\sim3)V_{D\_peak} \tag{7.3.8}$$

式中,V_{D_peak} 为二极管所承受的最高电压(绝对值),从图 7.3.4 中可以看出:

$$V_{D\_peak} = \sqrt{2}V_s \tag{7.3.9}$$

• 器件的额定电流可选择为正常工作条件下所通过电流(有效值)的 1.5~2 倍。对本例而言,二极管的额定电流可按下式选取:

$$I_{D\_rated} = (1.5\sim2)I_{D\_rms} \tag{7.3.10}$$

式中,I_{D_rms} 为二极管所通过电流的有效值,从图 7.3.4 中可以计算出:

$$I_{D\_rms} = \sqrt{\frac{1}{2\pi}\int_0^\pi \left[\frac{\sqrt{2}V_s}{R}\sin\theta\right]^2 \mathrm{d}\theta}$$

$$= \frac{V_s}{R}\sqrt{\frac{1}{\pi}\int_0^\pi \left[\frac{1-\cos2\theta}{2}\right]\mathrm{d}\theta} = \frac{\sqrt{2}}{2}\cdot\frac{V_s}{R} \tag{7.3.11}$$

6)建立整流电路的仿真模型并观测仿真结果。

• 打开仿真文件 Q6_1_1,添加一个双端电压表用于测量电阻负载两端的电压(仪表的参考端在上方),修改后的仿真模型保存为仿真文件 Q7_3_1。

• 二极管 D_1 的电流标志 Current Flag 设置为 1,以观测二极管的电流波形。

• 运行仿真,观测输出电压、电源电流和二极管电流的仿真波形,如图 7.3.5 所示。注:显示多幅波形图的操作方法参见专题 2 的例 Q2.4.1。

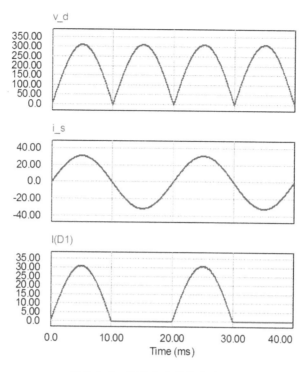

图 7.3.5　整流电路的仿真波形

• 在仿真波形上,观测输出电压的平均值、电源电流的有效值、二极管 D_1 电流的有效值,并填入表 7.3.2 的第 3 行中。

• 将仿真电路的已知条件(电源电压 $V_s = 220V$,负载电阻 $R = 10\Omega$),代入步骤 3)和步骤 5)的相关公式中,计算如下电路参数的理论值,填入表 7.3.2 的第 2 行中,并与第 3 行的仿真结果相比较。

输出电压平均值:$V_d =$ _____。

电源电流有效值:$I_s =$ _____。

二极管电流有效值:$I_D =$ _____。

表 7.3.2　单相二极管桥式整流电路的理论计算值和仿真观测值

电路参数	输出电压平均值	电源电流有效值	二极管电流有效值
理论 计算值	$V_d =$	$I_s =$	$I_D =$
仿真 观测值			

⊠课后思考题 AQ7.1:课后完成步骤 6)。

△

专题 7 小结

各种类型的实际变换电路都是从矩阵式变换器演变而来的。单相整流电路一般有两种常见的拓扑结构:单相半波整流电路和单相全波(桥式)整流电路。整流器中常采用二极管(或晶闸管)作为开关器件。

为了便于分析,可忽略电源内阻抗,并简化整流器的负载形式,得到电阻型负载和恒流型负载两种理想化的整流电路,如图 7.2.2 所示。本专题主要分析了理想化单相桥式二极管整流电路的工作原理。

1)整流电路分析的重要依据是二极管的换流规律:共阴组中阳极电位最高的二极管正偏导通,同组其他二极管反偏截止;反之,共阳组中阴极电位最低的二极管正偏导通,同组其他二极管反偏截止。

2)利用上述规律,以理想化的单相桥式二极管整流电路为例,分析了电阻负载下的工作波形,推导出整流输出电压平均值的计算公式(7.3.2),并说明功率二极管的选择方法。恒流型负载时理想整流电路的分析留作课后习题。

下一个专题将分析实际的单相桥式二极管整流电路的工作原理,并介绍其工程设计方法。

专题 7 测验

R7.1 填写表 R7.1,比较单相半波二极管整流电路和单相桥式二极管整流电路的工作特点。

表 R7.1 单相半波整流电路和单相桥式整流电路的比较

比较项目	单相半波二极管整流电路	单相桥式二极管整流电路
电路图	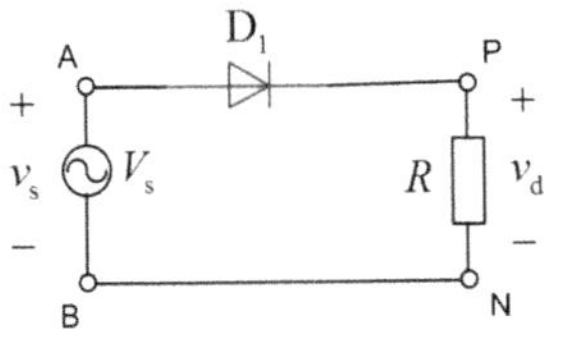 注:交流电源的电压有效值为 V_s,负载电阻的阻值为 R	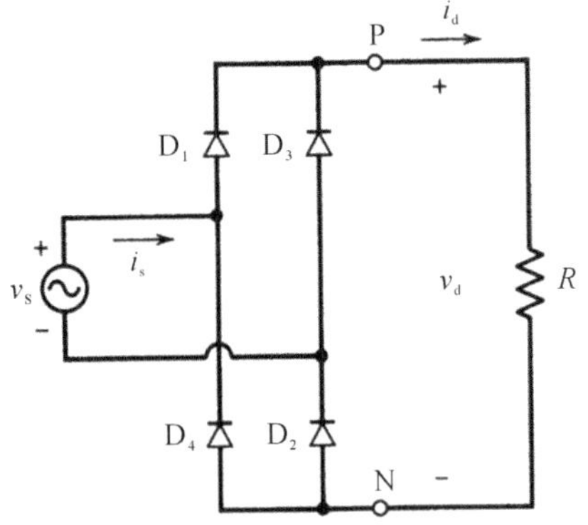
输出电压波形		

续表

比较项目	单相半波二极管整流电路	单相桥式二极管整流电路
电源电流波形		
二极管 D_1 电流波形		
输出电压平均值	$V_d = \underline{\hspace{2cm}} V_s$ 注:V_s 为交流电源电压有效值	$V_d = \underline{\hspace{2cm}} V_s$
二极管电流有效值	$I_{D\_rms} = \underline{\hspace{2cm}} \dfrac{V_s}{R}$	$I_{D\_rms} = \underline{\hspace{2cm}} \dfrac{V_s}{R}$
从器件数量、输出电压和电源电流等方面分析各自优缺点		

专题 7
习题

专题 8 单相二极管整流电路的工程设计

- **承上启下**

专题 7 中分析了理想的二极管整流电路的工作特点,该电路输出电压的脉动很大。实用的整流电路一般采取在输出端并联电容的方法,以减小输出电压脉动率,并提高输出电压平均值。本专题将借助仿真工具,以电容(感容)滤波的单相桥式二极管整流电路为例,介绍实用的二极管整流电路的工程设计方法。

- **学习目标**

掌握电容滤波的二极管整流电路的分析和设计方法。

- **知识导图**

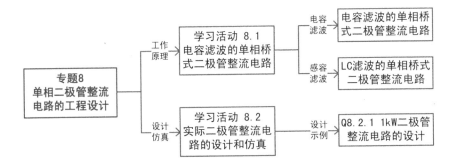

- **基础知识和基本技能**

电容滤波的单相桥式二极管整流电路的结构和工作原理。

感容滤波的单相桥式二极管整流电路的结构和工作原理。

实际的单相桥式二极管整流电路的分析和设计方法。

- **工作任务**

借助仿真工具,对感容滤波的单相桥式二极管整流电路的进行工程设计。

学习活动 8.1 电容滤波的单相桥式二极管整流电路

8.1.1 整流电路的工作原理

专题 7 中介绍的理想化整流电路输出电压的脉动很大,范围为 $0 \sim \sqrt{2}V_s$(V_s 为交流电源的电压有效值),在多数场合不能直接使用。为了减小输出电压脉动率,并提高输出电压平均值,一般采取在输出端并联电容的方法。带电容滤波的单相桥式二极管整流电路及其工作波形如图 8.1.1 所示。

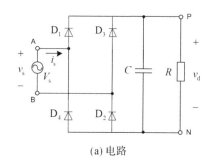

(a) 电路

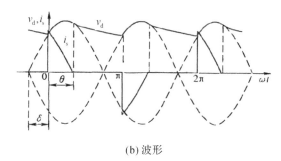

(b) 波形

图 8.1.1 带电容滤波的单相桥式二极管整流电路及其工作波形

图 8.1.1(b)为电路的工作波形。假设电路已工作于稳态,同时由于负载消耗的直流平均电流是一定的,所以分析中以电阻 R 作为负载。该电路的简要工作过程是:

1)在交流电源电压 v_s 正半周过零点至 $\omega t = 0$ 期间(对应区间为 δ),因 $v_s < v_d$,故二极管均不导通,此阶段电容 C 向 R 放电,提供负载所需电流,同时输出电压 v_d 下降。

2)至 $\omega t = 0$ 之后(对应区间为 θ),v_s 将超过 v_d,使得二极管 D_1 和 D_2 开通,$v_d = v_s$,交流电源向电容充电,同时向负载 R 供电。

3)电容被充电到 $\omega t = \theta$ 之后,v_s 将小于 v_d,二极管 D_1 和 D_2 关断,电容开始以时间常数 RC 按指数规律放电。

4)当 $\omega t = \pi$ 时,$-v_s$ 或 $|v_s|$ 将再次超过 v_d,使得另外一对二极管 D_3 和 D_4 开通,此后交流电源又向电容充电,与 v_s 正半周的情况相似。

8.1.2 整流电路的主要特点

观察其工作波形,可以发现电容滤波的整流电路有以下特点:

1)由于电容的滤波作用,整流输出电压的平均值比电阻负载时有所提高,且输出电压脉动程度大大减小,这对于后级负载是有利的。为了进一步提高减小输出电压的脉动率,还可以在直流侧串入电感,构成 LC 滤波电路。

2)由于电容对电压的保持作用,每个电周期内二极管导通的电角度 θ 大大减小(电阻负载时 $\theta = 180°$),且二极管刚导通时由于对电容的充电电流较大,电源电流 i_s 将形成较大的冲击电流,这对于电源和二极管都很不利。在实际电路中,一般要采取一些措施来限制在电容上出现的冲击电流,比如在直流侧串入小电阻或小电感等。

8.1.3　主要数量关系

整流输出电压平均值 V_d 与负载电流平均值 I_d 之间的关系如图 8.1.2 所示。其中,V_s 为电源电压有效值。

1)空载时,负载电阻 $R=\infty$,电容放电时间常数为无穷大,输出电压最高,$V_d=\sqrt{2}V_s$。

2)重载时,负载电阻 R 很小,电容放电很快,几乎失去储能作用。

3)随着负载加重,V_d 逐渐趋近于 $0.9V_s$,即趋近于不带电容时电阻负载的特性。

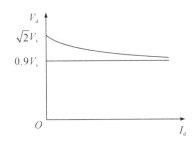

图 8.1.2　整流输出电压与输出电流的关系

通常在设计时根据负载的情况,按照式(8.1.1)选择滤波电容 C 的值,可将输出电压脉动率限制在 20% 以下,并获得较高的输出电压。

$$\tau=RC\geqslant(3\sim5)T_{dis} \qquad (8.1.1)$$

式中,T_{dis} 为电容放电时间;R 为负载电阻的阻值。对于单相桥式整流电路,可近似认为:$T_{dis}=T/2$,T 为交流电源的周期。式(8.1.1)的物理意义是:如果 RC 放电回路的时间常数 τ 远大于放电时间,则放电过程中电压变化较小。一般按照最小负载电阻的情况来选取滤波电容。

此时输出电压平均值为:

$$V_d\approx1.2V_s \qquad (8.1.2)$$

式中,V_s 为电源电压的有效值。

8.1.4　LC 滤波的整流电路

以上讨论中,忽略了电路中诸如变压器漏抗、线路电感等的作用。另外,实际应用中为了抑制电流冲击,常在直流侧串入小电感,形成感容(LC)滤波的电路,如图 8.1.3(a)所示。此时输出电压和电流的波形如图 8.1.3(b)所示,由波形可见,输出电压 v_d 波形更平直,而电源电流 i_s 的上升段也平缓了许多,这对于电路的工作是有利的。

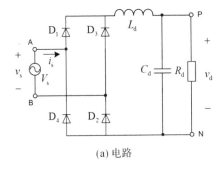

(a) 电路

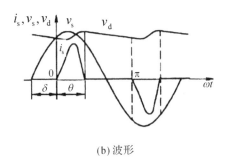

(b) 波形

图 8.1.3　LC 滤波的单相桥式二极管整流电路及其工作波形

学习活动 8.2 实际二极管整流电路的设计和仿真

忽略交流电源的内阻抗,实际的带感容滤波的二极管整流电路如图 8.1.3 所示,该电路的一般设计步骤如下:

1)根据输出功率的要求选择交流电源的形式(单相或三相,以及电压有效值)和整流器的电路结构(半波或桥式等)。

2)根据整流器的最大输出功率和平均输出电压 V_d,计算整流器最大输出电流的平均值 I_d,然后确定直流侧等效负载电阻 R_d 的取值。

3)根据输出电压脉动率的要求,选择滤波电容 C_d 的值。

4)选择滤波电感 L_d 以减小冲击电流,并改善交流侧功率因数。

5)计算额定负载下二极管电流有效值 I_D,并选择二极管参数。

在设计过程中,可利用 PSIM 仿真完成电路参数计算并验证设计结果。下面与本单元的设计项目相结合,对小功率 UPS 的整流电路进行设计。

> **Q8.2.1**　某 UPS 的额定输出功率为 1kW,试设计主电路中的整流电路。

解:

1)选择交流电源的形式和整流器的结构。

• 小功率 UPS 一般使用单相工频电源(AC220V,50Hz)。

• 主电路中一般采用单相桥式二极管整流器,直流侧采用电容或感容滤波,如图 8.1.3 所示。设计时先考虑只有电容滤波的情况。

2)要求输出电压脉动率小于 20%,合理选取滤波电容的取值。

• 根据式(8.1.2)估算电容滤波单相桥式二极管整流电路的输出电压平均值:

$$V_d \approx 1.2V_s = \underline{\hspace{6cm}}。$$

• 已知 UPS 的额定输出功率 $P_r = 1\text{kW}$,如果不考虑 UPS 内部的损耗,可以近似认为整流电路的最大输出功率也为 1kW,据此估算整流电路最大输出电流的平均值:

$$I_{d\_max} \approx P_r/V_d = \underline{\hspace{6cm}}。$$

• 根据最大输出电流估算整流电路等效负载电阻的最小值:

$$R_{d\_min} = V_d/I_{d\_max} = \underline{\hspace{6cm}}。$$

• 根据式(8.1.1)估算滤波电容的取值,使输出电压脉动率限制在 20% 以下。

$$R_d C_d \geqslant (3 \sim 5) \cdot T/2 = (0.03 \sim 0.05) \Rightarrow C_d \geqslant 0.03/R_{d\_min} = \underline{\hspace{5cm}}。$$

根据上述分析,可近似认为最小负载电阻 $R_{d\_min} = 60\Omega$,并选取滤波电容 $C_d = 470\mu\text{F}$。

3)建立整流电路的仿真模型。

• 打开 PSIM 软件,建立感容滤波的单相桥式二极管整流电路的仿真模型,如图 8.2.1 所示,保存为仿真文件 Q8_2_1。

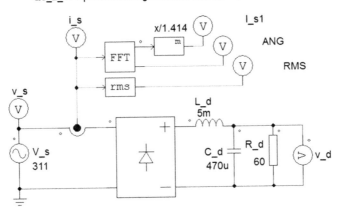

图 8.2.1 感容滤波的单相二极管桥式整流电路的仿真模型

• 主电路由单相交流电源 V_s、单相二极管整流桥 BD1(Single-phase Diode Bridge)，以及滤波电感 L_d、滤波电容 C_d、负载电阻 R_d 等元件组成，上述元件均可在元件工具条上找到。单相二极管整流桥 BD1 的内部结构与图 8.1.3 中的桥式整流器相同。单端电压表 v_s 用于观测电源电压波形，电源负端接地作为参考电位。双端电压表 v_d 用于观测输出电压的波形。

• 检测电路由电流传感器 ISEN(Current Sensor)，RMS 和 FFT 模块以及数学函数模块(Math Function)组成，上述元件可在库浏览器中查找。单端电压表 i_s 用于观测电源电流波形，电压表 I_{s1} 用于显示电源电流的基波有效值，电压表 ANG 用于显示基波相移(电角度)，电压表 RMS 用于显示电源电流的有效值。

4)设置仿真模型中元件的参数。

• 根据步骤 1)和 2)中选取的电路参数，设置主电路中相关元件的仿真参数。

单相交流电源 V_s：Peak Amplitude＝_____，Frequency＝_____。

滤波元件：L_d＝5mH，C_d＝_____。

负载电阻：R_d＝_____。

• 设置检测电路中相关元件的参数。

FFT 模块：Fundamental Freq.＝_____。

RMS 模块：Base Frequency＝_____。

数学函数模块：Expression $f(x)＝x/1.414$，用于将基波峰值转换为有效值。

• 为了观测稳态时的仿真波形，需要合理设置仿真控制器的参数。近似认为 0.2s(10 个电周期)之后电路已进入稳态，要求只观测 0.2s 之后 2 个电周期内的波形。

仿真条件：Time Step＝_____，Total Time＝_____，Print Time＝_____。

5)只采用电容滤波时，观测仿真结果。

• 将仿真模型中的滤波电感去掉，运行仿真，观测电源电压 $|v_s|$、直流侧输出电压 v_d，以及电源电流 i_s 的波形，如图 8.2.2 所示，并与图 8.1.1 中的波形相比较。提示：显示波形时，用 ABS( )函数对电源电压变量 v_s 进行运算后，可显示 $|v_s|$ 的波形。

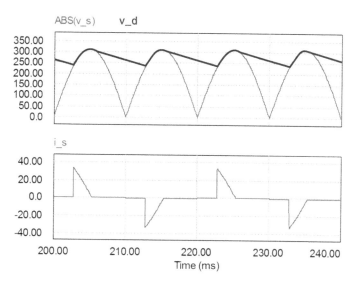

图 8.2.2　电容滤波单相二极管桥式整流电路的仿真波形

• 观测输出电压的平均值和脉动率,填入表 8.2.1 的第 3 列中,将步骤 2)中的理论值填入第 2 列中。由于理论值为估算值,因此与仿真观测值之间会存在一定的误差。

表 8.2.1　电容滤波单相桥式二极管整流电路的主要参数

电路参数	理论值(期望值)	仿真观测(计算)值
输出电压平均值	$V_d \approx$ _____	$V_d =$ _____
输出电压脉动率	不超过 20%	$[(v_{max} - v_{min})/V_d] \times 100\% =$ _____

• 观测电源电流的峰值:$i_{s\_max} =$ _____ 。

注:在 Simview 窗口中,选中要观测的曲线后,用测量工具条上的寻找最大值按钮,将自动用标尺标出最大值的位置并显示相关数据。

• 观测相关数据,推算整流电路的功率因数:

$$PF = (I_{s1}/I_s)\cos\gamma_{s1} = (I_{s1}/RMS)\cos(ANG°) =$$ _____ 。

6)采用感容滤波时,观测仿真数据并进行分析和计算。

• 只采用电容滤波时,电源电流的严重畸变和较大的相移,导致交流侧功率因数较低。而且电源电流峰值较高,对电源和器件均会造成较大的冲击,不利于电路的长期稳定工作。一般可在整流器的直流侧串入滤波电感,以减小冲击电流,并提高整流电路的功率因数。

• 在仿真模型中加入滤波电感 $L_d = 5\text{mH}$,运行仿真,观测电源电压 $|v_s|$ 和直流侧输出电压 v_d,以及电源电流 i_s 的波形,如图 8.2.3 所示,并与图 8.1.3 中的波形相比较。

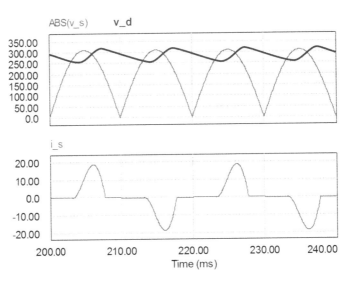

图 8.2.3 LC 滤波单相二极管桥式整流电路的仿真波形

• 与只有电容滤波时的工作波形图 8.2.2 相比较,增加滤波电感后,电路的工作波形发生如下变化:由于电感上存在压降,二极管导通时 v_d 与 $|v_s|$ 的波形不再重合,其差值恰好等于滤波电感上的电压降。由于电感对电流变化的抑制作用,电源电流 i_s 的峰值降低,电流变化更加平缓,电流畸变程度减轻,并带来滞后于电压的相移。电源电流峰值的减小对电路的工作是有利的。

• 观测输出电压的平均值和脉动率、电源电流峰值以及功率因数,填入表 8.2.2 的第 2 列中。步骤 5)中只采用电容滤波时的相关仿真数据如第 3 列所示,通过比较进一步分析滤波电感的作用。

表 8.2.2 感容滤波与电容滤波时整流电路工作参数比较

电路参数	感容滤波	电容滤波
输出电压平均值	$V_d =$ _____	276
输出电压脉动率	$[(v_{max} - v_{min})/V_d] \times 100\% =$ _____	26.4%
电源电流峰值	$i_{s\_max} =$ _____	33.3A
整流器功率因数	$(I_{s1}/RMS)\cos(-ANG°) =$ _____	0.57

• 通过表 8.2.2 中数据的对比易见,加入滤波电感能够提高交流侧的功率因数,但会增加设备的重量和成本。加入更大的电感将会带来更大的电流相移,反而导致功率因数下降,所以加入滤波电感只能将功率因数提高到 0.8 左右。

⊠课后思考题 AQ8.1:观察表 8.2.2,感容滤波时输出电压平均值与电容滤波时相比有何变化,并分析其原因。

7)最后确定额定负载下二极管电流有效值并选择二极管参数。

• 将整流桥属性中的 Current Flag_1 设置为 1,则可通过 I(BD11)变量观测到二极管 D_1 的电流,并测量其有效值。

$I_D =$ _____。

• 也可直接从电源电流的有效值推算出二极管电流的有效值:

$I_D = I_s/\sqrt{2} =$ _____。

• 则功率二极管的额定电压和电流选择为:

$V_{D\_rated} = (2\sim3)V_{D\_peak} =$ _____。

$I_{D\_rated} = (1.5\sim2)I_D =$ _____。

所以,可选取 1000V/10A 的功率二极管。

△

专题 8 小结

实用的整流电路一般采取在输出端并联电容的方法,以减小输出电压脉动率,并提高输出电压平均值。同时,为了抑制电流冲击,常在直流侧串入小电感,成为感容(LC)滤波的二极管整流电路,如图 8.1.3(a)所示。

带感容滤波的整流电路的分析和计算比较复杂,工程设计时一般采取经验公式并配合电路仿真,该整流电路的设计流程和主要计算公式如表 R8.1 所示。

表 R8.1　带感容滤波的整流电路的设计流程和主要计算公式

步骤	设计内容	有关公式
1	根据输出功率的要求选择交流电源的形式,以及整流器的电路结构	交流电源:单相或三相 整流器结构:半波或桥式
2	已知整流器额定输出功率为 P_r,根据平均输出电压 V_d 计算最大输出电流平均值 I_{d_max},确定负载电阻的最小值 R_{d_min}	$V_d \approx 1.2V_s$ $I_{d\_max} \approx \dfrac{P_r}{V_d}$ $R_{d\_min} = \dfrac{V_d}{I_{d\_max}}$
3	根据输出电压脉动率的要求以及上面确定的 R_{d_min},选择滤波电容 C_d 的值	$C_d \geqslant 1.5T/R_{d\_min}$(单相桥式)
4	选择滤波电感 L_d,以减小冲击电流并改善交流侧功率因数	结合电路仿真来估算
5	利用仿真观测额定负载下二极管电流有效值 I_D,并合理选择二极管	$V_{D\_rated} = (2\sim3)V_{D\_peak}$ $I_{D\_rated} = (1.5\sim2)I_D$

知识链接:

单相整流电路,由于只采用单相交流电源,容量较大时容易影响电网的三相平衡,而且单相整流电路输出电压的脉动较大,因而单相整流器只在小功率的整流电路中使用。而大功率整流电路一般要采用三相整流器,这将在以后的单元中介绍。

此外,整流器接入电网后,所带来的电源电流畸变和功率因数较低等问题,还没有得到很好的解决,在以后的专题中还会讨论此问题。

专题 8 测验

R8.1 理想化整流电路输出电压的脉动很大,为了减小输出电压脉动率,并提高输出电压平均值,一般采取在输出端并联_____的方法。

R8.2 带电容滤波的整流电路,整流输出电压的平均值比电阻负载时_____,且输出电压脉动程度_____,这对于后级负载是有利的。电路设计时需要根据负载电流的情况来选择滤波电容的参数,一般情况下,当负载电流越大时,滤波电容的取值应越_____。

R8.3 带电容滤波的整流电路,二极管刚导通时由于对电容的充电电流较大,电源电流将形成较大的_____电流,这对于电源和二极管都很不利。在实际电路中,一般要采取一些措施来限制在电容上出现的_____电流,比如在直流侧串入_____。

R8.4 单相整流电路,由于只采用单相交流电源,容量较大时容易影响电网的_____,而且单相整流电路输出电压的_____较大,因而它只在_____整流电路中使用。

专题 8
习题

专题9　直流降压变换器的工作原理

• 引　言

结合单元 2 中小功率 UPS 电源主电路的设计任务,专题 9~10 将学习降压变换器(Buck 变换器)的工作原理,并完成 UPS 电源中降压变换电路的设计。降压变换器是最基本的 DC－DC 变换电路(参见附录 8),专题 9 将首先介绍基本降压变换器的拓扑结构和控制原理。在此基础上,经过完善得到了一种带低通滤波器的实用的直流降压变换电路,本专题后面的分析都是以此实用电路为对象的。

附录 8

带低通滤波器的直流降压变换电路中包含有电感和电容等储能元件,利用电感和电容的稳态特性可以简化变换器的分析和计算。在一个开关周期内,根据电感电流是否连续,带 LC 滤波的直流降压变换电路可分为两种工作模式。本专题只讨论电流连续时的变换器的特性,电流断续的情况将在下一个专题中研究。

• 学习目标

掌握带低通滤波器的直流降压变换电路的结构和分析方法。

• 知识导图

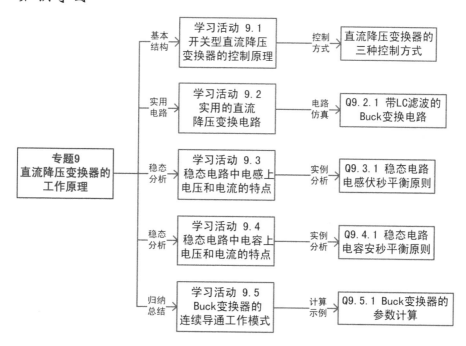

● 基础知识和基本技能

直流降压变换器的基本控制方式。

带 LC 滤波的直流降压变换电路的结构。

稳态电路中电感(电容)上电压和电流的特点。

● 工作任务

分析电流连续时,带 LC 滤波的直流降压变换电路的工作特性。

学习活动 9.1 开关型直流降压变换器的控制原理

9.1.1 开关型直流降压变换器的基本结构

基本开关型直流降压变换器,只需在电源和负载间接入一个开关即可实现,如图 9.1.1 所示。

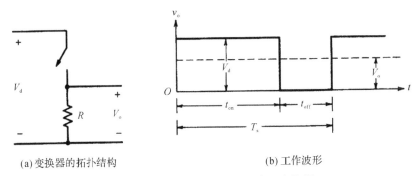

(a) 变换器的拓扑结构　　　　　　　　(b) 工作波形

图 9.1.1 基本的开关型直流降压变换器

控制开关通断时间(或占空比)就可以控制输出电压的平均值,控制关系式如下:

$$V_o = \frac{t_{on}}{T_s} V_d = D V_d \qquad D = \frac{t_{on}}{T_s} \qquad (9.1.1)$$

式中,V_d 为直流电源的电压;V_o 为输出电压的平均值;D 为开关的占空比。占空比定义为开关的导通时间 t_{on} 与开关周期 T_s 的比值,一般用 D 表示。

直流降压变换器是通过斩波的方式来调节输出电压,所以又称直流斩波器。直流斩波器中开关器件工作于直流电源下,应选择全控型器件。

9.1.2 开关型直流降压变换器的控制方式

由式(9.1.1)可见,直流降压变换器有三种控制方式,即有三种改变占空比的方式。

1)脉冲宽度调制 PWM(Pulse Width Modulation)。该方式下,开关周期 T_s 不变,通过改变导通时间 t_{on} 来控制输出电压。

2)脉冲频率调制 PFM(Pulse Frequency Modulation)。该方式下,导通时间 t_{on} 不变,通过改变开关周期 T_s 来控制输出电压。

3)混合型调制。该方式下,t_{on} 和 T_s 都可调节,通过改变占空比 D 来控制输出电压。

脉冲宽度调制(PWM)的优点是开关周期给定,比较容易实现,是开关型直流变换器中最常用的控制方法。

学习活动 9.2　实用的直流降压变换电路

9.2.1　基本的直流降压变换电路

直流降压变换器又称作Buck变换器,其作用是通过开关变换获得比电源电压低的可调直流输出电压。基本的直流降压变换电路的拓扑结构如图 9.1.1(a)所示,其输出电压平均值的表达式为式(9.1.1)。由于占空比 D 的变化范围是 $0\sim1$,所以输出电压平均值 V_o 总是小于电源电压 V_d,体现出降压变换的特点。

不难发现,基本的直流降压变换电路有以下突出缺点:

1)未考虑负载中电感的影响。实际负载中包含电感成分,即使是阻性负载,负载回路中仍会存在分布电感。开关断开时,必须有吸收电感储能的回路,否则开关会因过压而损坏。

2)输出电压 v_o 波动太大(幅值为 0 或 V_d)。

针对上述问题,按照如下思路进行改进,则可得到实用的直流降压变换电路。

1)增加二极管,形成续流回路,吸收电感储能。

2)负载侧接入低通滤波器(由电感和电容构成),减小输出电压的波动。

9.2.2　实用的直流降压变换电路

实用的直流降压变换电路如图 9.2.1(a)所示。

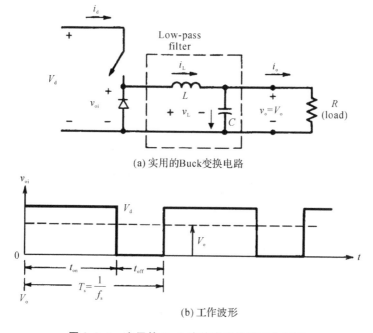

(a) 实用的Buck变换电路

(b) 工作波形

图 9.2.1　实用的 Buck 变换电路及其工作波形

该电路的特点如下：

1）在斩波器输出端与负载之间接入LC低通滤波器，可滤除斩波器输出电压 v_{oi} 中的谐波，在负载上获得 v_{oi} 的直流分量 V_o。

2）续流二极管的作用为：开关闭合时，二极管反向截止，V_d 通过电感向负载提供电流；开关断开时，电感中的电流通过二极管续流，向负载释放电感中的储能。

Q9.2.1　图 9.2.1(a)为带 LC 滤波的 Buck 变换电路，建立电路仿真模型，并观察其工作特点。控制要求：开关 T 的开关频率为 20kHz，占空比为 0.5。

解：

1）建立带 LC 滤波的 Buck 变换电路的仿真模型。

• 打开 PSIM 软件，建立图 9.2.2 中 Buck 变换电路的仿真模型，保存为仿真文件 Q9_2_1。

Q9_2_1
建模步骤

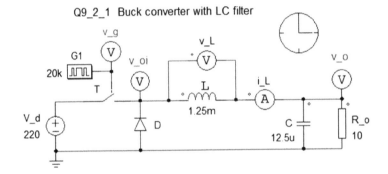

图 9.2.2　带 LC 滤波的 Buck 变换电路的仿真模型

2）设置仿真参数。

• 根据图 9.2.2 中的标注，正确设置电源电压和电感、电阻、电容等器件的参数。

3）观测仿真结果。

• 运行仿真，观测开关 T 的门控信号 v_g、LC 滤波器的输入电压 v_{oi} 的波形，如图 9.2.3 所示。

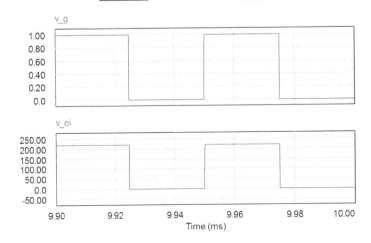

图 9.2.3　斩波器的门控信号和输出电压波形

• 观测门控信号 v_g 的开关频率和占空比,判断是否满足题目中的控制要求。

开关频率:$f = 1/T_s =$ _____。

占空比:$D = t_{on}/T_s =$ _____。

提示:在波形图上点击右键,选择"view data point"功能,可显示变量的数据表,从中可准确地观察各段波形的持续时间。

• 观测滤波器输入电压 v_{oi} 的平均值:$V_{oi} =$ _____。

根据式(9.1.1)计算 v_{oi} 的平均值:$V_{oi} = D \cdot V_d =$ _____。

试判断仿真观测值与理论计算值是否一致:_____。

△

分析图 9.2.1(a)所示变换电路时,根据开关的工作情况很容易获得基本 Buck 变换器的输出电压,即 LC 低通滤波器的输入电压 v_{oi},其波形如图 9.2.1(b)所示。那么,经过滤波器后最终的输出电压 v_o 的平均值该如何计算呢? 下面来研究包含感、容元件的开关型变换器的简便分析方法。

学习活动 9.3 稳态电路中电感上电压和电流的特点

9.3.1 稳态电路中电感上的伏秒平衡原则

电感上电压 $v_L(t)$ 和电流 $i_L(t)$ 的基本关系式为:

$$L \frac{di_L(t)}{dt} = v_L(t) \quad 或 \quad i_L(t) = i_L(0) + \frac{1}{L}\int_0^t v_L \mathrm{d}\zeta \tag{9.3.1}$$

对于包含电感的开关型变换器,电路进入稳态的含义是电感电流为重复的周期波。

则在一个开关周期 T_s 内,稳态电路中电感电流应满足如下关系式:

$$i_L(T_s + t) = i_L(t) \tag{9.3.2}$$

下面以图 9.2.1(a)中实用的 Buck 变换器为例,分析稳态电路中电感上电压和电流的特点,为包含电感的开关型变换电路提供简洁、有效的分析方法。

> Q9.3.1 以图 9.2.1(a)中 Buck 变换电路为例,分析稳态电路中电感上电压和电流的特点。

解:

1)画出开关闭合、开关断开时变换器的等效电路,并分析电感电压和电流的特点。

• 开关闭合时(近似为短路),二极管 D 反向截止(近似为开路),此时的等效电路如图 9.3.1(a)所示。假设低通滤波器中电容 C 足够大,可近似认为输出电压 v_o 中只有直流分量,即 $v_o = V_o$。分析等效电路可知,电感电压 $v_L = V_d - V_o > 0$,则电感电流将线性上升,如表 9.3.1 的第 2 行所示。

• 开关断开时(近似为开路),电感电流通过二极管 D 续流,二极管 D 导通(近似为短路),假设电感电流连续,此时的等效电路如图 9.3.1(b)所示。根据等效电路,分析电感电

压 v_L 的表达式和电感电流 i_L 的变化规律,填入表 9.3.1 第 3 行中。

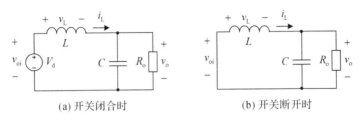

(a) 开关闭合时　　　　　　　　(b) 开关断开时

图 9.3.1　开关闭合、开关断开时 Buck 变换器的等效电路

表 9.3.1　一个开关周期中电感上电压和电流的特点

开关状态	电感电压表达式	电感电流变化趋势
开关闭合	$v_L = V_d - V_o > 0$	i_L 线性上升
开关断开	$v_L =$	i_L

2)根据上述分析,画出稳态时电感电压和电感电流的波形。

• 稳态时电感电流为重复的周期波,电感电流的平均值 $I_L = I_o$,I_o 为负载电流平均值。该关系式后面再作证明。

• 根据表 9.3.1,在图 9.3.2 中画出电感电压和电感电流的波形。

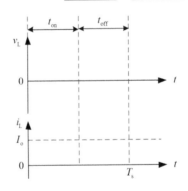

图 9.3.2　稳态电路中电感上电压和电流的波形

3)分析稳态时电感电压的特点。

• 如图 9.3.2 所示,稳态时电感电流是重复的周期波,即满足下式:

$$i_L(T_s) = i_L(0) \tag{9.3.3}$$

• 将式(9.3.3)代入式(9.3.1),则可得出一个开关周期中电感电压的关系式:

$$i_L(T_s) = i_L(0) + \frac{1}{L}\int_0^{T_s} v_L \mathrm{d}\xi \Rightarrow \frac{1}{L}\int_0^{T_s} v_L \mathrm{d}\xi = 0 \tag{9.3.4}$$

△

式(9.3.4)所揭示的规律被称为稳态电路中电感上的伏秒平衡原则,即稳态时电感电压在一个周期内的平均值为零。电感电压的积分等于磁链的变化,伏秒平衡原则的物理含义是:在一个周期内电感磁链的净变化量为零。

知识卡 9.1:稳态电路中电感上的伏秒平衡原则

稳态时电感电压在一个周期内的平均值为零。

9.3.2 Buck 变换电路输出电压的平均值

下面利用伏秒平衡原则,推导 Buck 变换电路输出电压平均值的计算公式。

Q9.3.2 Buck 变换电路如图 9.2.1(a)所示,推导稳态时输出电压平均值 V_o 的计算公式。

解:

1)采用两种方法推导输出电压平均值的关系式。

• 方法1:从电感电压入手分析。根据表 9.3.1,在一个开关周期中对电感电压 v_L 进行积分运算,并考虑伏秒平衡原则可得:

$$\int_0^{T_s} v_L dt = \int_0^{t_{on}} (V_d - V_o) dt + \int_{t_{on}}^{T_s} (-V_o) dt = 0$$
$$\Rightarrow (V_d - V_o)t_{on} = V_o(T_s - t_{on})$$
$$\Rightarrow V_d t_{on} - V_o t_{on} = V_o T_s - V_o t_{on}$$
$$\Rightarrow \frac{V_o}{V_d} = \frac{t_{on}}{T_s} = D \tag{9.3.5}$$

• 方法2:从滤波器输入电压平均值入手分析。根据图 9.2.1(a),在一个开关周期中对滤波器输入电压 v_{oi} 进行积分运算,并考虑伏秒平衡原则可得:

$$\frac{1}{T_s}\int_0^{T_s} v_{oi} dt = \frac{1}{T_s}\int_0^{T_s} v_L dt + \frac{1}{T_s}\int_0^{T_s} v_o dt \Rightarrow \frac{V_d t_{on} + 0 \cdot t_{off}}{T_s} V_o \Rightarrow \frac{V_o}{V_d} = \frac{t_{on}}{T_s} D \tag{9.3.6}$$

2)利用电路仿真验证上述计算公式的正确性。

• 将例 Q9.2.1 中的电路参数代入上述计算公式,计算<u>输出电压</u> v_o 的平均值。

$V_o = D \cdot V_d = \underline{\hspace{5cm}}$。

• 运行仿真模型 Q9_2_1,观测变换电路<u>输出电压</u> v_o 的平均值。

$V_o = \underline{\hspace{5cm}}$。

试判断仿真观测值与理论计算值是否一致:$\underline{\hspace{3cm}}$。

△

9.3.3 Buck 变换电路电感电流的变化量

下面根据稳态电路中电感上电压和电流的波形,推导 Buck 变换电路中电感电流变化量的计算公式,该计算公式是后面判别变换器工作模式的重要依据。

Q9.3.3 Buck 变换电路如图 9.2.1(a)所示,计算稳态电路中电感电流的变化量和峰值。

解:

1)推导稳态电路中电感电流的变化量和峰值的表达式。

• 根据电感上电压和电流的基本关系式(9.3.1),结合例 Q9.3.1 中的分析,图 9.3.2 中开关闭合期间(区间),<u>电感电流的变化量</u> $\Delta I_L = I_2 - I_1$,可通过下式计算:

$$I_2 = i_L(t_{on}) = I_1 + \frac{1}{L}\int_0^{t_{on}}(V_d - V_o)\mathrm{d}\zeta \Rightarrow \Delta I_L = I_2 - I_1 = \frac{t_{on}}{L}(V_d - V_o) = \frac{D}{f_sL}(V_d - V_o)$$

$$(9.3.7)$$

式中,D 为占空比;f_s 为开关频率;L 为电感量;V_d 为直流输入电压幅值;V_o 为变换器输出电压平均值。

• 已知电感电流的变化量,可通过下式计算<u>电感电流的峰值</u>:

$$I_2 = \frac{I_2 + I_1}{2} + \frac{I_2 - I_1}{2} = I_o + \frac{1}{2}\Delta I_L \tag{9.3.8}$$

式中,$I_o = V_o/R_o$ 为负载电流平均值。

2)利用电路仿真验证上述计算公式的正确性。

• 代入例 Q9.2.1 中的电路参数,计算<u>电感电流</u>的相关参数。

电感电流变化量:$\Delta I_L = I_2 - I_1 = \dfrac{D}{f_s L}(V_d - V_o) = $ _____。

电感电流的峰值:$I_2 = I_o + \dfrac{1}{2}\Delta I_L = $ _____。

• 运行仿真模型 Q9_2_1,观测<u>电感电流</u>的相关参数。注:可利用测量工具条上最大值、最小值功能来观测电流波形的峰值和谷值。

电感电流变化量:$\Delta I_L = I_2 - I_1 = $ _____。

电感电流峰值:$I_2 = $ _____。

试判断电感电流的仿真观测值与理论计算值是否一致:_____。

⊠课后思考题 AQ9.1:课后完成本题。

△

学习活动 9.4　稳态电路中电容上电压和电流的特点

9.4.1　稳态电路中电容上的安秒平衡原则

电容上电压 $v_c(t)$ 和电流 $i_c(t)$ 的基本关系式为:

$$C\frac{\mathrm{d}v_c(t)}{\mathrm{d}t} = i_c(t) \quad \text{或} \quad v_c(t) = v_c(0) + \frac{1}{C}\int_0^t i_c\mathrm{d}\zeta \tag{9.4.1}$$

对于包含电容的开关型变换器,电路进入稳态的含义是电容电压为重复的周期波。

即在一个开关周期 T_s 内,稳态电路中电容电压满足如下关系式:

$$v_o(T_s + t) = v_o(t) \tag{9.4.2}$$

下面仍以图 9.2.1(a)中实用的 Buck 变换器为例,分析稳态电路中电容上电压和电流的特点,为包含电容的开关型变换电路提供简洁、有效的分析方法。

Q9.4.1　以图 9.2.1(a)中 Buck 变换电路为例,分析稳态电路中电容上电压和电流的特点。

解:

1)观察稳态时电容上电流和电压的波形。

• 一个开关周期中,电容电流 $i_c=i_L-i_o$ 和电压 v_o 的大致波形如图 9.4.1 所示。

• $i_c>0$ 时,对应图中阴影的部分,其面积为 ΔQ,表示储存到电容 C 上的电荷量,此时向电容充电,电容电压 v_o 上升。

• $i_c<0$ 时,电容向负载放电,电容电压 v_o 下降。

2)分析稳态时电容电流的特点。

• 稳态时电容电压是重复的周期波,即满足下式:

$$v_o(T_s)=v_o(0) \tag{9.4.3}$$

• 将式(9.4.3)代入式(9.4.1),则可得出一个开关周期中电容电流的关系式:

$$v_o(T_s)=v_o(0)+\frac{1}{C}\int_0^{T_s}i_c\mathrm{d}\zeta \Rightarrow \frac{1}{C}\int_0^{T_s}i_c\mathrm{d}\zeta=0 \tag{9.4.4}$$

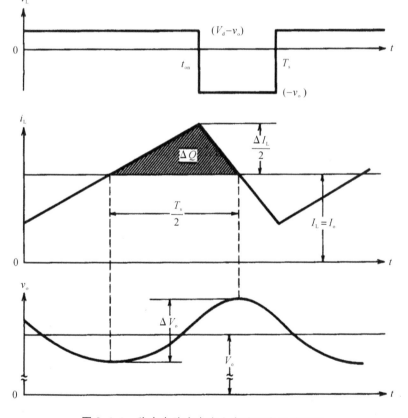

图 9.4.1　稳态电路中电容上电流和电压的波形

式(9.4.4)所揭示的规律被称为稳态电路中电容上的<u>安秒平衡原则</u>,即稳态时电容电流在一个周期内的平均值为零。电容电流的积分等于电荷的变化,安秒平衡原则的物理含义是:在一个周期内电容电荷的净变化量为零。

知识卡 9.2:稳态电路中电容上的安秒平衡原则

稳态时电容电流在一个周期内的平均值为零。

9.4.2 Buck 变换电路中电感电流的平均值

下面利用安秒平衡原则,分析 Buck 变换电路中电感电流平均值的计算方法。

Q9.4.2 Buck 变换电路如图 9.2.1(a)所示,试证明稳态时电感电流平均值与负载电流平均值相等,即 $I_L = I_o$。

解:

- 根据基尔霍夫电流定律,写出图 9.2.1(a)中<u>电感电流</u>的关系式。

$$i_L(t) = i_c(t) + i_o(t) \tag{9.4.5}$$

- 在一个开关周期内,对上式两端积分,并考虑<u>安秒平衡原则</u>,可得:

$$\left.\begin{array}{l} \int_0^{T_s} i_L(t)\mathrm{d}t = \int_0^{T_s} i_c(t)\mathrm{d}t + \int_0^{T_s} i_o(t)\mathrm{d}t \\[2mm] \int_0^{T_s} i_c(t)\mathrm{d}t = 0 \end{array}\right\} \Rightarrow I_L = \int_0^{T_s} i_L(t)\mathrm{d}t = \int_0^{T_s} i_o(t)\mathrm{d}t = I_o \tag{9.4.6}$$

$\triangle$

9.4.3 Buck 变换电路中输出电压的脉动率

前面对降压变换电路的分析中,假设滤波电容足够大,使得输出电压几乎没有谐波成分,即 $v_o(t) = V_o$。实际上,电容值是有限的,输出电压存在脉动。需要对输出电压的脉动做出准确的评估,作为滤波器设计的理论依据。

Q9.4.3 Buck 变换电路如图 9.2.1(a)所示,计算稳态电路中变换器输出电压的脉动率。

解:

1)推导输出电压脉动率的表达式。

- <u>电压脉动率</u>定义为电压的脉动量 ΔV_o 除以电压的平均值 V_o。在图 9.4.1 中,求解电压脉动量时,假设电感电流 i_L 中的脉动分量流向电容,而平均值分量 $I_L = I_o$ 流向电阻。

- 根据电压上升期间存储在电容上的电荷量 ΔQ,计算输出电压的脉动量 ΔV_o。

$$\left.\begin{array}{l} \Delta V_o = \dfrac{\Delta Q}{C} \\[3mm] \Delta Q = \dfrac{1}{2} \cdot \dfrac{\Delta I_L}{2} \cdot \dfrac{T_s}{2} \end{array}\right\} \Rightarrow \Delta V_o = \dfrac{\Delta I_L T_s}{8C} \tag{9.4.7}$$

- 根据开关断开期间电感上的反电势,计算电感电流的脉动量 ΔI_L。

$$i_L(T_s) = i_L(t_{on}) + \frac{1}{L}\int_{t_{on}}^{T_s} v_L \mathrm{d}\xi \Rightarrow \Delta I_L = \left|\frac{1}{L}\int_{t_{on}}^{T_s}(-V_o)\mathrm{d}\xi\right| = \frac{V_o}{L}(1-D)T_s \quad (9.4.8)$$

- 将式(9.4.8)代入式(9.4.7),再除以平均电压 V_o,即可推导出连续导通模式下,降压变换电路输出电压脉动率的表达式:

$$\frac{\Delta V_o}{V_o} = \frac{1}{8}\cdot\frac{T_s^2(1-D)}{LC} = \frac{1}{8}\cdot\frac{(1-D)}{f_s^2 LC} \quad (9.4.9)$$

式中,D 为控制占空比;f_s 为开关频率;L 为电感量;C 为电感量。

2)利用电路仿真验证上述表达式的正确性。

- 将例 Q9.2.1 中的电路参数代入式(9.4.9),计算变换器的输出电压脉动率。

$$\frac{\Delta V_o}{V_o} = \frac{1}{8}\cdot\frac{(1-D)}{f_s^2 LC} = \underline{\hspace{6cm}}。$$

- 运行仿真模型 Q9_2_1,观测变换器的输出电压脉动率。

$$\frac{\Delta V_o}{V_o} = \underline{\hspace{6cm}}。$$

试判断仿真观测值与理论计算值是否一致:$\underline{\hspace{3cm}}$。

☒课后思考题 AQ9.2:课后完成本题。

△

根据输出电压脉动率的表达式(9.4.9),可以得出以下结论:

1)合理选择滤波器的转折频率 f_c 可有效减小电压脉动率。

$$f_s = \frac{1}{T_s}, f_c = \frac{1}{2\pi\sqrt{LC}} \Rightarrow \frac{\Delta V_o}{V_o} = \frac{\pi^2}{2}(1-D)\left(\frac{f_c}{f_s}\right)^2 \quad (9.4.10)$$

式中,f_c 为滤波器的转折频率;f_s 为功率器件的开关频率。理论上设计滤波器时应选择 $f_c \ll f_s$,以滤除开关型变换器所产生的所有高次谐波,获得理想的直流输出电压。

2)连续导通模式下,电压脉动率与输出功率无关。

3)在开关型直流电源中,输出电压的脉动率一般小于 1%,所以前面采取的假设 $v_o(t) = V_o$ 是合理的。

学习活动 9.5　Buck 变换器的连续导通工作模式

在一个开关周期内,根据电感电流是否连续,带 LC 滤波的 Buck 变换电路可分为两种工作模式:

1)在一个开关周期内,电感电流始终连续,即 $i_L > 0$,如图 9.4.1 所示。变换电路的这种工作状态称为连续导通工作模式。

2)在一个开关周期内,电感电流断续,即某区段上 $i_L \equiv 0$。变换电路的这种状态称为断续导通工作模式。

如图 9.2.1(a)所示的 Buck 变换电路,连续导通模式时的主要数量关系如下:

1)输出电压平均值。

在连续导通模式下,其输出电压平均值的表达式已在例 Q9.3.2 中推导出来,如式

(9.5.1)所示。

$$V_\mathrm{o} = DV_\mathrm{d} \tag{9.5.1}$$

式中，V_o 为输出电压平均值；V_d 为输入电压幅值；D 为开关器件的控制占空比。

2)输入电流平均值。

忽略电路元件上的损耗，可近似认为变换器的输入功率 P_d 等于输出功率 P_o：

$$P_\mathrm{d} = P_\mathrm{o} \Rightarrow V_\mathrm{d}I_\mathrm{d} = V_\mathrm{o}I_\mathrm{o} \Rightarrow \frac{V_\mathrm{d}}{V_\mathrm{o}} = \frac{I_\mathrm{o}}{I_\mathrm{d}} = \frac{1}{D} \Rightarrow \begin{cases} V_\mathrm{d} = \dfrac{1}{D}V_\mathrm{o} \\ I_\mathrm{d} = DI_\mathrm{o} \end{cases} \tag{9.5.2}$$

式中，I_d 为输入电流平均值；I_o 为输出电流平均值。

分析式(9.5.1)和式(9.5.2)，可以发现 Buck 变换器的一些重要特征：

1)连续导通模式下的降压变换器可等效为直流降压变压器，变压比可通过占空比 D 在 $0\sim1$ 连续调节。

2)尽管输入电流平均值 I_d 也符合变压器的关系，但电流波形在一个周期中是跳变的，含有大量谐波。

> **Q9.5.1** 计算例 Q9.2.1 中 Buck 变换电路输出电压、电流的平均值，电源电流的平均值，并通过电路仿真检验计算结果。控制要求：开关频率为 20kHz，占空比为 0.5。

解：

- 运行仿真模型 Q9_2_1，观测电感电流 i_L。如果电感电流连续，则按照连续导通工作模式进行分析和计算。
- 代入仿真模型中的参数，计算输出电压、输出电流、电源电流的平均值，填入表 9.3.1 的第 2 列中。
- 运行仿真模型，观测上述变量填入该表的第 3 列中。

试判断仿真观测值与理论计算值是否一致：_____。

表 9.3.1　例 Q9.2.1 中 Buck 变换电路的参数计算

电路参数	理论计算值	仿真观测值
输出电压平均值	$V_\mathrm{o} = DV_\mathrm{d} =$	
输出电流平均值	$I_\mathrm{o} = V_\mathrm{o}/R_\mathrm{o} =$	
电源电流平均值	$I_\mathrm{D} = DI_\mathrm{o} =$	

⊠课后思考题 AQ9.3：课后完成本题。

△

专题 9 小结

直流降压变换器是通过斩波的方式来调节输出电压，所以又称直流斩波器。基本的直流降压变换电路的拓扑结构如图 9.1.1(a)所示，通过调节开关器件的占空比 D，可以改变输出电压的平均值。调节占空比最常用的控制方式是脉冲宽度调制(PWM)，其优点是开关周期给定，比较容易实现。

在实际应用中,为了滤除斩波器输出电压中的谐波,往往要在斩波器输出端与负载之间接入低通滤波器,构成带 LC 滤波的 Buck 变换电路,如图 9.2.1(a)所示。对于这种带电感和电容的开关型变换器,可利用稳态时电感的伏秒平衡原则,以及稳态时电容的安秒平衡原则,来简化变换器的稳态分析。

在一个开关周期内,根据电感电流是否连续,带 LC 滤波的 Buck 变换电路可分为两种工作模式:连续导通工作模式和断续导通工作模式。在连续导通模式下,输出电压平均值的表达式如式(9.5.1)所示,电源电流平均值的表达式如式(9.5.2)所示。断续导通工作模式将在下一个专题中继续分析。

专题 9 测验

R9.1　直流降压变换器又称作_____变换器,可以获得比电源电压低的可调直流输出电压。它通过控制开关器件的占空比来控制输出电压的_____值。

R9.2　开关的占空比是_____与_____的比值。开关周期不变,通过调节_____来改变占空比的控制方式,称作脉冲宽度调制。导通时间不变,通过调节_____来改变占空比的控制方式,称作脉冲频率调制。其中,_____调制比较容易实现,是开关型变换器中最常用的控制方法。

R9.3　直流降压变换器是通过_____的方式来调节输出电压平均值,所以又称斩波器。实际的直流降压变换器往往是带 LC 滤波的 Buck 变换电路,如图 R9.1 所示。

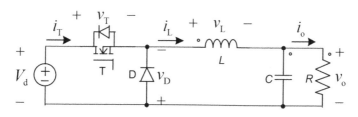

图 R9.1　带输出滤波器的 Buck 变换电路

　1)在输出端与负载之间接入 LC 低通滤波器,可滤除斩波器输出电压 V_{oi} 中的_____分量,在负载上获得 V_{oi} 的_____分量 V_o。

　2)在输出端反并联续流二极管,开关断开时,电感中的电流可通过_____续流,向负载释放电感中的储能。

R9.4　设 f_c 为滤波器的转折频率,f_s 为功率器件的开关频率,理论上设计滤波器时应选择_____,以滤除开关型变换器所产生的所有_____谐波,获得理想的直流输出电压。

R9.5　伏秒平衡原则是:稳态时电感_____在一个周期内的平均值为零。其物理含义是:在一个周期内电感_____的净变化量为零。

R9.6　安秒平衡原则是:稳态时电容_____在一个周期内的平均值为零。其物理含义是:在一个周期内电容_____的净变化量为零。

R9.7　图 R9.1 为带输出滤波器的 Buck 变换电路,采用脉宽调制控制方式,功率器件 T 的开关频率为 10kHz。假设电感足够大使稳态时电感电流连续,电容足够大使稳态时输出电压脉动较小,电源电压 $V_d = 20V$,输出电压平均值 $V_o = 10V$,负载电阻 $R = 10\Omega$,回答下列问题。

1)功率器件 T 的控制占空比为 $D=$ _____,导通时间为 $t_{on}=$ _____。

2)负载电流的平均值为 $I_o=$ _____,电源电流的平均值为 $I_T=$ _____。

3)其他参数不变,电感 L 变为原来的 2 倍、电容 C 变为原来的 0.5 倍时,电感电流的变化量变为原来的_____倍,输出电压脉动率变为原来的_____倍。

4)其他参数不变,功率器件 T 的开关频率变为 20kHz 时,电感电流的变化量变为原来的_____倍,输出电压脉动率变为原来的_____倍。

专题 9
习题

专题 10　直流降压变换器的工程设计

- **承上启下**

专题 9 介绍了 DC－DC 变换器的基本控制原理,以及带输出滤波器的直流降压变换电路(Buck 电路)的结构和分析方法,并研究了电感电流连续时直流降压变换电路的工作特点。在专题 9 的基础上,专题 10 将进一步研究电感电流不连续时,带输出滤波器的 Buck 变换电路的工作特点,然后重点介绍直流降压变换电路的工程设计方法。

- **学习目标**

掌握带低通滤波器的直流降压变换电路的工程设计方法。

- **知识导图**

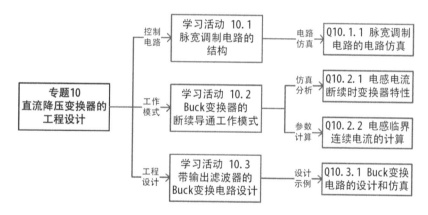

- **基础知识和基本技能**

脉宽调制电路的结构。

电感电流断续时直流降压变换电路的工作特点。

- **工作任务**

带输出滤波器的 Buck 变换电路的设计和仿真。

学习活动 10.1　脉宽调制电路的结构

脉宽调制(PWM)是斩波器最常用的控制方式。生成脉宽调制控制信号的电路也称作脉宽调制电路,典型的脉宽调制电路的原理性结构如图 10.1.1 所示。<u>脉宽调制电路</u>

的功能是在控制信号 $v_{control}$（以后简写为 v_{con}）作用下，输出开关周期 T_s 固定，占空比 D 可调节的开关控制信号。该开关控制信号用于驱动斩波器中的开关器件，以实现调节输出电压的目的。

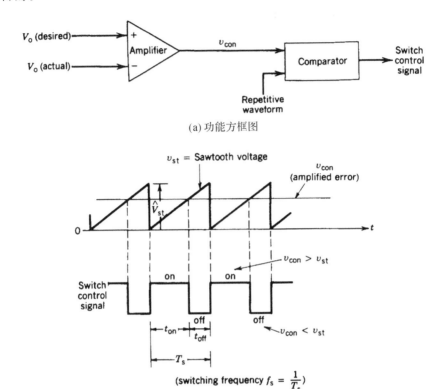

(a) 功能方框图

(b) 工作波形

图 10.1.1　PWM 控制信号的生成方法

图 10.1.1 中脉宽调制电路的工作原理如下：

1）从控制系统的角度来分析，脉宽调制电路的控制信号 v_{con} 一般来自误差放大器（即调节器）的输出。

2）为了产生周期性的开关控制信号，将控制信号 v_{con} 与周期性的锯齿波信号 v_{st} 分别加在比较器正、负输入端，则比较器输出的开关控制信号为：

$$\begin{cases} \text{on}, & v_{con} > v_{st} \\ \text{off}, & v_{con} < v_{st} \end{cases} \quad\quad (10.1.1)$$

3）开关控制信号的开关周期由锯齿波的周期 T_s 决定，开关控制信号<u>占空比 D</u> 由式 (10.1.2) 决定。

$$D = \frac{t_{on}}{T_s} = \frac{v_{con}}{\hat{V}_{st}} \quad\quad (10.1.2)$$

式中，v_{con} 为控制信号；$\hat{V}_{st}$ 为锯齿波的峰值。

下面将脉宽调制电路与专题 9 中学习过的 Buck 变换电路结合起来。

> Q10.1.1　采用脉宽调制电路产生开关控制信号,建立带 LC 滤波的 Buck 变换电路的仿真模型,观察并分析仿真结果。

解:

1)建立脉宽调制电路和 Buck 变换电路的联合仿真模型。

• 打开 PSIM 软件,建立图 10.1.2 中脉宽调制电路和 Buck 变换电路的联合仿真模型,保存为仿真文件 Q10_1_1。

Q10_1_1
建模步骤

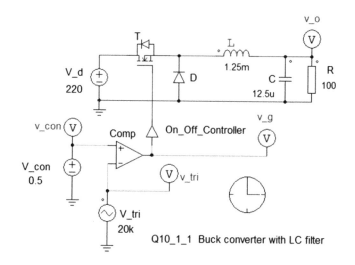

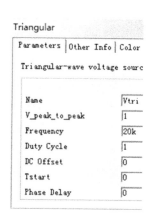

图 10.1.2　脉宽调制电路和 Buck 变换电路的联合仿真模型

2)设置仿真参数。

• 三角波电压源 V_{tri}(Triangular-wave voltage source)的参数设定如图 10.1.2 所示,可输出频率为 20kHz、幅值变化范围为 0~1 的锯齿波。

• 根据 10.1.2 中的标注,正确设置电源电压和电感、电阻、电容等器件的参数。

3)观察脉宽调制电路的仿真波形。

• 将仿真模型中脉宽调制电路的参数代入式(10.1.2),推导出控制信号的表达式为:

$$v_{con} = D \cdot \hat{V}_{st} = D \tag{10.1.3}$$

• 当占空比 $D=0.5$ 时,观测脉宽调制电路的仿真波形。

合理设置脉宽调制电路中控制信号 V_{con} 的幅值,使开关控制信号占空比 $D=0.5$。

控制信号的幅值:$V_{con} = $ ＿＿＿＿＿＿＿＿＿＿。

运行仿真,观测脉宽调制电路的仿真波形如图 10.1.3 所示。

观测门控信号 v_g 的占空比:$D = $ ＿＿＿＿＿＿＿＿＿＿。

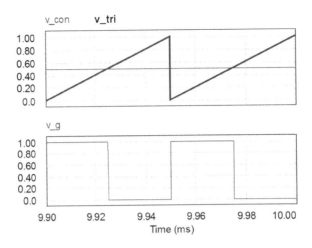

图 10.1.3 脉宽调制电路的工作波形

- 当占空比 $D=0.25$ 时，观测脉宽调制电路的仿真波形。

合理设置脉宽调制电路中控制信号 V_{con} 的幅值，使开关控制信号占空比 $D=0.25$。

控制信号的幅值：$V_{con}=$ _____。

运行仿真，观测门控信号 v_g 的占空比：$D=$ _____。

△

学习活动 10.2 Buck 变换器的断续导通工作模式

10.2.1 断续导通工作模式的特点

在一个开关周期内，根据电感电流是否连续，带 LC 滤波的 Buck 变换电路可分为两种工作模式：连续导通工作模式和断续导通工作模式。图 10.1.2 为带输出滤波器的降压变换电路，在一个开关周期内，负载较轻时，电感电流 i_L 减小，电流将会断续。如图 10.2.1 所

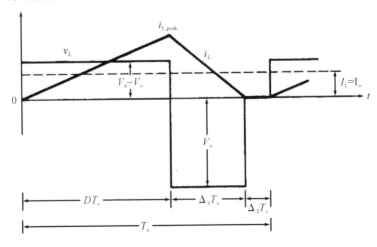

图 10.2.1 降压变换器的断续导通工作模式

示,在 $\Delta_2 T_s$ 区间电感电流 $i_L \equiv 0$,仅靠电容向负载供电,这种状态称为断续导通工作模式。

那么在电感电流断续的状态下,连续导通工作模式时得出的输出电压平均值的表达式(9.5.1)还成立吗?下面首先通过电路仿真来观察电感电流断续时变换器的输出特性。

Q10.2.1 利用例 Q10.1.1 中的仿真模型,观察降压变换器的输出特性。

解:

1)不同负载电阻情况下,观测变换器的输出电压平均值。

• 打开仿真模型 Q10_1_1,将开关控制信号占空比设置为 $D = 0.5$。

• 根据表 10.2.1 改变负载电阻的取值,观测此时变换器的输出电压平均值,将观测结果填入表 10.2.1。

表 10.2.1 不同负载电阻情况 Buck 变换器的输出电压平均值

负载电阻 R	10	20	40	80	160	320
输出电压平均值 V_o						

2)观测电感电流对变换器输出电压平均值的影响。

• 电感电流连续时,输出电压_____。

• 电感电流断续时,输出电压_____。

$\triangle$

例 Q10.2.1 说明,在连续导通和断续导通两种工作模式下,降压变换器的输出特性有很大的区别。电源电压恒定时降压变换器的输出特性,如图 10.2.2 所示。其主要特点如下:

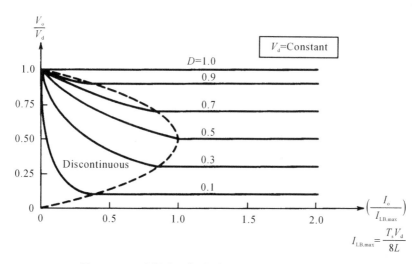

图 10.2.2 电源电压恒定时降压变换器的输出特性

1)图 10.2.2 中虚线与输出特性曲线交点处的电流为临界连续电流。当负载电流平均值 I_o 大于临界连续电流 I_{LB} 时,电感电流连续,否则电感电流将断续。当占空比 $D = 0.5$ 时,临界连续电流最大,表示为 $I_{LB, max}$。

2)负载电流 I_o 较大(在虚线右侧)时,电感电流连续,变换器工作于<u>连续导通模式</u>。连续导通模式下,变压比 V_o/V_d 与占空比 D 为线性关系,即 $V_o/V_d = D$,输出特性为一组平行线。

3)随着负载电流 I_o 的下降,输出特性曲线进入虚线所界定的断续导通区域,电感电流断续,变换器工作于<u>断续导通模式</u>。断续导通模式下,工作情况变得比较复杂:输出特性曲线将上翘,变压比 V_o/V_d 与占空比 D 为非线性关系,而且与负载电流 I_o 的大小有关。

注意:只有在连续导通模式下,才可以根据式(9.5.1)来计算输出电压的平均值。断续导通模式下,输出电压的平均值的计算方法可参考有关教材。

10.2.2　电感临界连续电流的计算

为保证<u>电感电流连续</u>,应使最小负载电流 I_{o_min} 大于电感临界连续电流 I_{LB},即满足下式:

$$I_{o\_min} > I_{LB} \tag{10.2.1}$$

变换电路工作条件确定之后,可根据式(10.2.1)以及 I_{LB} 的表达式,计算出保证电感电流连续所需要的最小滤波电感 L 的取值。

> Q10.2.2　对于如图 10.1.2 所示的降压变换电路,试推导电感临界连续电流 I_{LB} 的表达式。

解:

1)分析临界连续时电感电流的特点。

- 临界连续时电感电流的波形如图 10.2.3 所示。

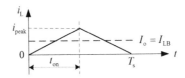

图 10.2.3　临界连续时电感电流的波形

- 在一个开关周期内,电流只有首尾两个时刻为 0,即满足下式:

$$i_L(0) = i_L(T_s) = 0 \tag{10.2.2}$$

- 此时电感电流的峰值与负载电流平均值恰好存在以下关系:

$$i_{L,peak} = i_L(DT_s) = 2I_o = 2I_{LB} \tag{10.2.3}$$

式中,I_{LB} 为电感临界连续电流的平均值。

2)推导电感临界连续电流的表达式。

- 假设电感 L 中电流连续,电容 C 上电压恒为 V_o,则器件 T 导通时电感电流的表达式为:

$$L\frac{di_L}{dt} = V_d - V_o \Rightarrow i_L(t) = \frac{1}{L} \cdot (V_d - V_o) \cdot t + i_L(0) \tag{10.2.4}$$

- 将式(10.2.3)代入式(10.2.4),得出电感<u>临界连续电流</u> I_{LB} 的表达式。

$$i_{L}(DT_{s})=\frac{1}{L}\cdot(V_{d}-V_{o})\cdot DT_{s}=2I_{LB}\Rightarrow I_{LB}=\frac{DT_{s}}{2L}(V_{d}-V_{o}) \tag{10.2.5}$$

- 假设电源电压不变,将 $V_{o}=DV_{d}$ 代入式(10.2.5)可得到 D 与 I_{LB} 的关系式如下:

$$I_{LB}=\frac{DT_{s}}{2L}(V_{d}-V_{o})=\frac{D\cdot(1-D)\cdot V_{d}}{2L\cdot f_{s}} \tag{10.2.6}$$

式中,D 为占空比;V_{d} 为电源电压;L 为电感量;f_{s} 为开关频率。式(10.2.6)对 D 求一阶导数,并令其等于 0,可求得极值点处 $D=0.5$。所以最大的电感临界连续电流 $I_{LB,max}$ 出现在 $D=0.5$ 的条件下,如图 10.2.2 所示。

- 假设输出电压不变,将 $V_{d}=V_{o}/D$ 代入式(10.2.5)可得到 D 与 I_{LB} 的另一个关系式:

$$I_{LB}=\frac{DT_{s}}{2L}(V_{d}-V_{o})=\frac{(1-D)\cdot V_{o}}{2L\cdot f_{s}} \tag{10.2.7}$$

$\triangle$

Q10.2.3　利用例 Q10.1.1 中的仿真模型,观察电感电流的临界连续状态。

解:

1)合理设置仿真参数,以观测电感电流的临界连续状态。

- 打开仿真模型 Q10_1_1,设置控制信号的幅值,使占空比 $D=0.5$。

$V_{con}=$ ＿＿＿＿＿＿＿＿＿＿＿＿＿。

- 将仿真模型 Q10_1_1 的参数代入式(10.2.6),计算 $D=0.5$ 时电感临界连续电流 I_{LB}。

$$I_{LB}=\frac{D\cdot(1-D)\cdot V_{d}}{2L\cdot f_{s}}=\underline{\qquad\qquad\qquad}。$$

- 设置负载电阻的阻值,使负载电流平均值恰好等于电感临界连续电流 I_{LB}。

$R=$ ＿＿＿＿＿＿＿＿＿＿＿＿＿。

2)运行仿真,观测电感电流的临界连续状态。

- 观测电感电流波形,如图 10.2.4 所示。判断电感电流是否处于临界连续状态?

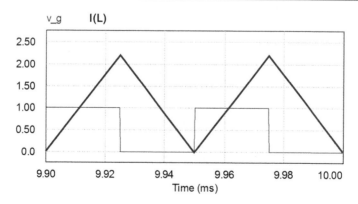

图 10.2.4　临界连续状态下的开关控制信号和电感电流波形

- 观测电感临界连续电流的平均值,并与理论计算值相比较。

仿真观测值:$I_L =$ _____。

理论计算值:$I_{LB} =$ _____。

3)在步骤1)的基础上,分析负载电阻变化后电感电流是否连续。

- 负载电阻增加,负载电流 I_o _____,I_L _____ I_{LB},电感电流 _____。

将负载电阻调整为 $R = 110\Omega$ 时,观测电感电流波形,判断电流是否连续:_____。

- 负载电阻减小,负载电流 I_o _____,I_L _____ I_{LB},电感电流 _____。

将负载电阻调整为 $R = 90\Omega$ 时,观测电感电流波形,判断电流是否连续:_____。

$\triangle$

学习活动 10.3 带输出滤波器的 Buck 变换电路的设计

带输出滤波器的 Buck 变换电路如图 10.3.1 所示,开关器件采用开关频率较高的电力 MOSFET,负载用电阻来表示。注意:按照图 10.3.1 中标注的电压、电流正方向,进行后面的分析。

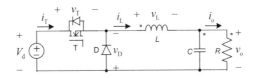

图 10.3.1 带输出滤波器的 Buck 变换电路

直流降压变换电路的主要分析内容和设计步骤如下:

1)假设 L 值和 C 值极大且变换器工作于连续导通模式,采用脉宽调制控制方式时,根据式(10.3.1)计算开关器件控制占空比 D 的变化范围。参见式(9.5.1)。

$$D = \frac{V_o}{V_d} \qquad (10.3.1)$$

式中,V_o 为输出电压平均值;V_d 为直流电源的电压;D 为开关器件的控制占空比。

2)在最大负载条件下,根据式(10.3.2)计算电源电流平均值,以确定对直流电源输出功率的要求。参见式(9.5.2)。

$$I_d = D I_o \qquad (10.3.2)$$

式中,I_o 为输出电流平均值;I_d 为直流电源的电流平均值。

3)在最大负载条件下(负载电流最大时),计算功率器件上可能承受的最大电流有效值,考虑一定的安全裕量,合理选择功率器件的额定电压和电流。

4)为了保证最小负载时电感电流不断续,根据式(10.2.1)可知,假设输出电压和开关频率不变,则在占空比 D 的有效变化范围内,滤波电感 L 的取值都应满足下式:

$$L \geqslant \frac{V_o}{2I_{o\_\min} f_s}(1-D) \qquad (10.3.3)$$

所以,输出滤波电感 L 的最小取值,应不小于式(10.3.3)右端分式的最大值:

$$L_{\min} = \frac{V_o}{2I_{o\_\min} f_s}(1 - D_{\min}) \tag{10.3.4}$$

式中,$I_{o\_\min}$ 为最小负载电流平均值;f_s 为器件开关频率;$D_{\min}$ 为最小占空比。

5)为了保证输出电压脉动率小于给定指标 r,根据式(9.4.9)可知,假设滤波电感和开关频率不变,则在占空比 D 的有效变化范围内,滤波电容 C 的取值都应满足下式:

$$C \geqslant \frac{1-D}{8rL f_s^2} \tag{10.3.5}$$

所以,滤波电容 C 的最小取值,应不小于式(10.3.5)右端分式的最大值:

$$C_{\min} = \frac{1 - D_{\min}}{8rL f_s^2} \tag{10.3.6}$$

式中,r 为期望的输出电压脉动率;L 为滤波电感的电感量;f_s 器件开关频率;$D_{\min}$ 为最小占空比。

6)最后,应利用电路仿真验证设计结果。

下面通过一个设计实例来说明实际 Buck 变换电路的分析、计算和设计过程。

Q10.3.1 图 10.3.1 中带输出滤波器的 Buck 变换电路,给定工作条件如下:

1)直流电源电压 V_d 的变化范围:150～220V;

2)负载电流平均值 I_o 的变化范围:1.1～11A;

3)功率器件 T 的开关频率 f_s 为 20kHz。

要求:将输出电压平均值控制为 $V_o = 110$V,电路工作于连续导通模式,且输出电压脉动率小于 1‰。完成下列分析和计算,并利用电路仿真模型 Q10_1_1 加以验证。

解:

1)计算占空比 D 的变化范围。

• 将电源电压和输出电压的给定值代入式(10.3.1),计算占空比 D 的变化范围。

$$D = \frac{V_o}{V_d} \subset \left[\frac{110}{150} \sim \frac{110}{220}\right] = [0.73 \sim 0.5]$$

• 打开仿真模型 Q10_1_1,设置如下条件,观测输出电压。

当 $V_d = 150$V,$D = 0.73$,$R = 10\Omega$($I_o = 11$A)时,观测输出电压平均值:$V_o = $ _____。

当 $V_d = 220$V,$D = 0.5$,$R = 10\Omega$($I_o = 11$A)时,观测输出电压平均值:$V_o = $ _____。

通过仿真结果判断:电源电压变化时,占空比的变化范围是否正确:_____。

2)计算电源电流的最大平均值。

• 由式(10.3.2)可知:占空比 D 和负载电流 I_o 均为最大值时,电源电流达到最大平均值。

$$I_{d\_\max} = D_{\max} I_{o\_\max} = 0.73 \times 11 = 8.03(\text{A})$$

• 打开仿真模型 Q10_1_1,设置如下条件,观测电源电流。

当 $V_d = 150$V,$D = 0.73$,$R = 10\Omega$($I_o = 11$A)时,观测电源电流平均值:

$$I_d = I(T) = $$ _____。

当 $V_d = 220$V,$D = 0.5$,$R = 10\Omega$($I_o = 11$A)时,观测电源电流平均值:

$$I_d = I(T) = $$ _____。

通过仿真结果判断：电源电压和占空比为　　　　　时，电源电流平均值最大？

3）分析开关器件 T 和续流二极管 D 上的电压和电流波形。

• 设电路的**工作条件**为：电源电压 $V_d=220V$，负载电流平均值 $I_o=11A$。近似认为电感电流为平直连续的波形，即 $i_L \approx I_L=I_o$，器件导通时压降为 0V。

• 根据工作条件，分析开关器件和二极管的**工作状态**。

开关器件 T 闭合时，开关电压 $v_T=0V$，近似认为 $i_T=i_L \approx 11A$；此时二极管反偏截止，二极管电压 $v_D=-V_d=-220V$，二极管电流 $i_D=0A$，如表 10.3.1 中第 2 行所示。

开关器件 T 断开时，试分析开关器件和二极管的工作状态，填入表 10.3.1 的第 3 行中。

表 10.3.1　一个开关周期中开关器件和二极管的电压和电流

开关状态	开关电压	开关电流	二极管电压	二极管电流
开关闭合	$v_T=0V$	$i_T=i_L \approx 11A$	$v_D=-V_d=-220V$	$i_D=0A$
开关断开	$v_T=$	$i_T=$	$v_D=$	$i_D=$

• 根据工作条件确定器件的**导通时间**和**电流幅值**。

开关器件 T 的控制占空比：$D=V_o/V_d=$　　　　　。

开关周期：$T_s=1/f_s=$　　　　　　　　　。

开关器件 T 的导通时间：$t_{on\_T}=D \cdot T_s=$　　　　　　　　　。

二极管 D 的导通时间：$t_{on\_D}=(1-D) \cdot T_s=$　　　　　　　　　。

电感电流平均值：$I_L=I_o=$　　　　　　　　　。

• 根据上述分析，在图 10.3.2 中画出开关器件 T 和二极管 D 上电压和电流的波形。

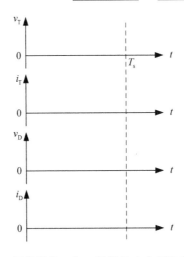

图 10.3.2　开关器件 T 和二极管 D 上电压和电流的波形

• 通过电路仿真观测**开关器件**和**二极管**上电压和电流的波形。

打开仿真模型 Q10_1_1，设置如下仿真条件：$V_d=220V$，$D=0.5$，$R=10\Omega$（$I_o=11A$）。运行仿真，观测相关仿真波形并与图 10.3.2 中理论分析的结果相比较。

注：需要添加双端电压表 v_T 和 v_D，以观测开关器件和二极管上的电压。由于 demo 版

的限制,同时观测的变量不能多于 7 个,所以在运行仿真之前,选中暂时不用的电压表(如 v_{con}、v_{tri} 等),在右键属性中设置为 Disable。需要使用时,在将其属性改为 Enable 即可。

4)在步骤 3)的基础上,合理选择这两个功率器件的额定电压和电流。

• 根据图 10.3.2 中的分析,确定电路在最恶劣情况下可能出现的<u>极限参数</u>。

开关器件 T 的峰值电压:$v_{T_peak} = V_{d_max} = $ _____。

开关器件 T 的最大电流有效值:$I_{T_RMS} = \sqrt{D_{max}} \cdot I_{L_max} = $ _____。

二极管 D 的峰值电压:$v_{D_peak} = -V_{d_max} = $ _____。

二极管 D 的最大电流有效值:$I_{D_RMS} = \sqrt{1-D_{min}} \cdot I_{L_max} = $ _____。

• 打开仿真模型 Q10_1_1,设置如下条件,观测开关器件和二极管的<u>峰值电压</u>。

当 $V_d = 220V$ 时:$v_{T_peak} = $ _____,$v_{D_peak} = $ _____。

当 $V_d = 150V$ 时:$v_{T_peak} = $ _____,$v_{D_peak} = $ _____。

通过仿真结果判断:电源电压为 _____ 时,开关器件和二极管的峰值电压最大。

• 打开仿真模型 Q10_1_1,设置如下条件,观测开关器件和二极管的<u>电流有效值</u>。

当 $V_d = 220V$,$D = 0.5$,$R = 10\Omega$ 时:$I_{T_RMS} = $ _____,$I_{D_RMS} = $ _____。

当 $V_d = 150V$,$D = 0.73$,$R = 10\Omega$ 时:$I_{T_RMS} = $ _____,$I_{D_RMS} = $ _____。

通过仿真结果判断:占空比为 _____ 时,开关器件和二极管的电流有效值最大。

• 考虑一定安全裕量,根据可能承受的最高峰值电压确定功率器件的<u>额定电压</u>的取值范围,根据可能承受的最大电流有效值确定功率器件的<u>额定电流</u>的取值范围。

$V_{T_rated} = (2\sim3)|V_{T_peak}| = $ _____。

$I_{T_rated} = (1.5\sim2)I_{T_rms_max} = $ _____。

$V_{D_rated} = (2\sim3)|V_{D_peak}| = $ _____。

$I_{D_rated} = (1.5\sim2)I_{D_rms_max} = $ _____。

所以,可选取 450V/15A 的功率 MOSFET,450V/15A 的快恢复二极管。

⊠课后思考题 AQ10.1:课后完成步骤 4)。

5)为保证最小负载时电感电流不断续,计算滤波电感 L 的最小取值。

• 可根据式(10.3.4)计算<u>滤波电感 L 的最小取值</u>,该电感应保证在最恶劣情况下电感电流不断续:

$$L_{min} = \frac{V_o}{2I_{o\_min}f_s}(1-D_{min}) = $$ _____。

所以滤波电感 L 可选取为:$L = $ _____。

• 打开仿真模型 Q10_1_1,合理设置<u>仿真参数</u>,观测电感电流出现临界连续的情况。

$V_d = $ _____,$D = $ _____,$R = $ _____

6)在步骤 5)的基础上,要求输出电压脉动率小于 1%,计算滤波电容 C 的最小取值。

• 可根据式(10.3.6)计算<u>滤波电容 C 的最小取值</u>,该电容应保证在最恶劣情况下输出电压脉动率小于 1%。

$$C_{min} = \frac{1-D_{min}}{8rLf_s^2} = $$ _____。

所以滤波电容 C 选取为:$C = $ _____。

• 打开仿真模型 Q10_1_1,合理设置<u>仿真参数</u>,观测输出电压脉动率最大的情况。

$V_d =$ _____ , $D =$ _____ , $R =$ _____ 。

此时脉动率的观测值为：$\Delta V_o / V_o =$ _____ 。

△

专题 10 小结

脉宽调制电路的原理性结构如图 10.1.1 所示，控制信号与锯齿波信号相比较，产生开关控制信号，占空比 D 由式（10.1.2）决定。

带输出滤波器的降压变换电路，在一个开关周期内，负载较轻时，电感电流减小，电流将会断续，这种状态称为**断续导通工作模式**。在连续导通和断续导通两种工作模式下，降压变换器的输出特性有很大的区别。连续导通模式下，变压比 V_o / V_d 与占空比 D 为线性关系；断续导通模式下，两者为非线性关系。分析之前，应首先判断电感电流是否连续，变换器工作于哪种模式。只有在连续导通模式下，才可以根据式（9.5.1）来计算输出电压的平均值。

将带输出滤波器的 Buck 变换电路的设计流程和主要计算公式列于表 R10.1 中。

表 R10.1　带输出滤波器的 Buck 变换电路的设计流程和主要计算公式

步骤	设计内容	有关公式	
1	根据电压变换的要求，计算开关器件控制占空比 D 的变化范围	$D = \dfrac{V_o}{V_d}$	（10.3.1）
2	在最大负载条件下，确定对直流电源输出功率的要求	$I_d = D I_o$	（10.3.2）
3	在最大负载条件下，合理选择两个功率器件（T 和 D）的额定电压和电流	$I_{T\_RMS} = \sqrt{D_{max}} \cdot I_{L\_max}$ $I_{D\_RMS} = \sqrt{1 - D_{min}} \cdot I_{L\_max}$	
4	保证最小负载时电感电流不断续，计算滤波电感 L 的最小取值	$L_{min} = \dfrac{V_o}{2 I_{o\_min} f_s}(1 - D_{min})$	（10.3.4）
5	保证输出电压脉动率小于给定指标，计算滤波电容 C 的最小取值	$C_{min} = \dfrac{1 - D_{min}}{8 r L f_s^2}$	（10.3.6）

专题 10 测验

R10.1　如图 10.1.1 所示脉宽调制电路，将控制信号与周期性的 _____ 信号相比较，而产生开关控制信号；当控制信号的幅值为锯齿波幅值的 1/4 时，开关控制信号的占空比为 _____ 。

R10.2　带输出滤波器的降压变换电路如图 10.3.1 所示。当负载电流大于电感临界连续电流时，变换器工作于 _____ 导通模式下，变压比与占空比为 _____ 关系。而当负载电流小于电感临界连续电流时，变换器工作于 _____ 导通模式下，变压比与占空比为 _____ 关系。

R10.3　例 Q10.2.3 中 Buck 电路的电感电流恰好处于临界连续状态，设电源电压 V_d 和占空比不变,分析某一个电路参数发生变化时,该电路的工作模式将如何变化,并填写表 R10.2。

表 R10.2　电路参数变化对 Buck 电路工作模式的影响

参数变化	分析变换器将进入哪种工作模式(连续还是断续)
负载电阻 减小时	
滤波电感 增加时	
开关频率 增加时	

专题 10
习题

专题 11　直流升压变换器的工作原理

● 承上启下

直流-直流开关型变换电路的两种基本结构形式为直流降压变换器和直流升压变换器(参见附录8)。专题 9~10 介绍了直流降压变换器的工作原理和设计方法。结合单元 2 中小功率 UPS 电源主电路的设计任务,专题 11~12 将继续学习升压变换器的工作原理,并完成 UPS 电源中升压变换电路的设计。专题 11 将介绍直流升压变换器的结构和工作原理。专题 12 将从工程设计角度,介绍直流升压变换电路的设计步骤。

附录 8

● 学习目标

掌握直流升压变换电路的结构和分析方法。

● 知识导图

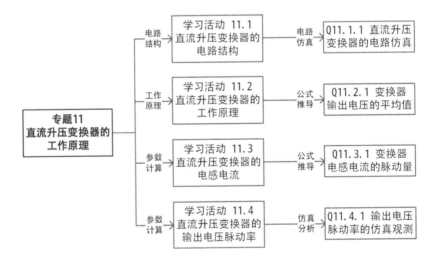

● 基础知识和基本技能

直流升压变换电路的结构。
直流升压变换电路的分析和计算方法。

● 工作任务

分析电感电流连续时,直流升压变换电路的工作特性。

学习活动 11.1　直流升压变换器的电路结构

直流升压变换器又称Boost 变换器,其作用是通过开关变换获得比电源电压高的可调直流输出电压。其电路拓扑结构的演化过程如下:

1)要想提高输出电压,需要在电源 E 和负载 R 之间串联一个电势 P,如图 11.1.1 所示。图 11.1.1 中输出电压的表达式为:

$$v_o = V_d + v_P \tag{11.1.1}$$

式中,如果电势 $v_P > 0$,则 $v_o > V_d$,可实现升压变换。

2)在开关型变换器中,可利用开关器件 S 和储能元件 L 获得串联升压用的反电势 P,如图 11.1.2 所示。

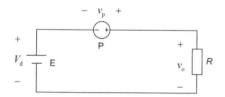

图 11.1.1　直流升压变换的基本原理

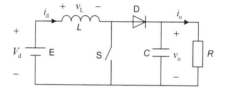

图 11.1.2　直流升压变换器的电路结构

如图 11.1.2 所示的升压变换器的工作过程大致如下:

1)S 闭合时,电感 L 储存电能;负载 R 由电容 C 供电。S 闭合期间,依靠电容 C 来保持输出电压,依靠二极管 D 来隔离输出电压。

2)S 断开时,电感 L 释放储能,通过二极管 D 向电容 C 充电,同时向负载供电。此时,输出电压的表达式为:

$$v_o = V_d - v_L \tag{11.1.2}$$

式中,反电势 $v_L < 0$,则 $v_o > V_d$,实现了升压变换。该电路利用电感储能的释放来提高输出电压,也称泵升电路。

如图 11.1.2 所示,升压变换器通过控制开关 S 占空比可以调节输出电压的平均值。控制电路启动之前,开关 S 一直断开,电源通过二极管给电容充电,使 $V_o = V_d$;控制电路启动后,开关 S 进入脉宽调制工作状态,电感释放储能,使输出电压逐渐升高,此时 $V_o > V_d$。进入稳态后,V_o 稳定不再上升。

> Q11.1.1　建立图 11.1.2 所示直流升压变换器的电路仿真模型,并观察其工作特点。变换器采用脉宽调制控制方式,开关频率为 20kHz,要求将输出电压控制为 48V。

解:

1)建立 Boost 变换电路的仿真模型。

- 建立如图 11.1.3 所示直流升压变换电路的仿真模型,保存为仿真文件 Q11_1_1。

2)合理设置元件参数。

- 开关频率为 20kHz,则要求脉宽调制电路中三角波信号是频率为 20kHz、幅值变化范围为 0～1 的锯齿波,如图 11.1.4 所示。参考例 Q10.1.1 合理设置三角波电压源 V_{tri} 的参数。

V_peak_to_peak = _____, Frequency = _____, Duty Cycle = _____, DC Offset = _____。

Q11_1_1
建模步骤

• 根据 11.1.3 中的标注,正确设置电源电压和电感、电阻、电容等器件的参数:

$V_d = 24\text{V}, L = 0.5\text{mH}, C = 100\mu\text{F}, R = 16\Omega$。

• 将电感 L 属性中的 Current Flag 设置为 1,以观测电感电流的波形。

• 为了观察电路的稳态特征,可将总仿真时间设定为 50ms。为了观测到如图 11.1.4 所示两个开关周期的稳态波形,合理设置仿真控制器的参数:

Time Step = _____, Total Time = _____, Print Time = _____。

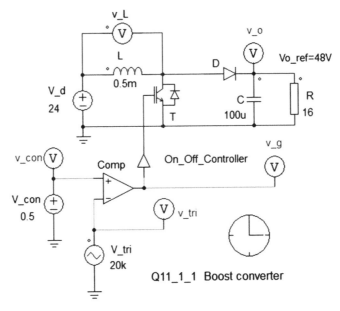

图 11.1.3　Boost 变换电路的仿真模型

3) 观测仿真结果。

• 合理设置脉宽调制电路控制信号 V_{con} 的幅值(参考例 Q10.1.1),使开关控制信号占空比 $D = 0.5$。

控制信号的幅值: $V_{con} = $ _____。

• 运行仿真,观测 Boost 变换电路的仿真波形如图 11.1.4 所示,并观测门控信号、输出电压和电感电流。

门控信号 v_g 的占空比: $D = $ _____,与期望值是否相同?

输出电压 v_o 的平均值: $V_o = $ _____,与输入电压 V_d 的关系为: V_o _____ V_d。

电感电流 i_L 最大值: _____,最小值: _____,脉动量: _____。

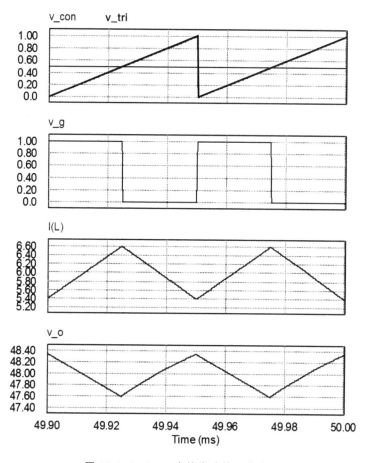

图 11.1.4　Boost 变换电路的工作波形

△

学习活动 11.2　直流升压变换器的工作原理

与直流降压变换器类似,根据电感电流是否连续,直流升压变换器也分为两种工作模式。本专题将主要分析电流<u>连续导通模式</u>下直流升压变换器的工作原理,电流断续导通模式的分析可参考相关教材。

11.2.1　输出电压的平均值

直流升压变换器的电路如图 11.1.2 所示。通过分析开关 S 闭合与断开时的等效电路,可以得到电感电压的表达式,然后利用伏秒平衡原则可推导输出电压平均值的表达式。

> Q11.2.1　Boost 变换电路如图 11.1.2 所示,试利用稳态电路中电感上的伏秒平衡原则,推导输出电压平均值的表达式。

解：

1）分别画出开关 S 闭合、断开时变换器的等效电路，并分析电感电压的特点。

• 开关 S 闭合时（近似为短路），二极管 D 反向截止（近似为开路），此时的等效电路如图 11.2.1(a)所示。此时电感电压 $v_L = V_d > 0$，电感电流 i_L 线性上升，如表 11.2.1 的第 2 行所示。

• 开关 S 断开时（近似为开路），电感电流通过二极管 D 续流，二极管 D 导通（近似为短路），假设电感电流连续，此时的等效电路如图 11.2.1(b)所示。假设电容 C 足够大，可近似认为输出电压 v_o 中只有直流分量，即 $v_o = V_o$。分析此时电感电压 v_L 的表达式和电感电流 i_L 的变化规律，填入表 11.2.1 的第 3 行中。

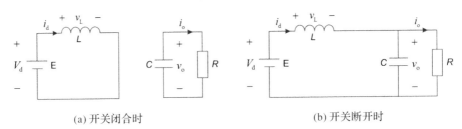

(a) 开关闭合时   (b) 开关断开时

图 11.2.1　开关闭合、开关断开时 Boost 变换器的等效电路

表 11.2.1　一个开关周期中电感上电压和电流的特点

开关状态	电感电压表达式	电感电流变化趋势
开关 S 闭合	$v_L = V_d > 0$	i_L 线性上升
开关 S 断开	$v_L =$	i_L

2）根据上述分析，画出稳态时电感电压和电流的波形，并推导输出电压的表达式。

• 在图 11.2.2 中画出稳态时电感电压和电感电流的波形。稳态时电感电流为重复的周期波，电感电流的平均值 $I_L = I_d$，I_d 为电源电流平均值。

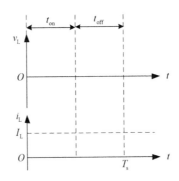

图 11.2.2　稳态电路中电感上电压和电流的波形

• 运用伏秒平衡原则，推导输出电压平均值 V_o 与输入电压 V_d 以及占空比 D 之间的关系式。根据伏秒平衡原则，电感电压 v_L 在一个开关周期 T_s 内的平均值为 0。

3)观察仿真结果以验证上述分析。

· 根据例 Q11.1.1 中的电路参数,计算输出电压的平均值。

$V_o=$ _____。

· 运行仿真模型 Q11_1_1,观测输出电压的平均值。

$V_o=$ _____。

判断仿真观测值与理论计算值是否一致:_____。

△

根据上例的分析,连续导通模式下直流升压变换器变压比的关系式为:

$$\frac{V_o}{V_d}=\frac{1}{1-D}$$ (11.2.1)

式中,V_d 为输入电压平均值;V_o 为输出电压平均值;D 为开关器件的控制占空比。变压比始终大于 1,表现出升压变换器的特点。

11.2.2　输入电流的平均值

下面分析变换器输入电流的平均值。

Q11.2.2　Boost 变换电路如图 11.1.2 所示,试推导电源电流平均值 I_d 的表达式。

解:

· 假设理想变换器无损耗,则输入功率等于输出功率,即 $P_d=P_o$。利用该关系式推导电源电流平均值 I_d 与输出电流平均值 I_o 以及占空比 D 之间的关系式。

$P_d=P_o\Rightarrow$ _____。

· 根据例 Q11.1.1 中的电路参数,计算输出电流的平均值。

$I_o=$ _____。

· 根据例 Q11.1.1 中的电路参数,计算电源电流的平均值。

$I_d=$ _____。

· 运行仿真模型 Q11_1_1,观测电源电流的平均值。注:电源电流与电感电流相同。

$I_d=I_L=$ _____。

判断仿真观测值与理论计算值是否一致:_____。

△

根据上例的分析,连续导通模式下直流升压变换器输入电流的关系式为:

$$I_d=\frac{1}{1-D}I_o$$ (11.2.2)

式中，I_d 为输入电流平均值；I_o 为输出电流平均值；D 为开关器件的占空比。

式(11.2.1)和式(11.2.2)为升压变换器的基本关系式，连续导通模式下的升压变换器可等效为直流升压变压器，变压比可通过占空比 D 在大于 1 的范围内连续调节。

学习活动 11.3　直流升压变换器的电感电流

在一个开关周期内，根据电感电流是否连续，Boost 变换电路也可分为两种工作模式：连续导通工作模式和断续导通工作模式。临界连续电感电流是区分两种工作方式的关键参数，而分析电感电流的脉动量是计算临界连续电感电流的基础。

11.3.1　电感电流的脉动量

下面分析直流升压变换器中电感电流的脉动量。

> Q11.3.1　Boost 变换电路如图 11.1.2 所示，推导电感电流脉动量的表达式。

解：

• 根据图 11.2.2 所示电感电压和电流的波形，开关闭合期间（图中 t_{on} 区间），电感电流的变化量 $\Delta I_L = I_2 - I_1$，可通过下式计算：

$$I_2 = i_L(t_{on}) = I_1 + \frac{1}{L}\int_0^{t_{on}} v_L \mathrm{d}\xi \Rightarrow \Delta I_L = I_2 - I_1 = \frac{t_{on}}{L}V_d \qquad (11.3.1)$$

进而可通过下式计算电感电流的峰值：

$$I_2 = \frac{I_2 + I_1}{2} + \frac{I_2 - I_1}{2} = I_d + \frac{1}{2}\Delta I_L \qquad (11.3.2)$$

• 根据例 Q11.1.1 中的电路参数，计算电感电流的变化量和电感电流的峰值。

$$\Delta I_L = \frac{t_{on}}{L}V_d = \frac{D}{f_s L}V_d = \underline{\hspace{4cm}}。$$

$$I_2 = I_d + \frac{1}{2}\Delta I_L = \underline{\hspace{4cm}}。$$

• 运行仿真模型 Q11_1_1，观测电感电流的脉动量和峰值。

电感电流脉动量：$\Delta I_L = \underline{\hspace{4cm}}。$

电感电流峰值：$I_2 = \underline{\hspace{4cm}}。$

判断仿真观测值与理论计算值是否一致：$\underline{\hspace{2cm}}。$

△

11.3.2　临界连续电感电流

电感电流临界连续时的工作波形如图 11.3.1 所示。图中，电感电流临界连续时，在一个开关周期结束时刻的电感电流 i_L 恰好为 0，此时电感电流的平均值 I_L，就是临界连续时电感电流的平均值 I_{LB}。

根据电感电流是否连续,升压变换器的工作模式分为:

1)当 $I_L > I_{LB}$ 时,电感电流连续,变换器工作于<u>连续导通</u>模式,控制特性见式(11.2.1)。

2)当 $I_L < I_{LB}$ 时,电感电流断续,变换器工作于<u>断续导通</u>模式,控制特性与连续时不同。

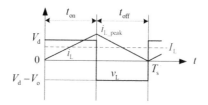

图 11.3.1　电感电流临界连续时的工作波形

下面推导临界连续电感电流表达式。

> **Q11.3.2　Boost 变换电路如图 11.1.2 所示,试推导临界连续时电感电流平均值的表达式。**

解:

• 根据图 11.3.1 中的工作波形,结合式(11.3.1),可以推导出临界连续时<u>电感电流</u>的表达式如下:

$$I_{LB} = I_L = \frac{1}{2} i_{L\_peak} = \frac{1}{2} \Delta I_L = \frac{1}{2} \frac{V_d}{L} t_{on} \tag{11.3.3}$$

• 假设输出电压 V_o 不变,将 $t_{on} = DT_s$,$V_d = (1-D)V_o$ 代入式(11.3.3)可得到:

$$I_{LB} = \frac{1}{2} \frac{V_d}{L} t_{on} = \frac{T_s}{2} \frac{V_o}{L} D(1-D) = \frac{D(1-D)V_o}{2Lf_s} \tag{11.3.4}$$

• 实际上用输出电流平均值 I_o 来判断工作模式更为方便。输出电压 V_o 不变时,临界连续时的电感电流 I_{LB} 所对应的<u>临界输出电流</u> I_{oB} 为:

$$I_d = I_L = \frac{1}{1-D} I_o \Rightarrow I_{oB} = (1-D)I_{LB} = \frac{T_s}{2} \frac{V_o}{L} D(1-D)^2 = \frac{D(1-D)^2 V_o}{2Lf_s} \tag{11.3.5}$$

式中,V_o 为输出电压平均值;D 为开关器件的占空比;L 为电感量;f_s 为开关频率。

• 同理,电源电压 V_d 不变时,临界输出电流 I_{oB} 的另一种表达形式为:

$$I_{oB} = \frac{D(1-D)V_d}{2Lf_s} \tag{11.3.6}$$

△

为保证<u>电感电流</u>连续,应使最小负载电流大于临界输出电流,即满足下式:

$$I_{o\_min} > I_{oB} \tag{11.3.7}$$

变换电路工作条件确定之后,可利用式(11.3.7)和 I_{oB} 的表达式,计算出保证电感电流连续所需要的最小电感 L 的取值。

> **Q11.3.3　利用仿真模型 Q11_1_1,合理设置负载电阻,观察电感电流的临界连续状态。**

解：

- 采用例 Q11.1.1 中的电路参数（设 $D=0.5$），利用式（11.3.6）计算临界输出电流的值。

$$I_{\mathrm{oB}}=\frac{D(1-D)V_{\mathrm{d}}}{2Lf_{\mathrm{s}}}=\underline{\hspace{5cm}}。$$

- 打开仿真模型 Q11_1_1，合理设置控制信号的幅值，使占空比 $D=0.5$。

$$V_{\mathrm{con}}=\underline{\hspace{4cm}}。$$

- 合理设置负载电阻的阻值，使负载电流平均值恰好等于临界输出电流。

$$R=\underline{\hspace{4cm}}。$$

- 运行仿真，观察电感电压和电流的波形，如图 11.3.2 所示。判断电感电流是否处于临界连续状态：$\underline{\hspace{2cm}}$。

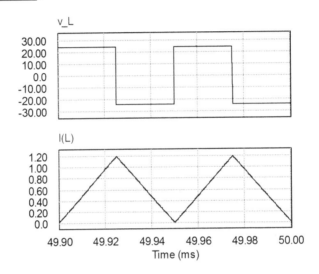

图 11.3.2　电感电流临界连续时电感电压和电流波形

☒课后思考题 AQ11.1：课后完成本题。

学习活动 11.4　直流升压变换器的输出电压脉动率

Boost 变换电路如图 11.1.2 所示，前面的分析中假设电容 C 很大，输出电压是平直的；而实际上电容值是有限的，输出电压存在脉动。在连续导通模式下，电容充放电过程的工作波形如图 11.4.1 所示。

1）S 闭合时（t_{on}），二极管 D 反向截止，其电流 $i_{\mathrm{D}}=0$，电容 C 放电，输出电压 v_{o} 下降。

2）S 断开时（t_{off}），二极管 D 导通，其电流 $i_{\mathrm{D}}>0$，向电容 C 充电，输出电压 v_{o} 上升。

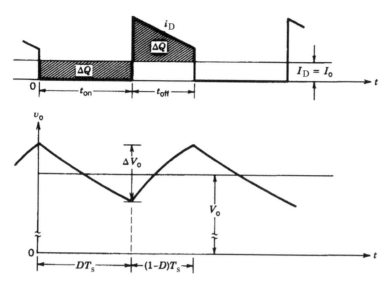

图 11.4.1　直流升压变换器中电容充放电过程的工作波形

可以近似认为，电流 i_D 的直流分量流向负载，交流分量流向电容，则图 11.4.1 中面积 ΔQ 可以认为是电容上存储或释放的电荷量。根据该电荷量可以计算出电容电压的脉动量 ΔV_o，以及输出电压脉动率：

$$\Delta V_o = \frac{1}{C} \cdot \Delta Q = \frac{1}{C} \cdot \frac{V_o}{R} t_{on} = \frac{1}{C} \cdot \frac{V_o}{R} D T_s \Rightarrow \frac{\Delta V_o}{V_o} = \frac{DT_s}{RC} = \frac{D}{f_s \tau}, \quad \tau = RC \quad (11.4.1)$$

由式(11.4.1)可见，为了降低输出电压的脉动率，可以采取减小开关时间 T_s（即提高开关频率 f_s）或增加电容值 C 的方法。

> Q11.4.1　计算例 Q11.1.1 中 Boost 变换电路输出电压的脉动率，并观察仿真结果。

解：

- 采用例 Q11.1.1 中的电路参数（设 $D=0.5$），利用式(11.4.1)计算输出电压脉动率。

$$\frac{\Delta V_o}{V_o} = \frac{D}{f_s RC} = \underline{\hspace{8cm}} 。$$

- 运行仿真模型 Q11_1_1，观测输出电压的实际脉动率。

$$\frac{\Delta V_o}{V_o} = \underline{\hspace{8cm}} 。$$

判断仿真观测值与理论计算值与是否一致：_____。

☒课后思考题 AQ11.2：课后完成本题。

△

专题 11 小结

直流升压变换器是输出电压高于输入电压的一种直流开关型变换电路。该变换器利用电感储能的释放来提高输出电压，也称泵升电路，或 Boost 变换器，其电路结构如图 11.1.2 所示。

在一个开关周期内,根据电感电流是否连续,Boost 变换电路也可分为两种工作模式:连续导通工作模式和断续导通工作模式。连续导通模式下,直流升压变换器变压比与占空比的关系见式(11.2.1)。连续导通模式下的升压变换器可等效为直流升压变压器,变压比可通过占空比 D 在大于 1 的范围内连续调节。

临界连续电感电流是区分两种工作方式的关键参数,临界连续时的电感电流 I_{LB} 所对应的临界输出电流 I_{oB} 的表达式见式(11.3.5)。为保证电感电流连续,应使最小负载电流大于临界输出电流。

在连续导通模式下,输出电压脉动率的表达式见式(11.4.1)。为了降低输出电压的脉动率,可以采取提高开关频率或增加电容值的方法。

本专题介绍了直流升压变换器的结构和连续导通模式下的工作特点,下一个专题将继续分析断续导通工作模式,并介绍直流升压(Boost)变换器的工程设计方法。

专题 11 测验

R11.1 直流升压变换器又称_____变换器,可以获得比电源电压高的可调直流输出电压。

R11.2 图 R11.1 为直流升压变换电路,采用脉宽调制控制方式,功率器件 T 的开关频率为 10kHz。假设电感足够大使稳态时电感电流连续,电容足够大使稳态时输出电压脉动较小,电源电压 $V_d = 20\text{V}$,输出电压平均值 $V_o = 40\text{V}$,负载电阻 $R = 40\Omega$,回答下列问题。

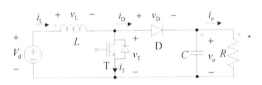

图 R11.1　直流升压变换电路

1)T 闭合期间,依靠_____来保持输出电压,依靠_____来隔离输出电压。

2)该电路利用_____储能的释放来提高输出电压,也称_____电路。

3)功率器件 T 的控制占空比 $D = $_____,导通时间 $t_{on} = $_____。

4)负载电流的平均值 $I_o = $_____,电源电流的平均值 $I_L = $_____。

5)其他参数不变,电感 L 变为原来的 2 倍、电容 C 变为原来的 0.5 倍时,电感电流的变化量变为原来的_____倍,输出电压脉动率变为原来的_____倍。

6)其他参数不变,功率器件 T 的开关频率变为 20kHz 时,电感电流的变化量变为原来的_____倍,输出电压脉动率变为原来的_____倍。

R11.3 例 Q11.3.3 中 Boost 变换器的电感电流恰好处于临界连续状态,设电源电压 V_d 不变,分析某一个电路参数发生变化时,该电路的工作模式将如何变化,并填写表 R11.1。

表 R11.1　电路参数变化对 Boost 电路工作模式的影响

参数变化	分析变换器将进入哪种工作模式(连续还是断续)
负载电阻 R 减小时	
电感 增加时	
开关频率 增加时	

专题 11
习题

专题 12　直流升压变换器的工程设计

• 承上启下

专题 11 介绍了直流升压变换器的结构和连续导通模式下的工作特点,专题 12 将继续分析断续导通工作模式,并介绍直流升压变换器的工程设计方法。首先通过电路仿真观察电感电流断续时升压变换器的输出特性,进而提出升压变换器工作在断续导通模式时的特殊要求;然后通过仿真观测寄生元件效应对升压比的影响;最后介绍直流升压变换器的设计步骤,并给出一个设计实例。

• 学习目标

掌握直流升压变换器的工程设计方法。

• 知识导图

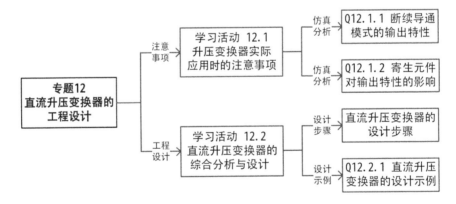

• 基础知识和基本技能

电感电流断续时升压变换器的输出特性。

寄生元件效应对变换器升压比的影响。

直流升压变换器的设计步骤。

• 工作任务

实际的直流升压变换电路的综合分析和设计。

学习活动 12.1　升压变换器实际应用时的注意事项

12.1.1　断续导通模式时的特殊要求

在一个开关周期内,根据电感电流是否连续,Boost 变换电路也可分为两种工作模式:连续导通工作模式和断续导通工作模式。专题 11 中已分析了连续导通工作模式时变换器的工作特点,下面通过电路仿真来观察断续导通工作模式时变换器的输出特性。

> Q12.1.1　利用仿真模型 Q11_1_1,改变负载电阻,观察升压变换器的输出特性。

解:

• 打开仿真模型 Q11_1_1,按照表 12.1.1 的第 1 行设定负载电阻 R_o,运行仿真,观测升压变换器的输出电压平均值,填入表 12.1.1 的第 2 行。

表 12.1.1　不同负载情况下 Boost 变换器的输出电压

负载电阻	40	80	160	320	640
输出电压平均值					

• 观察电感电流是否连续对升压变换器输出电压平均值的影响。

电感电流连续时,输出电压_____。

电感电流断续时,输出电压_____。

升压变换器工作在断续导通模式时,每个开关周期,电感储能都要传递给输出端。如果负载较轻,不能消耗该能量,将导致电容电压上升,V_o 过高导致负载侧出现过压或击穿电容。所以升压变换器工作在断续导通模式时的特殊要求为:升压变换器不能空载工作。

12.1.2　寄生元件效应

在实际的直流升压变换电路中,电感、电容、开关、二极管等元件上会产生一定的损耗,该损耗将会影响变换器的工作特性,这种现象称为寄生元件效应。下面利用仿真观测变换器的寄生元件效应。

> Q12.1.2　建立升压变换器的仿真模型,考虑电感上的损耗,观察变换器的输出特性。

解:

• 打开仿真模型 Q11_1_1,进行如下修改,建立观察寄生元件效应的仿真模型,保存为仿真文件 Q12_1_2。

- 运行仿真,观察电感损耗对变换器输出电压平均值的影响。

当按钮"S_p"设置为 on 时,理想变换器的输出电压平均值为:

$V_o=$ _____。

当按钮"S_p"设置为 off 时,实际变换器的输出电压平均值为:

$V_o=$ _____。

Q12_1_2
建模步骤

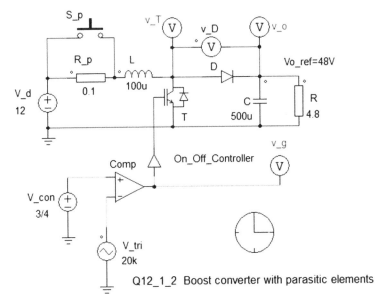

Q12_1_2 Boost converter with parasitic elements

图 12.1.1 升压变换器的仿真模型(考虑电感上的损耗)

△

理想的升压变换器,占空比 D 可以无限趋近于 1,以获得很高的升压比。但是,在实际的升压变换电路中,当 D 接近 1 时,实际的变压比会有所下降,如图 12.1.2 所示。这是由于在变换电路中,电感、电容、开关、二极管等元件上的损耗产生了寄生元件效应。所以在实际应用中,一般要限制占空比 D 的最大值,使寄生元件效应不明显。

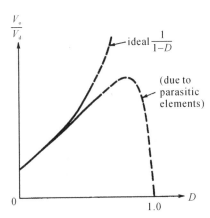

图 12.1.2 升压变换器的寄生元件效应

学习活动 12.2　直流升压变换器的综合分析与设计

实际的直流升压变换电路如图 12.2.1 所示,开关器件采用高性能的复合器件 IGBT,负载用电阻来表示。注意:按照图 12.2.1 中标注的电压、电流正方向,进行后面的分析。

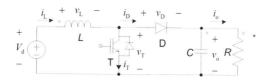

图 12.2.1　直流升压变换电路

该电能变换电路的主要分析和设计步骤如下:

1)假设 L 值和 C 值极大且变换器工作于连续导通模式,采用脉宽调制控制方式时,根据式(12.1.1)计算开关器件占空比 D 的变化范围。

$$\frac{V_{\mathrm{o}}}{V_{\mathrm{d}}}=\frac{1}{1-D} \Rightarrow D=1-\frac{V_{\mathrm{d}}}{V_{\mathrm{o}}} \tag{12.2.1}$$

式中,V_{o} 为输出电压平均值;V_{d} 为直流电源的电压;D 为开关器件的占空比。

2)在最大负载电流的条件下,根据式(12.2.2)计算电源电流平均值,以确定对直流电源输出功率的要求。

$$I_{\mathrm{d}}=\frac{1}{1-D}I_{\mathrm{o}} \tag{12.2.2}$$

式中,I_{o} 为输出电流平均值;I_{d} 为直流电源的电流平均值。

3)在最大负载条件下,分析开关器件 T 和续流二极管 D 上的电压和电流波形,确定器件上承受的最高电压和最大电流有效值,以此为依据合理选择这两个功率器件的参数。

4)为了保证最小负载时电感电流不断续,根据关系式(11.3.5)可知:假设输出电压和开关频率不变,则在占空比 D 的有效变化范围内,电感 L 的取值都应满足:

$$L \geqslant \frac{V_{\mathrm{o}}}{2I_{\mathrm{o\_min}}f_{\mathrm{s}}}D(1-D)^2 \tag{12.2.3}$$

上式右端,可通过求导数来确定极值。则当 $D=1/3$ 时,$Y=D(1-D)^2$ 取极大值。

$$Y'=0 \Rightarrow 1-4D+3D^2=0 \Rightarrow D=\frac{1}{3} \tag{12.2.4}$$

所以,电感 L 的最小取值,应不小于式(12.2.3)右端表达式的最大值,即

$$L_{\mathrm{min}}=\frac{V_{\mathrm{o}}}{2I_{\mathrm{o\_min}}f_{\mathrm{s}}}\left| D(1-D)^2 \right|_{D=\frac{1}{3}} \tag{12.2.5}$$

式中,$I_{\mathrm{o\_min}}$ 为最小负载电流平均值;f_{s} 为器件开关频率。

5)在连续导通模式下,为了保证输出电压脉动率小于给定指标 r,根据关系式(11.4.1)可知,假设开关频率不变,则在占空比 D 和负载电阻 R 的有效变化范围内,电容 C 的取值都应满足:

$$C \geqslant \frac{D}{R \cdot r \cdot f_{\mathrm{s}}} \tag{12.2.6}$$

所以,电容 C 的最小取值,应不小于式(12.2.6)右端分式的最大值,即

$$C_{\min} = \frac{D_{\max}}{R_{\min} \cdot r \cdot f_s} \qquad (12.2.7)$$

式中,r 为期望的输出电压脉动率;$R_{\min}$ 为负载电阻的最小阻值;f_s 为器件开关频率;$D_{\max}$ 为最大占空比。

6)最后,应利用电路仿真验证设计结果。

下面通过一个实例来说明实际 Boost 变换电路的分析和设计过程。

Q12.2.1　直流升压变换电路如图 12.2.1 所示,电路参数和控制要求如下:

1)直流输入电压 V_d 的变化范围是 12~36V;

2)输出功率的变化范围是 120~480W;

3)变换器采用 PWM 控制方式,器件 T 的开关频率 f_s＝20kHz;

4)要求将输出电压平均值控制为 V_o＝48V;

5)输出电压脉动率<1%,且工作于连续导通模式。

按照下述步骤分析和设计该变换电路,并利用仿真模型 Q12_1_2 验证计算结果。

解:

1)连续导通模式下,采用脉宽调制控制方式,计算下列参数的变化范围。

• 根据式(12.2.1)计算控制占空比的变化范围。

$$D = 1 - \frac{V_d}{V_o} \subset \left[\left(1 - \frac{12}{48} \right) \sim \left(1 - \frac{36}{48} \right) \right] = [0.75 \sim 0.25]$$

• 根据输出功率计算等效负载电阻的变化范围。

$$R = \frac{V_o^2}{P_o} \subset \left[\frac{48^2}{120} \sim \frac{48^2}{480} \right] = [19.2 \sim 4.8] \, \Omega$$

• 根据输出功率计算负载电流的变化范围。

$$I_o = \frac{P_o}{V_o} \subset \left[\frac{120}{48} \sim \frac{480}{48} \right] = [2.5 \sim 10] \, A$$

• 打开仿真模型 Q12_1_2,按钮"S_p"设置为 on,将电阻 R 属性中的 Current Flag 设置为 1,以观测负载电流(输出电流)的波形。根据表 12.2.1 中工作状态,合理设置控制信号和负载电阻的仿真参数,观测输出电压、输出电流平均值,填入表 12.2.1 中并与期望值相比较。

表 12.2.1　观测输出电压和输出电流平均值

工作状态	设置仿真条件		观测仿真结果	
V_d＝12V,P_o＝480W	V_{con}＝	R＝	V_o＝	I_R＝
V_d＝36V,P_o＝120W	V_{con}＝	R＝	V_o＝	I_R＝

注:仿真模型中电感和电容初步选取为 L＝100μH,C＝500μF。

2)考虑占空比和负载电流的变化范围,计算电源电流的最大平均值。

• 根据式(12.2.2)计算电源电流的最大平均值。

$$I_\mathrm{d}=\frac{1}{1-D}I_\mathrm{o}\Rightarrow\ I_\mathrm{d\_max}=\underline{\hspace{6cm}}\,。$$

• 打开仿真模型 Q12_1_2，按钮"S_p"设置为 on，将电感 L 属性中的 Current Flag 设置为 1，以观测电感电流(即电源电流)的波形。根据表 12.2.2 中工作状态，合理设置<u>仿真条件</u>后，观测<u>电感电流</u>平均值，填入表 12.2.2 中并分析电源电流出现最大平均值的条件。

表 12.2.2　观测电源电流平均值

工作状态	设置仿真条件		观测仿真结果
$V_\mathrm{d}=12\mathrm{V},P_\mathrm{o}=480\mathrm{W}$	$V_\mathrm{con}=$	$R=$	$I_\mathrm{L}=$
$V_\mathrm{d}=36\mathrm{V},P_\mathrm{o}=480\mathrm{W}$	$V_\mathrm{con}=$	$R=$	$I_\mathrm{L}=$

3)分析开关器件 T 和二极管 D 的电压和电流波形。

• 根据开关的状态，分析<u>开关器件和二极管</u>上电压和电流的表达式，填入表 12.2.3。

• 根据上述表达式，在图 12.2.2 和图 12.2.3 中分别画出<u>相关波形</u>，假设 L 和 C 足够大。

表 12.2.3　一个开关周期中开关器件和二极管的电压和电流

开关状态	开关电压	开关电流	二极管电压	二极管电流
开关闭合	$v_\mathrm{T}=$	$i_\mathrm{T}=$	$v_\mathrm{D}=$	$i_\mathrm{D}=$
开关断开	$v_\mathrm{T}=$	$i_\mathrm{T}=$	$v_\mathrm{D}=$	$i_\mathrm{D}=$

注：电压用输出电压平均值 V_o 来表示，电流用电感平均电流 I_L 来表示。

• 打开仿真模型 Q12_1_2，按钮"S_p"设置为 on，开关 T 和二极管 D 属性中的 Current Flag 设置为 1，以观测器件电流的波形。当 $V_\mathrm{d}=24\mathrm{V},P_\mathrm{o}=480\mathrm{W}$ 时，合理设置<u>控制信号</u>和<u>负载电阻</u>的仿真参数，观测<u>开关器件和二极管</u>上电压、电流波形，并与图 12.2.2 和图 12.2.3 中画出的波形相比较。

控制信号($V_\mathrm{d}=24\mathrm{V}$ 时)：$V_\mathrm{con}=\underline{\hspace{3cm}}$。

负载电阻($P_\mathrm{o}=480\mathrm{W}$ 时)：$R=\underline{\hspace{3cm}}$。

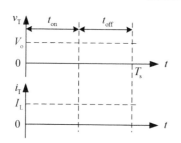

图 12.2.2　开关器件 T 上的电压和电流波形

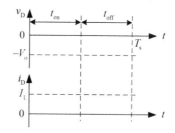

图 12.2.3　二极管 D 上的电压和电流波形

4)根据图 12.2.2 中波形，确定开关器件 T 的峰值电压和最大电流有效值。

• 写出开关器件 T 峰值电压的表达式(用输出电压平均值 V_o 表示)。

$v_\mathrm{T\_peak}=\underline{\hspace{6cm}}$。

$V_o=$ _____时，v_{T_peak}取最大值。代入电路参数，计算开关器件 T 的最大峰值电压。

$V_{T\_peak\_max}=$ _____。

- 推导开关器件 T 电流有效值的表达式（用占空比 D 和负载平均电流 I_o 表示）。

$I_{T\_RMS}=$ _____。

$D=$ _____，$I_o=$ _____时，I_{T_RMS}取最大值。代入电路参数，计算开关器件 T 的最大电流有效值。

$I_{T\_RMS\_max}=$ _____。

- 考虑一定安全裕量，确定功率器件的额定电压和额定电流的取值范围。

$V_{T\_rated}=(2\sim3)V_{T\_peak\_max}=$ _____。

$I_{T\_rated}=(1.5\sim2)I_{T\_RMS\_max}=$ _____。

可选取 100V/60A 的 IGBT。

- 打开仿真模型 Q12_1_2，根据表 12.2.4 中工作状态，合理设置控制信号和负载电阻的仿真参数，观测开关器件 T 的电流有效值，填入表 12.2.4 中，并分析开关器件 T 出现最大电流有效值的条件。

表 12.2.4　观测开关器件 T 的电流有效值

工作状态	设置仿真条件		观测仿真结果
$V_d=12V, P_o=480W$	$V_{con}=$	$R=$	$I_{T\_RMS}=$
$V_d=36V, P_o=480W$	$V_{con}=$	$R=$	$I_{T\_RMS}=$

⊠课后思考题 AQ12.1：课后完成步骤 4）。

5）根据图 12.2.3 中波形，确定二极管 D 上的峰值电压和最大电流有效值。

- 写出二极管 D 峰值电压的表达式（用输出电压平均值 V_o 表示）。

$v_{D\_peak}=$ _____。

$V_o=$ _____时，v_{D_peak}取最大值。代入电路参数，计算二极管 D 的最大峰值电压。

$V_{D\_peak\_max}=$ _____。

- 推导二极管 D 电流有效值的表达式（用占空比 D 和负载平均电流 I_o 表示）。

$I_{D\_RMS}=$ _____。

$D=$ _____，$I_o=$ _____时，I_{D_RMS}取最大值。代入电路参数，计算二极管 D 电流的最大有效值。

$I_{D\_RMS\_max}=$ _____。

- 考虑一定安全裕量，确定二极管 D 的额定电压和电流的取值范围。

$V_{D\_rated}=(2\sim3)|V_{D\_peak\_max}|=$ _____。

$I_{D\_rated}=(1.5\sim2)I_{D\_RMS\_max}=$ _____。

可选取 100V/40A 的快恢复二极管。

- 打开仿真模型 Q12_1_2，根据表 12.2.5 中工作状态，合理设置控制信号和负载电阻的仿真参数，观测二极管 D 的电流有效值，填入表 12.2.5 中，并分析二极管 D 出现最大电流有效值的条件。

表 12.2.5　观测二极管 D 的电流有效值

工作状态	设置仿真条件		观测仿真结果
$V_d = 12V, P_o = 480W$	$V_{con} =$	$R=$	$I_{D\_RMS} =$
$V_d = 36V, P_o = 480W$	$V_{con} =$	$R=$	$I_{D\_RMS} =$

☒课后思考题 AQ12.2:课后完成步骤 5)。

6)保证最小负载时电感电流不断续,计算电感 L 的最小取值。

• 保证最小负载时电感电流不断续,可根据式(12.2.5)计算<u>电感 L</u> 的最小取值。

$$L_{min} = \frac{V_o}{2I_{o\_min}f_s} \left| D(1-D)^2 \right|_{D=\frac{1}{3}} = \underline{\hspace{5cm}}。$$

• 打开仿真模型 Q12_1_2,根据上式合理设置<u>直流电源</u>、<u>控制信号</u>、<u>负载电阻</u>和<u>电感</u>的仿真参数,观测<u>电感电流临界连续</u>时的波形,如图 12.2.4 所示。

电源电压($D=1/3$ 时):$V_d = \underline{\hspace{3cm}}$。

控制信号($D=1/3$ 时):$V_{con} = \underline{\hspace{3cm}}$。

负载电阻($I_o = I_{o\_min}$ 时):$R = \underline{\hspace{3cm}}$。

电感(取最小值):$L = L_{min} = \underline{\hspace{3cm}}$。

• 负载电阻和电感不变,电源电压变化时,合理设置<u>直流电源</u>、<u>控制信号</u>的仿真参数,观测<u>电感电流</u>的波形,并判断电感电流是否连续。

直流电源:$V_d = 12V$,控制信号:$V_{con} \underline{\hspace{3cm}}$。　此时电感电流是否连续:$\underline{\hspace{2.5cm}}$。

直流电源:$V_d = 36V$,控制信号:$V_{con} \underline{\hspace{3cm}}$。　此时电感电流是否连续:$\underline{\hspace{2.5cm}}$。

根据上述仿真结果,判断上面计算出的最小电感值,是否能保证在任何工作条件下,电感电流均为连续。

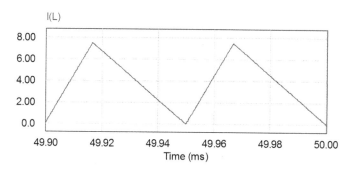

图 12.2.4　电感电流临界连续时的波形

7)为满足输出电压脉动率小于 1% 的要求,计算电容 C 的最小取值。

• 保证输出电压脉动率小于给定值,可根据式(12.2.7)计算<u>电容 C</u> 的最小取值。

$$C_{min} = \frac{D_{max}}{r \cdot R_{min} \cdot f_s} = \underline{\hspace{4cm}}。$$

• 打开仿真模型 Q12_1_2,根据上式合理设置<u>直流电源</u>、<u>控制信号</u>、<u>负载电阻</u>和<u>电容</u>的仿真参数,观测<u>输出电压脉动率</u>最大时的波形,如图 12.2.5 所示,并观测实际的<u>脉动率</u>。

电源电压($D=D_{max}$ 时):$V_d = \underline{\hspace{3cm}}$。

控制信号($D=D_{max}$ 时):$V_{con} = \underline{\hspace{3cm}}$。

负载电阻($R = R_{\min}$ 时):$R = $ _____。

电容(取最小值):$C = C_{\min} = $ _____。

根据仿真波形,观测输出电压的脉动率:$\Delta V_o / V_o = $ _____。

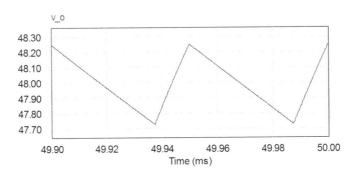

图 12.2.5　输出电压的波形

• 负载电阻和电容不变,电源电压变化时,合理设置<u>直流电源</u>、<u>控制信号</u>的仿真参数,观察输出电压的波形,并观测输出电压的<u>脉动率</u>。

直流电源:$V_d = 36\text{V}$,控制信号:$V_{con} = $ _____。

根据仿真波形,观测输出电压的脉动率:$\Delta V_o / V_o = $ _____。

根据上述仿真结果,判断上面计算出的最小电容值,是否能保证在任何工作条件下,输出电压脉动率小于 1%。

△

专题 12 小结

实际直流升压变换器在使用和设计过程中需要注意下列问题:首先为了防止输出电压过高,升压变换器不能空载工作;其次一般要限制占空比 D 的最大值,使寄生元件效应不明显。

连续导通模式下,直流升压变换电路的<u>设计流程</u>和主要计算公式如表 R12.1 所示。

表 R12.1　直流升压变换电路的设计流程和主要计算公式

步骤	设计内容	有关公式
1	根据电压变换的要求,计算开关器件控制占空比 D 的变化范围	$\dfrac{V_o}{V_d} = \dfrac{1}{1-D}$
2	最大负载条件下,确定对直流电源输出功率的要求	$I_d = \dfrac{1}{1-D} I_o$
3	确定功率器件(T 和 D)上承受的最高电压和最大电流有效值,以此为依据合理选择功率器件的参数	$I_{T\_RMS\_max} = \dfrac{\sqrt{D_{\max}}}{1-D_{\max}} I_{o\_max}$ $I_{D\_RMS\_max} = \dfrac{1}{\sqrt{1-D_{\max}}} I_{o\_max}$

续表

步骤	设计内容	有关公式
4	为保证最小负载时电感电流不断续,计算滤波电感 L 的最小取值	$L_{\min} = \dfrac{V_o}{2I_{o\_\min}f_s} \mid D(1-D)^2 \mid_{D=\frac{1}{3}}$
5	为保证输出电压脉动率小于给定指标,计算滤波电容 C 的最小取值	$C_{\min} = \dfrac{D_{\max}}{R_{\min} \cdot r \cdot f_s}$

专题 12 测验

R12.1　直流升压变换器工作在断续导通模式时,每个开关周期,_____都要传递给输出端。如果负载较轻,不能消耗该能量,将导致电容电压_____。V_o 过高导致负载侧出现过压或击穿电容,所以升压变换器不能_____。

R12.2　在实际的直流升压变换电路中,当 D 接近 1 时,实际的变压比会有所下降。这是由于电感、电容、开关、二极管等元件上的损耗产生了_____效应。所以在实际应用中,一般要限制占空比 D 的_____值,使寄生元件效应不明显。

专题 12
习题

单元3　直流电机驱动电源设计

• 学习目标

掌握复合型直流变换器的种类、结构和控制方式。

了解 DC-DC 变换器在直流电机驱动电源中的典型应用。

• 知识导图

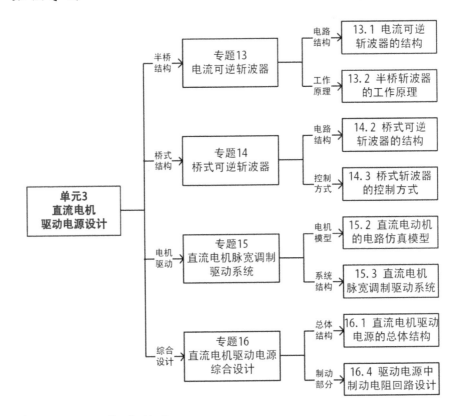

• 基础知识和基本技能

电流可逆斩波器的结构和控制方式。

桥式可逆斩波器的组成和控制方式。

直流电机 PWM 驱动系统的组成和控制方式。

● **工作任务**

采用"双向 DC-DC 变换器"设计 UPS 中蓄电池电能管理电路。

利用桥式斩波器进行直流电机驱动电源的综合设计。

单元 3 学习指南

单元 2 中已经学习了两种基本类型的 DC-DC 变换器,即直流降压变换器和直流升压变换器。其他类型 DC-DC 变换器都可以看作是在这两个基本变换器基础上演变而成的。上述两种基本变换器的局限性在于它们只能调节输出电压的幅值,而不能改变输出电压或电流的极性。在输出电压和电流所构成的输出平面中,它们均只能工作在单象限。即电能只能从电源向负载单向传输,而不能实现电能的双向流动。而在直流电机驱动等应用场合,要求变换器具有双向传输电能的功能,以实现电动机的可逆运行。在这种情况下,可以利用基本变换器的组合构成复合型 DC-DC 变换器(复合斩波器),以实现电动机的可逆运行。

直流电机驱动电源的主电路包含了多种电能变换的形式,是一种典型电力电子装置(详见附录 11)。直流电机驱动电源的主电路一般由整流器、斩波器、制动电组等部件组成。单元 3 将围绕直流电机驱动电源主电路的设计,学习其中复合型 DC-DC 变换器的结构和工作原理,并完成直流电机驱动电源的综合设计任务。复合型 DC-DC 变换器包括电流可逆斩波器和桥式可逆斩波器(详见附录 8)。专题 13 将介绍电流可逆斩波器,它是一种最简单的复合型变换器,可由降压和升压变换器组合而成,其特点是输出电压的极性不变,但输出电流的方向可以改变。专题 14 将介绍桥式可逆斩波器,如果输出电压的极性和输出电流的方向都需要改变,则可以将电流可逆斩波器组合起来构成桥式可逆斩波器。在此基础上,专题 15 和专题 16 将介绍 DC-DC 变换器在直流电机驱动系统中的典型应用。

附录 11

附录 8

单元 3 由 4 个专题组成,各专题的学习目标详见知识导图。学习指南之后是"单元 3 基础知识汇总表",帮助学生梳理和总结本单元所涉及的主要学习内容。

单元 3 基础知识汇总表

基础知识汇总表如表 U3.1～表 U3.2 所示。

表 U3.1 电流可逆斩波器和桥式可逆斩波器工作特点的比较

比较项目	电流可逆斩波器	桥式可逆斩波器
电路图	注:负载为蓄电池	注:负载为蓄电池
PWM 控制信号的生成过程以及输出电压波形		注:双极性 PWM 控制
输出电压平均值	1)与控制信号的关系 2)与占空比的关系	1)与控制信号的关系 2)与占空比的关系
输出电流平均值		

表 U3.2　直流电机各象限工作特点的比较

工作象限	电磁转矩 $T_{em}<0$	电磁转矩 $T_{em}>0$
转速 $\omega>0$		1)电机状态：正转电动 2)实际电枢电流方向和反电势极性 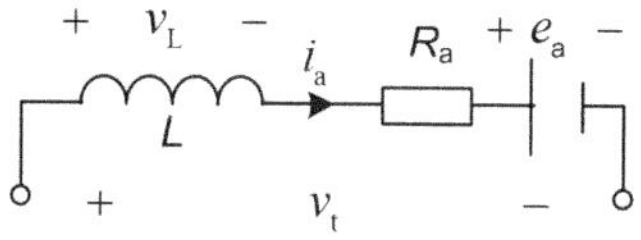 3)电枢回路电压平衡方程式(稳态) $$V_t=|E_a|+R_a|I_a|$$ 4)仿真模型中负载的参数设定 $$T_c=|T_{em}|$$
转速 $\omega<0$		

专题 13　电流可逆斩波器

● 引　言

在直流电机驱动等应用场合,要求 DC – DC 变换器具有双向传输电能的功能,以实现电动机的可逆运行。在这种情况下,可以利用基本变换器的组合构成复合型 DC – DC 变换器。其中,电流可逆斩波器,它是一种最简单的复合型变换器,可由降压和升压变换器组合而成,其特点是输出电压的极性不变,但输出电流的方向可以改变。

专题 13 将与单元 2 的设计项目(小功率 UPS)相结合,介绍电流可逆斩波器(电路)的工作原理及其在蓄电池电能管理电路中的应用。

● 学习目标

掌握电流可逆斩波器的电路结构和工作原理。

● 知识导图

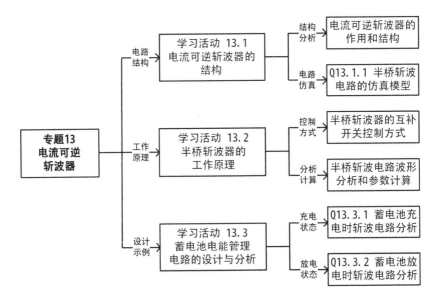

● 基础知识和基本技能

电流可逆斩波器的电路结构。

电流可逆斩波器的工作原理。

电流可逆斩波器的电路仿真。

● 工作任务

小功率 UPS 中蓄电池电能管理电路的设计(采用半桥斩波电路)。

学习活动 13.1　电流可逆斩波器的结构

13.1.1　电流可逆斩波器的作用

首先以 UPS 中的电能变换为例说明电流可逆斩波器的作用。一种小功率 UPS 的主电路结构如图 13.1.1 所示,主电路由 4 个电能变换环节组成,其工作原理如下。

1)当交流电源正常供电时,首先通过整流器得到不可控的直流电(电压平均值为 V_d),然后再通过逆变器得到标准的工频正弦交流电(电压有效值为 V_o)。同时,充电器为电压为 E 的蓄电池充电。

2)当交流电源停电时,作为备用电源的蓄电池将为系统供电。首先通过升压器将电池电压提升为直流母线电压 V_d,然后仍然通过逆变器得到标准的工频正弦交流电。

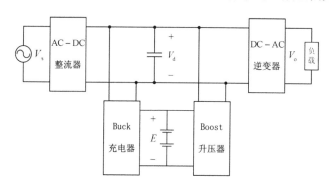

图 13.1.1　小功率 UPS 主电路结构

图 13.1.1 中涉及蓄电池电源管理的变换器有两个,一个是充电器(降压斩波器),另一个是升压器(升压斩波器),两个变换器需要分别控制,比较烦琐。能否将这两个变换器合并为一个变换器?这样即可简化电路结构又便于控制。

降压和升压斩波器合并为一个复合型 DC‑DC 变换器后的 UPS 主电路结构如图 13.1.2

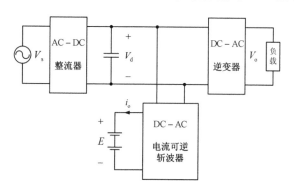

图 13.1.2　采用电流可逆斩波器的 UPS 主电路结构

所示。图 13.1.3 中 DC-DC 变换器的控制要求是输出电流 i_o 可逆:对电池充电时要求 $i_o > 0$,电池向外供电时要求 $i_o < 0$。由于输出电流可逆,所以该变换器也称作电流可逆斩波器。

13.1.2 电流可逆斩波器的结构

图 13.1.2 中,复合型 DC-DC 变换器既然兼具降压变换器和升压变换器的功能,那么在电路结构上也可由这两个基本直流变换器复合而成,其电路结构的演变过程如图 13.1.3 所示。图 13.1.3 中,V_d 为整流器滤波电容上的直流母线电压,蓄电池用电势 E 和内阻 R_e 来等效。

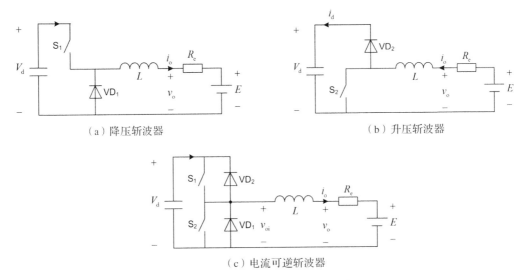

（a）降压斩波器 （b）升压斩波器

（c）电流可逆斩波器

图 13.1.3 电流可逆斩波器的构成

1)图 13.1.3(a)中由 S_1 和 VD_1 组成了降压斩波器,变换器的输入电压为 V_d,输出电压为 v_o,其作用是调节输出电压的幅值,从而控制蓄电池的充电电流 i_o。作为蓄电池的充电电源,斩波器输出端一般采用电感滤波即可,可省略滤波电容。

2)图 13.1.3(b)由 S_2 和 VD_2 组成了升压斩波器,该变换器的输入电压为 v_o,输出电压为 V_d,其作用提升输出电压,控制蓄电池向直流母线供电。

3)当图 13.1.3(a)和图 13.1.3(b)中的两个斩波器共用同一个电感 L 时,则复合成图 13.1.3(c)所示的电流可逆斩波器。

综上所述,电流可逆斩波器是由降压斩波器和升压斩波器复合而成,如图 13.1.3(c)所示,其中两个开关器件串联在一起,形成了桥式电路的一个桥臂,所以也称半桥斩波器。

13.1.3 半桥斩波电路的仿真模型

下面建立半桥斩波电路的仿真模型,并通过仿真实验观察其工作特点。

Q13.1.1 建立图 13.1.3(c)所示半桥斩波电路的仿真模型,观察其工作特点。斩波器采用脉宽调制控制方式,功率器件的开关频率为 10kHz。

解：

1）建立半桥斩波电路的仿真模型。

• 打开 PSIM 软件，建立如图 13.1.4 所示脉宽调制电路和半桥斩波电路的联合仿真模型，保存为仿真文件 Q13_1_1。

Q13_1_1
建模步骤

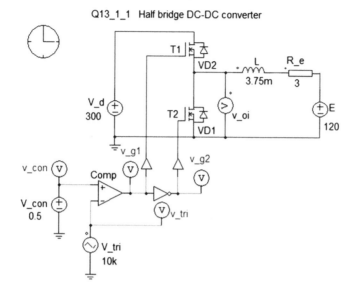

图 13.1.4　脉宽调制电路和半桥斩波电路的联合仿真模型

2）合理设置元件参数。

• 开关频率为 10kHz，则要求脉宽调制电路中三角波信号是频率为 10kHz、幅值变化范围为 0～1 的锯齿波，如图 13.1.5 所示。参考例 Q10.1.1 合理设置三角波电压源 V_{tri} 的参数。

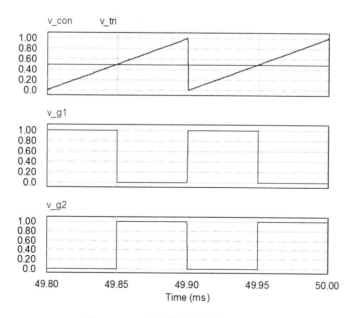

图 13.1.5　脉宽调制电路的工作波形

V_peak_to_peak＝_____,Frequency＝_____,Duty Cycle＝_____,DC Offset＝_____。

• 为了观察电路的稳态特征,可将总仿真时间设定为 50ms。为了观测到图 13.1.5 所示两个开关周期的稳态波形,合理设置仿真控制器的参数:

Time Step＝_____,Total Time＝_____,Print Time＝_____。

3)观测仿真结果。

• 将控制信号设定为 V_{con}＝0.5,运行仿真,观察脉宽调制电路的工作波形,见图 13.1.5。

• 在仿真波形上,观测门控信号 v_{g1} 的占空比:D＝_____。参考例 Q10.1.1,根据脉宽调制电路的参数计算门控信号 v_{g1} 的占空比:D＝_____。

• 在仿真波形上,观察门控信号 v_{g2} 与 v_{g1} 的关系:_____。

△

学习活动 13.2　半桥斩波器的工作原理

13.2.1　电流可逆斩波器的控制方式

半桥斩波电路如图 13.1.3(c)所示,根据其工作状态的不同,即电能传输方向或电流方向的不同情况,画出其等效电路,然后分析其工作原理。

1)电池充电时,电流方向为 $i_o > 0$,电能传递方向为 $V_d \to E$。此时降压斩波器工作,半桥斩波电路的等效电路如图 13.1.3(a)所示。设开关 S_1 的占空比为 D_1,则在电流连续模式下,输出电压平均值为:

$$V_o = D_1 V_d \tag{13.2.1}$$

2)电池放电时,电流方向为 $i_o < 0$,电能传递方向为 $E \Rightarrow V_d$。此时升压斩波器工作,半桥斩波电路的等效电路如图 13.1.3(b)所示。设开关 S_2 的占空比为 D_2,则在电流连续模式下,输出电压平均值为:

$$V_d = \frac{1}{1-D_2} V_o \quad \text{或} \quad V_o = (1-D_2)V_d \tag{13.2.2}$$

为了控制方便,对两个开关的占空比进行协调控制,令 $D_1 + D_2 = 1$,即在一个开关周期内 S_1 和 S_2 始终处于互补开关状态。这样做有两个好处:

1)输出电压平均值可用式(13.2.1)来统一表达;

2)可保证电感电流不断续,电路始终处于连续导通工作方式。

综上所述,半桥斩波电路中的两个开关器件一般采取互补开关控制方式。

13.2.2　电流可逆斩波器的工作过程

在一个开关周期中,图 13.1.3(c)中半桥斩波电路的工作过程分为两个阶段,其工作波形如图 13.2.1 所示。

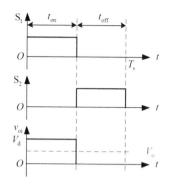

图 13.2.1 电流可逆斩波电路的工作波形

1)t_{on} 阶段,S_1 闭合 S_2 断开,$v_{oi} = V_d$。

2)t_{off} 阶段,S_1 断开 S_2 闭合,$v_{oi} = 0$。

注意:由于半导体开关为单向导电,所以开关闭合时存在两种情况:

1)如果电感电流方向与开关导电方向一致,则开关导通;

2)如果电感电流方向与开关导电方向相反,则与其并联的续流二极管导通,为电感电流提供回路。

但无论是哪种情况,输出电压的表达式不变。

13.2.3 电流可逆斩波电路的参数计算

根据图 13.2.1 中 v_{oi} 的波形,结合电感上的伏秒平衡定则,可推导出如图 13.1.3(c)所示半桥斩波电路的数量关系如下。

1)半桥斩波电路输出电压平均值:

$$V_o = V_{oi} = \frac{t_{on} V_d}{T_s} = D_1 V_d \qquad (13.2.3)$$

式中,V_o 为斩波电路输出电压平均值;V_d 为电源电压;D_1 为开关 S_1 的控制占空比。

2)半桥斩波电路输出电流(电感电流)的平均值:

$$I_L = I_o = \frac{V_o - E}{R_e} \qquad (13.2.4)$$

式中,I_o 为斩波电路输出电流平均值;E 为负载部分的反电势;R_e 为负载部分的内阻。

3)半桥斩波电路输入电流的平均值:

$$I_d = D_1 I_o \qquad (13.2.5)$$

式中,I_d 为斩波电路输入电流平均值。

通过调节开关 S_1 的控制占空比 D_1(S_1 和 S_2 始终处于互补开关状态),既可以控制输出电压的幅值,也可以控制输出电流的方向,从而实现电流可逆的运行状态。

学习活动 13.3　半桥可逆斩波器的设计示例

结合下例说明半桥可逆斩波器的设计步骤。

Q13.3.1　某 UPS 的结构如图 13.1.2 所示,其中双向 DC-DC 变换器用于蓄电池的电能管理,其工作要求如下:

1)当交流电源正常时,UPS 中整流器输出的直流电压经电容滤波后,得到直流母线平均电压为 $V_d=300\text{V}$,经双向 DC-DC 变换器降压后给蓄电池充电,蓄电池内阻 $R=3\Omega$,电动势 $E=120\text{V}$。

2)当交流电源停电时,双向 DC-DC 变换器将蓄电池的电能变换到直流母线的电容上,UPS 中的逆变器再将直流母线电容上的电能逆变成正弦交流电供给负载。

设计一个满足上述要求的开关型 DC-DC 变换器,开关器件选用 P. MOSFET,开关频率为 10kHz。试按照如下步骤进行设计,并分析蓄电池充电时变换电路的工作特点。

解:

1)画出一种满足设计要求的双向 DC-DC 变换电路。

- 电流可逆斩波电路可满足蓄电池充、放电的控制要求,其电路结构如图 13.3.1 所示。

- 开关器件 T_1 与 T_2 为互补开关状态,通过调节开关器件的控制占空比,既可控制斩波器输出电压的幅值,又可控制输出电流的方向。

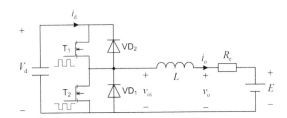

图 13.3.1　用于蓄电池电能管理的电流可逆型斩波电路

2)根据电路的工作状态,计算开关器件的占空比。

- 设蓄电池工作于充电状态,充电电流 i_o 的方向与图 13.3.1 中规定的电流正方向相同,要求将充电电流平均值控制为 $I_o=10\text{A}$。

- 根据充电电流的要求,首先计算蓄电池充电电压 v_o 的平均值。

$$V_o=I_oR_e+E=10\times3+120=150(\text{V}) \tag{13.3.1}$$

- 将斩波器输出电压平均值,代入式(13.2.3)计算开关器件 T_1 的占空比。

$$D_1=V_o/V_d=150/300=0.5 \tag{13.3.2}$$

T_1 与 T_2 为互补开关状态,则 T_2 的占空比为 $D_2=1-D_1=0.5$。

3)在步骤2)基础上,说明开关 T_1 闭合及断开时负载电流的通路。

- 半导体开关 T_1 闭合、T_2 断开时,负载电流的方向与 T_1 的导电方向一致,则 T_1 导通、二极管 VD_1 承受反压而阻断,此时的等效电路如图 13.3.2(a)所示。

负载电流的通路为:$V_d(+) \to T_1 \to L \to R_e \to E \to V_d(-)$。

- 半导体开关 T_1 断开、T_2 闭合时,负载电流的方向与 T_2 的导电方向相反,则 T_2 不能导通,电感电流将通过 T_2 并联的二极管 VD_1 续流,此时的等效电路如图 13.3.2(b)所示。

负载电流的通路为:$E(-) \to VD_1 \to L \to R_e \to E_d(+)$。

- 可见,蓄电池工作于充电状态时,开关 T_2 和二极管 VD_2 不工作,开关 T_1 和二极管 VD_1 构成<u>降压斩波器</u>,提供蓄电池要求的充电电流。

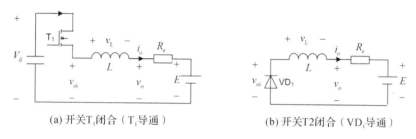

(a) 开关T_1闭合（T_1导通）　　　　(b) 开关T_2闭合（VD_1导通）

图 13.3.2　充电工作状态下负载电流的等效电路

4) 在步骤 3) 基础上,分析并绘制电路的工作波形。

- 根据上述分析,可画出蓄电池充电时斩波电路的<u>工作波形</u>见图 13.3.3。依题意,开关频率 $f_s = 10\text{kHz}$,则开关周期为:$T_s = 1/f_s = 100\mu s$,开关 T_1 闭合时间为:$t_{on} = D_1 T_s = 50\mu s$。

- 首先根据占空比画出器件 T_1、T_2 <u>开关控制信号</u>的波形。在时间轴上标出开关周期 $100\mu s$,T_1 闭合时间 $50\mu s$。在一个开关周期中,$0 \sim 50\mu s$ 的区间(t_{on}),T_1 的开关控制信号为高电平,表示 T_1 闭合;$50 \sim 100\mu s$ 的区间(t_{off}),T_1 的开关控制信号为低电平,表示 T_1 断开。T_2 的开关控制信号与 T_1 为互补关系。

- 然后根据开关控制信号画出斩波器<u>输出电压</u> v_{oi} 的波形。T_1 闭合时,根据如图 13.3.2(a) 所示等效电路可知,$v_{oi} = V_d$;T_1 断开、T_2 闭合时,根据如图 13.3.2(b) 所示等效电路可知,$v_{oi} = 0$。

- 接下来画出<u>电感电压</u> v_L 的波形。T_1 闭合时,根据如图 13.3.2(a) 所示等效电路可知,$v_L = V_d - V_o = 150\text{V}$;$T_1$ 断开、T_2 闭合时,根据如图 13.3.2(b) 所示等效电路可知,$v_L = -V_o = -150\text{V}$。

- 最后画出<u>电感电流</u> i_L 的大致波形。T_1 闭合时,$v_L > 0$,电感电流线性上升,到达峰值;T_1 断开时,T_2 闭合,$v_L < 0$,电感电流从峰值开始线性下降。电感电流的平均值 I_L 应该与负载电流的平均值 I_o 相同。

5) 在步骤 4) 基础上,选择合适的电感值,使充电电流的脉动率小于 20%。

- 根据图 13.3.3 中电感电压和电流的波形,可以推导出<u>电流脉动率</u>的计算公式如下,详细推导过程参见专题 9 的例 Q9.3.3。

$$r_{i_L} = \frac{\Delta i_L}{I_L} = \frac{(V_d - V_o) \cdot t_{on}}{L \cdot I_o} = \frac{V_o(1-D)}{L \cdot I_o \cdot f_s} \qquad (13.3.3)$$

- 代入本例中有关参数,可以计算出满足充电电流脉动率小于 20% 的<u>最小电感值</u>。

$$L_{min} = \frac{V_o(1-D)}{r_{i_L} \cdot I_o \cdot f_s} = \frac{150 \times (1-0.5)}{0.2 \times 10 \times 10^4} = 3.75(\text{mH}) \qquad (13.3.4)$$

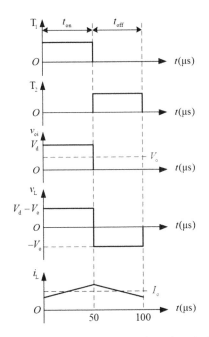

图 13.3.3 蓄电池充电时斩波电路的工作波形

6)根据步骤 2)～步骤 5)的计算结果,利用仿真模型 Q13_1_1,观察充电状态下的仿真结果。

- 参考例 Q10.1.1,确定仿真模型中控制信号 V_{con} 的幅值。

$V_{con} = D_1 = $ _____。

- $V_{con} = 0.5$ 时,运行仿真,观测斩波器输出电压的波形,并观测其平均值。

观测输出电压平均值: $V_o = V_{oi} = $ _____。

判断仿真观测值与步骤 2)中输出电压平均值的理论计算值是否一致:_____。

- 观测斩波器电感电流波形,并观测其电流脉动率。

观测电感电流平均值: $I_L = $ _____。

观测电感电流脉动量: $\Delta i_L = $ _____。

根据观测值计算电感电流脉动率: $\Delta i_L / I_L = $ _____。

判断上述观测结果是否满足充电电流为 10A、电流脉动率小于 20% 的设计要求:_____。

- 根据上述观测结果,判断此时蓄电池的工作状态。

负载电流 _____ 0,蓄电池工作于 _____ 状态。

△

在上例基础上,继续分析蓄电池放电时变换电路的工作特点。

Q13.3.2 在例 Q13.3.1 基础上,分析蓄电池放电时的变换电路工作特点。

解:

1)根据电路的工作状态,计算开关器件的占空比。

- 当交流电源停电时,蓄电池将工作于放电状态,放电电流 i_o 的实际方向与图 13.3.1

中规定的电流正方向相反,要求将放电电流平均值控制为 $I_{\text{o}} = -10\text{A}$。

- 根据放电电流的要求,首先计算蓄电池<u>放电电压</u> v_{o} 的平均值。

$V_{\text{o}} = I_{\text{o}}R_{\text{e}} + E = $ _____。

- 将斩波器输出电压平均值,代入式(13.2.3)计算开关器件 T_1 的控制<u>占空比</u>。

$D_1 = V_{\text{o}}/V_{\text{d}} = $ _____。

T_1 与 T_2 为互补开关状态,则 T_2 占空比为: $D_2 = 1 - D_1 = $ _____。

2)在步骤 1)基础上,说明开关 T_1 闭合及断开时负载电流的通路。

- 半导体开关 T_1 闭合、T_2 断开时,负载电流的实际方向与 T_1 的导电方向相反,则 T_1 不能导通,电感电流将通过 T_1 并联的二极管 VD_2 续流,在图 13.3.4(a)中画出此时的<u>等效电路</u>。

负载电流的通路为: _____。

- 半导体开关 T_1 断开、T_2 闭合时,负载电流方向与 T_2 导电方向相同,则 T_2 导通,蓄电池通过 T_2 放电,二极管 VD_1 承受反压截止,在图 13.3.4(b)中画出此时的<u>等效电路</u>。

负载电流的通路为: _____。

（a)开关 T_1 闭合(VD$_2$ 导通)　　　　（b) 开关 T2 闭合(T2 导通)

图 13.3.4　放电工作状态下负载电流的等效电路

- 可见,蓄电池工作于放电状态时,开关 _____ 和二极管 _____ 不工作,开关 _____ 和二极管 _____ 构成<u>升压斩波器</u>,提供蓄电池要求的放电电流。

3)在步骤 2)基础上,画出斩波电路的工作波形。

- 计算开关 T_1 的闭合时间,将<u>开关周期</u>和<u>闭合时间</u>填写在图 13.3.5 的时间轴下方。

$t_{\text{on}} = $ _____

- 在图 13.3.5 中画出斩波电路的工作波形。其中,T_1 和 T_2 为<u>开关控制信号</u>的波形,v_{oi} 为斩波器<u>输出电压</u>的波形,i_{T2} 为<u>开关器件</u> T_2 电流的波形(导通方向为电流的正方向),i_{D2} 为<u>二极管</u> VD_2 电流的波形(导通方向为电流的正方向)。

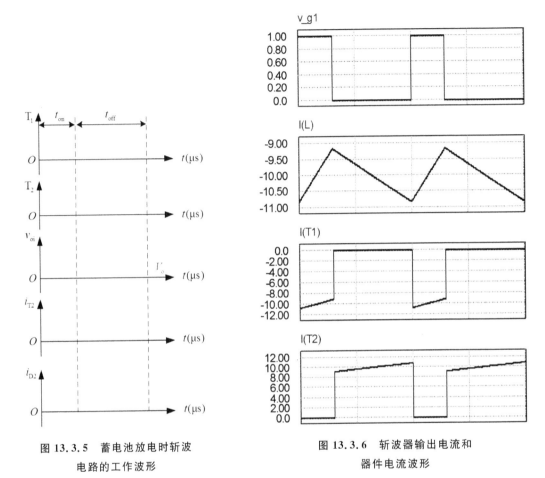

图 13.3.5 蓄电池放电时斩波
电路的工作波形

图 13.3.6 斩波器输出电流和
器件电流波形

4)根据步骤 1)～步骤 3)的计算结果,利用仿真模型 Q13_1_1,观察放电状态下的仿真结果。

• 参考例 Q10.1.1,确定仿真模型中控制信号 V_{con} 的幅值。

$V_{con}=D_1=$ _____。

• $V_{con}=0.3$ 时,运行仿真,观测斩波器输出电压的波形,并观测其平均值。

观测输出电压平均值:$V_o=V_{oi}=$ _____。

判断仿真观测值与步骤 1)中输出电压平均值的理论计算值是否一致:_____。

• $V_{con}=0.3$ 时,运行仿真,观察输出电流波形 i_L 和开关器件电流波形 i_{T1}、i_{T2},如图 13.3.6所示,观察并分析其特点。注意:仿真模型中 MOSFET 的电流波形为器件的全电流波形,电流为正时表示电流通过 MOSFET,电流为负时表示电流通过其反并联的二极管。

观测输出电流平均值:$I_L=$ _____。

判断仿真观测值是否满足放电电流为 $-10A$ 的设计要求:_____。

观察开关器件的电流波形,判断 T_1 闭合、T_2 断开时导通的器件:_____。

观察开关器件的电流波形,判断 T_1 断开、T_2 闭合时导通的器件:_____。

判断器件导通情况的观测结果,与步骤 2)中理论分析的结果是否一致:_____。

- 根据上述观测,判断此时斩波器和蓄电池的**工作状态**。

负载电流_____ 0,蓄电池工作于_____状态。开关器件_____和二极管_____轮流导通向负载提供电流,斩波器工作于_____斩波状态。

⊠课后思考题 AQ13.1:课后完成步骤 4)。

△

专题 13 小结

电流可逆斩波器是一种最简单的复合型变换器,其特点是输出电压的极性不变,但输出电流的方向可以改变。电流可逆斩波器由降压斩波器和升压斩波器复合而成,如图 13.1.3(c)所示。图中两个开关器件串联在一起,形成了桥式电路的一个桥臂,所以也称半桥斩波器。

1)半桥斩波电路中的开关器件一般采取<u>互补开关</u>控制方式。

2)半桥斩波电路输出<u>电压平均值</u>的参数表达式与降压斩波器相同。

3)半桥斩波电路输出电流的方向,由斩波器输出电压平均值与负载中反电势幅值的差决定。斩波器工作状态(降压还是升压)由负载电流方向决定。

4)通过调节占空比 D(特指降压斩波器的开关占空比 D_1),既可以控制半桥斩波电路输出电压的平均值,也可以控制其输出电流的方向,从而实现电流可逆的运行状态。

两个半桥斩波器复合在一起可构成功能强大的桥式斩波器,下个专题将介绍桥式斩波器。

专题 13 测验

R13.1 基本类型的 DC‑DC 变换器包括_____和_____。其他类型 DC‑DC 变换器都可以看作是在这两个基本变换器基础上演变而成的。

R13.2 上述两种基本变换器的局限性在于它们只能调节输出电压的_____,而不能改变输出电压或电流的_____。(参见附录 8)

R13.3 电流可逆斩波器也称_____斩波器,可由_____和_____变换器组合而成,其特点是输出电压的_____不变,但输出电流的_____可以改变。

附录 8

R13.4 电流可逆斩波器如图 R13.1 所示,当 $i_o>0$ 时画出开关闭合和断开时的电流通路。

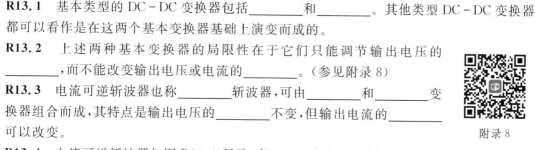

(a) S_1 闭合(S_2 断开)时　　　　(b) S_1 断开(S_2 闭合)时

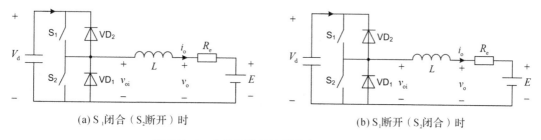

图 R13.1　电流可逆斩波器的电流通路($I_o>0$)

R13.5 电流可逆斩波器如图 R13.2 所示,当 $i_o < 0$ 时画出开关闭合和断开时的电流通路。

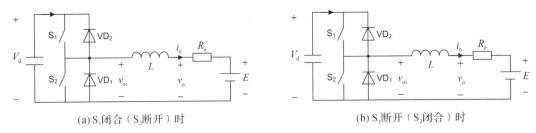

(a) S_1 闭合(S_2 断开)时   (b) S_1 断开(S_2 闭合)时

图 R13.2   电流可逆斩波器的电流通路($I_o < 0$)

R13.6 电流可逆斩波器如图 R13.1 所示,斩波器的输出电压由 _____ 决定,负载电流方向由 _____ 与 _____ 的差决定,斩波器工作状态(降压、升压)由 _____ 方向决定。

专题 13
习题

专题 14　桥式可逆斩波器

• 引　言

专题 13 介绍了电流可逆斩波器,其输出电压的极性不变,但输出电流的方向可以改变。在直流电机驱动等应用场合,要求 DC-DC 变换器输出电压的极性和输出电流的方向都可以改变,以满足直流电动机的四象限运行的要求。桥式可逆斩波器,它由两个电流可逆斩波器组合而成,其输出电压的极性和输出电流的方向都可以改变。

专题 14 将与单元 2 的设计项目(小功率 UPS)相结合,介绍桥式可逆斩波器的工作原理及其在蓄电池电能管理电路中的应用。

• 学习目标

掌握桥式可逆斩波器的电路结构和工作原理。

• 知识导图

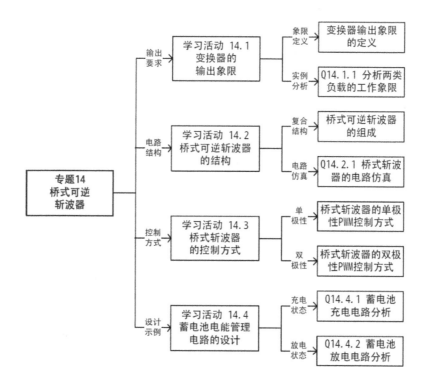

- **基础知识和基本技能**

桥式可逆斩波器的电路结构。

桥式可逆斩波器的工作原理。

桥式可逆斩波器的电路仿真。

- **工作任务**

小功率 UPS 中蓄电池电能管理电路的设计(采用桥式斩波电路)。

学习活动 14.1　变换器的输出象限

图 14.1.1 为 DC - DC 变换器的示意图,输入为直流电源(电压平均值为 V_d),输出电压平均值为 V_o,输出电流为 i_o,正方向如图中所示。

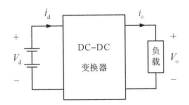

图 14.1.1　DC - DC 变换器的输入和输出

根据变换器输出电压的极性和电流的方向,可用图 14.1.2 中的直角坐标系将变换器的输出特性划分为四个象限。各输出象限的特点如下:

1) Ⅰ象限,电压与电流均为正,负载吸收电能。升压(Buck)和降压(Boost)变换器只能工作于Ⅰ象限。

2) Ⅱ象限,电压为正、电流为负,负载释放电能。

3) Ⅲ象限,电压与电流均为负,负载吸收电能。升降压变换器(Buck-Boost)只能工作于Ⅲ象限。注:Buck-Boost 变换器请参考有关教材。

4) Ⅳ象限,电压为负、电流为正,负载释放电能。

电流可逆斩波器可工作于Ⅰ、Ⅱ象限(输出电压为正)或Ⅲ、Ⅳ象限(输出电压为负)。

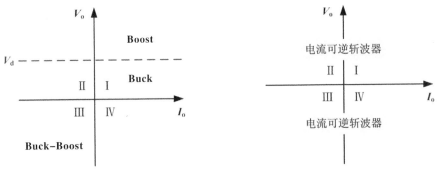

(a) 升压、降压和升降压变换器的输出特性　　　　(b) 电流可逆斩波器的输出特性

图 14.1.2　DC - DC 变换器的输出特性

输出象限可以全面地概括各种电能变换器的输出特性。在选择变换器时,变换器的输出特性应与负载的工作特性相匹配,即变换器的工作象限要包含负载的工作象限,才能完全满足负载的工作需要。负载工作象限的定义与图 14.1.2 中变换器输出象限的定义相同。

> Q14.1.1　如图 14.1.1 所示电能变换电路,假设负载为蓄电池或电动机,并规定输出电压、电流均为正时为蓄电池充电状态,或电动机正转电动状态。试根据表 14.1.1 中各类负载的工作条件,确定此时负载的工作象限,并概括出负载对变换器输出特性的要求。

解:

1)分析蓄电池负载对变换器输出特性的要求。

• 蓄电池负载可工作于充电和放电两种条件下。充电时,要求变换器输出电压平均值 V_o 的极性为 +,输出电流 i_o 的方向也为 +,则负载工作于 I 象限,对应变换器也工作于 I 象限,如表 14.1.1 中第 2 行所示。

• 蓄电池放电时,分析对变换器输出电压极性和电流方向的要求(相对于图 14.1.1 中规定的正方向),确定负载的工作象限,填入表 14.1.1 的第 3 行中。

• 根据上述分析,可概括出蓄电池负载对变换器输出特性的要求,如表 14.1.1 中最后 1 列所示。

2)分析电动机负载对变换器输出特性的要求。

• 电动机负载可工作于正转、反转以及电动、制动四种条件下。正转电动时,要求变换器输出电压平均值 V_o 的极性为 +,输出电流 i_o 的方向也为 +,则负载工作于 I 象限,对应变换器也工作于 I 象限,如表 14.1.1 中第 4 行所示。

• 反转电动时,变换器输出电压极性和输出电流方向应该与正转电动时相反,此时负载工作于 III 象限,对应变换器也工作于 III 象限,如表 14.1.1 中第 6 行所示。

• 正转制动和反转制动时,分析对变换器输出电压极性和电流方向的要求(相对于图 14.1.1 中规定的正方向),确定负载的工作象限,填入表 14.1.1 的第 5 行和第 7 行中。

• 根据上述分析,可概括出电动机负载对变换器输出特性的要求,如表 14.1.1 中最后 1 列所示。

表 14.1.1　负载的工作象限及其对变换器输出特性的要求

负载类型	负载的工作条件	V_o 极性	i_o 方向	负载的工作象限	对变换器输出特性的要求
蓄电池	充电	+	+	I	可工作于 I、II 象限
	放电				
直流电动机	正转电动	+	+	I	工作于全部 4 个象限
	正转制动				
	反转电动	−	−	III	
	反转制动				

学习活动 14.2 桥式可逆斩波器的结构

14.2.1 桥式可逆斩波器的组成

在某些应用场合,如直流电机驱动,要求变换器既能输出正电压(驱动电机正转),也能输出负电压(驱动电机反转),即能够工作于全部四个输出象限中。这种四象限变换器可以由两个半桥斩波器复合而成,如图 14.2.1 所示。

1)图 14.2.1(a)为半桥斩波器 A,规定图中负载上电压和电流的方向为正方向。根据专题 13 中的分析,该半桥斩波器的输出电压始终为正,但输出电流方向可逆,属于电流可逆斩波器。根据图 14.1.2 中的定义,该变换器可工作于输出特性的 I、II 象限。

2)图 14.2.1(b)为半桥斩波器 B,规定图中负载上电压和电流的方向为正方向。与图 14.2.1(a)的区别在于负载进行了反接。该半桥斩波器的输出电压始终为负,但输出电流方向可逆,可工作于输出特性的III、IV象限。

3)将上述两个变换器复合在一起,就构成了图 14.2.1(c)中可工作于全部四个象限的变换器。该变换器是由 A、B 两个半桥斩波器复合而成的,所以称作桥式可逆斩波器或全桥斩波器。

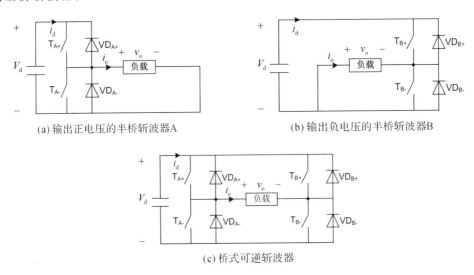

(a)输出正电压的半桥斩波器A (b)输出负电压的半桥斩波器B

(c)桥式可逆斩波器

图 14.2.1 四象限变换器的构成

在桥式可逆斩波器中,如果 T_{B-} 一直闭合,则左桥臂(半桥斩波器 A,也称 A 桥臂)为工作于 I、II 象限的电流可逆斩波器;如果 T_{A-} 一直闭合,则右桥臂(半桥斩波器 B,也称 B 桥臂)为工作于III、IV象限的电流可逆斩波器。所以桥式可逆斩波器可以工作于输出特性的全部四个象限,如图 14.2.2 所示。

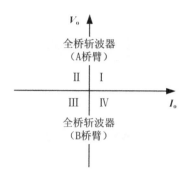

图 14.2.2　桥式可逆斩波器的输出特性

14.2.2　桥式可逆斩波器的电路仿真

下面建立桥式可逆斩波器的仿真模型,并通过仿真实验观察桥式可逆斩波器的工作特点。

> Q14.2.1　建立如图 14.2.1(c)所示桥式可逆斩波电路的仿真模型,并观察其工作特点。要求:采用脉宽调制控制方式,功率器件的开关频率为 10kHz。

解:

1)建立桥式可逆斩波电路的仿真模型。

• 打开 PSIM 软件,建立如图 14.2.3 所示桥式可逆斩波电路和脉宽调制电路的联合仿真模型,保存为仿真文件 Q14_2_1。

Q14_2_1
建模步骤

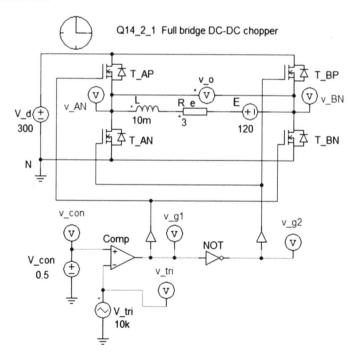

图 14.2.3　桥式可逆斩波电路和脉宽调制电路的联合仿真模型

2）合理设置元件参数。

• 为了观察电路的稳态特征，可将总仿真时间设定为 50ms。为了观测到如图 14.2.4 所示两个开关周期的稳态波形，合理设置仿真控制器的参数。

Time Step＝_____，Total Time＝_____，Print Time＝_____。

3）观测仿真结果。

• 将控制信号设定为 V_{con}＝0.5，运行仿真，观察脉宽调制电路的工作波形（见图 14.2.4）。

• 根据脉宽调制电路的参数计算门控信号 v_{g1} 的占空比（下节将给出推导过程）。

$$D_{A+}=\frac{1}{2}\left(1+\frac{v_{con}}{\hat{V}_{tri}}\right)=\frac{1}{2}\times\left(1+\frac{0.5}{1}\right)=0.75$$

式中，D_{A+} 表示开关器件 T_{AP} 的占空比；v_{con} 为控制信号幅值；$\hat{V}_{tri}$ 为三角波信号峰值。

• 在仿真波形上，观测门控信号 v_{g1} 的占空比。

$$D_{A+}=\frac{t_{on}}{T_s}=\underline{\hspace{5cm}}。$$

判断仿真观测值与理论计算值是否一致：_____。

• 在仿真波形上，观察门控信号 v_{g2} 与 v_{g1} 的关系：_____。

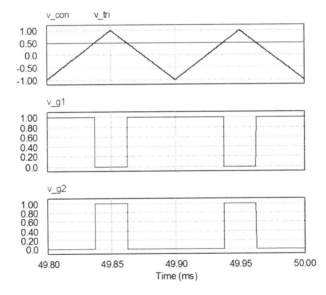

图 14.2.4　脉宽调制电路的工作波形（双极性 PWM 控制方式）

学习活动 14.3　桥式可逆斩波器的控制方式

14.3.1　桥式可逆斩波器的单极性 PWM 控制方式

桥式可逆斩波器由 A、B 两个桥臂组成，如图 14.2.1(c)所示。每个桥臂都可看作是一个半桥斩波器。按照专题 13 中对半桥斩波器的分析,同一桥臂中上、下两个开关器件一般采取互补开关的控制方式。那么,选择桥式可逆斩波器的控制方式,也就是协调 A、B 两个桥臂之间的控制关系。

一种最基本的控制方式是:A、B 两个桥臂中只有 1 个桥臂采用 PWM 控制,而另一个桥臂工作状态不变(只是为负载提供电流回路)。这种控制方式被称为单极性 PWM 控制方式,其控制逻辑如表 14.3.1 所示,工作波形如图 14.3.1 所示。

1)参照图 14.2.1(c),当希望输出电压 $V_o > 0$ 时,A 桥臂采用 PWM 控制方式,为了使负载电流构成回路,B 桥臂开关器件 T_{B-} 始终闭合,控制逻辑如表 14.3.1 所示。此时 A 桥臂器件的开关控制信号波形(高电平表示闭合)以及变换器输出电压的波形如图 14.3.1(a)所示。此时可按照半桥斩波器进行分析,变换器输出电压平均值为:$V_o = D_{A+} V_d$,如表 14.3.1 所示。式中,D_{A+} 表示开关器件 T_{A+} 的占空比。

2)参照图 14.2.1(c),当希望输出电压为负时,B 桥臂采用 PWM 控制方式,为了使负载电流构成回路,A 桥臂开关器件 T_{A-} 始终闭合,控制逻辑如表 14.3.1 所示。此时 B 桥臂器件的开关控制信号波形(高电平表示闭合)以及变换器输出电压的波形如图 14.3.1(b)所示。此时可按照半桥斩波器进行分析,由于负载反接,变换器输出电压平均值为:$V_o = -D_{B+} V_d$,如表 14.3.1 所示。式中,D_{B+} 为开关器件 T_{B+} 的占空比。

在图 14.3.1(a)中,输出电压平均值 V_o 为正时,输出电压的波形在 $+V_d$ 和 0 之间跳变;在图 14.3.1(b)中,输出电压平均值 V_o 为负时,输出电压的波形在 $-V_d$ 和 0 之间跳变。不论是哪种情况,输出电压的波形是在单一极性的电压和 0 之间跳变,故称为单极性 PWM 控制方式。

表 14.3.1 桥式可逆斩波器的单极性 PWM 控制逻辑

输出电压极性	A 桥臂控制方式	B 桥臂控制方式	控制关系
$V_o > 0$	PWM 控制	T_{B+} 断开,T_{B-} 闭合	$V_o = D_{A+} V_d$
$V_o < 0$	T_{A+} 断开,T_{A-} 闭合	PWM 控制	$V_o = -D_{B+} V_d$

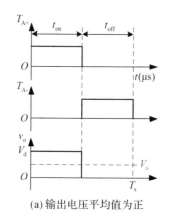
(a)输出电压平均值为正

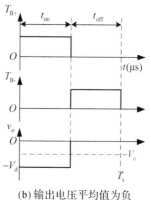
(b)输出电压平均值为负

图 14.3.1 单极性 PWM 控制方式下桥式可逆斩波器的输出电压波形

14.3.2 桥式可逆斩波器的双极性 PWM 控制方式

根据表 14.3.1,采用单极性 PWM 控制方式时,为了改变输出电压(平均值)的极性,首先需要切换两个桥臂的控制逻辑,改变输出的极性;然后再控制工作桥臂的占空比,调节输出电压的平均值。为了控制方便,下面讨论如何对两个桥臂的占空比进行统一控制,从而达到只改变占空比就既能改变输出电压的极性又能调节输出电压平均值的目的。为了分析方便,在如图 14.3.2 所示桥式可逆斩波电路中引入直流电源参考点 N,两个桥臂的中点分别用 A 和 B 来标识。

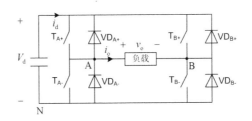

图 14.3.2 桥式可逆斩波器各桥臂的输出电压

在一个开关周期中,桥臂 A 对参考点 N 的输出电压可以表示为:t_{on} 阶段,T_{A+} 闭合,T_{A-} 断开,$v_{AN}=V_d$。t_{off} 阶段,T_{A+} 断开,T_{A-} 闭合,$v_{AN}=0$。因此,桥臂 A 的输出电压(桥臂中点 A 相对 N 点的电压)平均值可表示为:

$$V_{AN}=D_{A+}V_d \tag{14.3.1}$$

式中,D_{A+} 为 T_{A+} 的占空比。

同理,桥臂 B 的输出电压(桥臂中点 B 相对 N 点的电压)平均值可表示为:

$$V_{BN}=D_{B+}V_d \tag{14.3.2}$$

式中,D_{B+} 为 T_{B+} 的占空比。

桥式可逆斩波器总的输出电压(A、B 两点之间的电压)为 A、B 两个桥臂输出电压之差,因此可推导出桥式可逆斩波器输出电压平均值的表达式为:

$$V_o=V_{AB}=V_{AN}-V_{BN}=(D_{A+}-D_{B+})V_d \tag{14.3.3}$$

对两个桥臂的占空比进行协调控制的一种简单方式,是两个桥臂采取互补开关控制方式,即 A 桥臂的控制信号与 B 桥臂的控制信号相反(或逻辑互补),其控制关系如表 14.3.2 所示。

1)T_{A+} 闭合期间,B 桥臂采用与 A 桥臂互补的开关控制信号,则 T_{B+} 断开。同一桥臂两个器件也采用互补的控制方式,则 T_{A-} 断开,T_{B-} 闭合。此时桥臂中点之间的输出电压与电源电压相同,即 $v_o=V_d$,如表 14.3.2 所示,等效电路如图 14.3.3(a)所示。

2)T_{A-} 断开期间,B 桥臂采用与 A 桥臂互补的开关控制信号,则 T_{B+} 闭合。同一桥臂两个器件也采用互补的控制方式,则 T_{A-} 闭合,T_{B-} 断开。此时桥臂中点之间的输出电压与电源电压相反,即 $v_o=-V_d$,如表 14.3.2 所示,等效电路如图 14.3.3(b)所示。

表 14.3.2　桥式可逆斩波器的双极性 PWM 控制逻辑

控制区间	T_{A+}	T_{A-}	T_{B+}	T_{B-}	输出电压
T_{A+} 闭合	闭合	断开	断开	闭合	$v_{AB}=V_d$
T_{A+} 断开	断开	闭合	闭合	断开	$v_{AB}=-V_d$

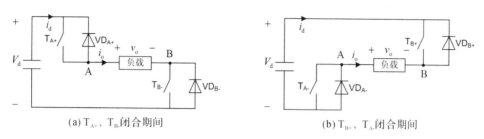

(a) T_{A+}、T_{B-}闭合期间　　　　　(b) T_{B+}、T_{A-}闭合期间

图 14.3.3　桥式可逆斩波器的等效电路输出电压

根据上述分析,两组器件的开关控制信号波形(高电平表示闭合)以及桥式可逆斩波器输出电压的波形如图 14.3.4 所示,从中可得出两个重要结论:

1)在一个开关周期中,输出电压在 $+V_d$ 和 $-V_d$(两个极性)之间跳变,故称为<u>双极性 PWM 控制方式</u>。

2)根据控制关系,开关器件可分成两对:$P_1(T_{A+},T_{B-})$ 和 $P_2(T_{B+},T_{A-})$,即对角线上的开关器件为一对。控制关系为:一对开关同时闭合或断开,且两对开关处于互补开关状态,即总是一对闭合,另一对断开。

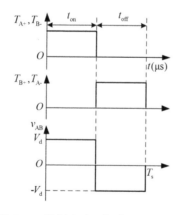

图 14.3.4　双极性 PWM 控制方式下桥式可逆斩波器的输出电压波形

14.3.3　桥式可逆斩波器的脉宽调制方式

双极性 PWM 的开关控制信号可利用控制信号与(周期性)<u>双极性三角波</u>比较的方式产生,如图 14.3.5 所示。三角波的宽度与高度成正比,且左右对称,与锯齿波相比更适合于做调制波。图 14.3.2 所示桥式可逆斩波器,采用图 14.3.5 中脉宽调制方式,在<u>双极性 PWM 控制方式</u>下的工作原理如下。

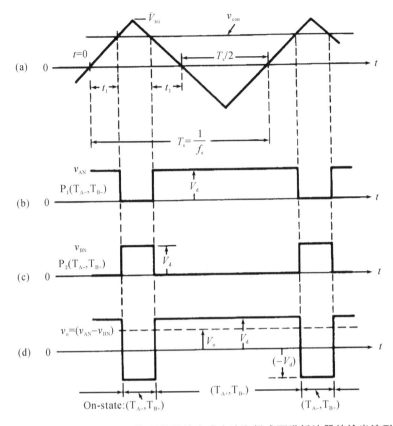

图 14.3.5 双极性 PWM 控制信号的生成方法和桥式可逆斩波器的输出波形

1）双极性 PWM 的开关控制信号。

在图 14.3.5（a）中，脉宽调制电路的控制信号 $v_{control}$（简称 v_{con}）与 v_{tri} 三角波相比较，产生两对开关的控制信号，如图（b）和（c）所示（高电平表示器件闭合），开关控制信号的表达式如下：

$$\text{if } v_{con} > v_{tri}, \text{then } P_1(T_{A+}, T_{B-}) \text{ on}, P_2(T_{A-}, T_{B+}) \text{ off}$$
$$\text{if } v_{con} > v_{tri}, \text{then } P_2(T_{A-}, T_{B+}) \text{ on}, P_2(T_{A+}, T_{B-}) \text{ off}$$

2）桥式可逆斩波器的输出电压波形。

在一个开关周期中，根据器件的闭合情况，可以画出各桥臂输出电压波形如图 14.3.5（b）和（c）所示，两个桥臂输出电压之差即为桥式可逆斩波器的输出电压，其波形如图 14.3.5（d）所示。

3）桥式可逆斩波器的输出电压平均值。

由于两个桥臂采取互补开关控制方式，则其占空比的关系为：

$$D_{A+} + D_{B+} = 1 \tag{14.3.4}$$

将式（14.3.4）代入式（14.3.3）可推导出桥式可逆斩波器输出电压平均值的表达式为：

$$V_o = (D_{A+} - D_{B+})V_d = (2D_{A+} - 1)V_d \tag{14.3.5}$$

根据式（14.3.5），D_{A+} 在 0～1 变化时，输出电压将在 $-V_d$～$+V_d$ 变化。

4）脉宽调制电路的控制信号与输出电压平均值的关系。

在图 14.3.5（a）中，一个开关周期中开关 T_{A+} 闭合时间的表达式为：

$$t_{on} = 2t_1 + \frac{1}{2}T_s \qquad t_1 = \frac{v_{con}}{\hat{V}_{tri}} \cdot \frac{T_s}{4} \tag{14.3.6}$$

进而推导出开关器件 T_{A+} 控制占空比的表达式为：

$$D_{A+} = \frac{t_{on}}{T_s} = \frac{1}{2}\left(1 + \frac{v_{con}}{\hat{V}_{tri}}\right) \tag{14.3.7}$$

将式(14.3.7)代入式(14.3.5)中可以得到控制信号与输出电压平均值的关系式如下：

$$V_o = (2D_{A+} - 1)V_d = \frac{v_{con}}{\hat{V}_{tri}} \cdot V_d \tag{14.3.8}$$

式中，D_{A+} 表示开关器件 T_{A+} 的占空比；v_{con} 为控制信号幅值；$\hat{V}_{tri}$ 为三角波信号峰值。根据上式的控制关系，v_{con} 在 $(-1 \sim +1)\hat{V}_{tri}$ 变化时，输出电压将在 $(-1 \sim +1)V_d$ 变化。

学习活动 14.4　桥式可逆斩波器的设计示例

下面以 UPS 中蓄电池电能管理电路为例，说明桥式可逆斩波器的设计步骤。

> **Q14.4.1**　采用桥式可逆斩波器(双极性 PWM 控制方式)，重新设计 Q13.3.1 中用于蓄电池电能管理的开关型 DC-DC 变换器，并分析蓄电池充电时的工作特点。

解：

1)画出一种满足设计要求的双向 DC-DC 变换电路。

- 桥式可逆斩波器也可实现电能的双向变换，其电路结构如图 14.4.1 所示。

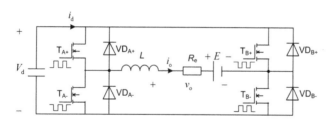

图 14.4.1　用于蓄电池电能管理的桥式斩波电路

2)根据电路的工作状态，计算开关器件的占空比。

- 蓄电池工作于充电方式时，充电电流的方向与图 14.4.1 中规定的正方向相同，要求将充电电流平均值控制为 $I_o = 10\text{A}$。
- 根据充电电流的要求，首先计算蓄电池充电电压 v_o 的平均值。

$$V_o = I_o R_e + E = 10 \times 3 + 120 = 150(\text{V}) \tag{14.4.1}$$

- 要求斩波器采用双极性 PWM 控制方式，将斩波器输出电压平均值代入式(14.3.8)中，计算开关器件 T_{A+} 和 T_{B-} 的占空比。

$$D_{A+} = (V_o + V_d)/2V_d = (150 + 300)/600 = 0.75 \tag{14.4.2}$$

式中，T_{B+} 与 T_{A+} 为互补开关状态，则 T_{B+} 和 T_{A-} 的占空比为 $D_{B+} = 1 - D_{A+} = 0.25$。

3)在步骤2)基础上，说明开关 T_{A+} 闭合及断开时负载电流的通路。

• 半导体开关 T_{A+} 和 T_{B-} 闭合时，T_{A-} 和 T_{B+} 断开，负载电流的方向与 T_{A+} 和 T_{B-} 的导电方向一致，则 T_{A+} 和 T_{B-} 导通，此时的等效电路如图 14.4.2(a) 所示。

负载电流的通路为：$V_d(+)\rightarrow T_{A+}\rightarrow L\rightarrow R_e\rightarrow E\rightarrow T_{B-}\rightarrow V_d(-)$。

• 半导体开关 T_{A+} 和 T_{B-} 断开时，T_{A-} 和 T_{B+} 闭合，负载电流的方向与 T_{A-} 和 T_{B+} 的导电方向相反，则 T_{A-} 和 T_{B+} 不能导通，负载中的电感电流将通过并联的二极管 VD_{A-} 和 VD_{B+} 续流，此时的等效电路如图 14.4.2(b) 所示。

负载电流的通路为：$V_d(-)\rightarrow VD_{A-}\rightarrow L\rightarrow R_e\rightarrow E\rightarrow VD_{B+}\rightarrow V_d(+)$。

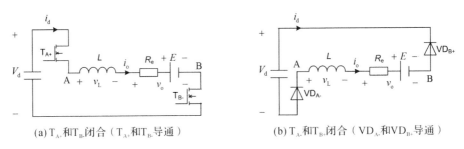

(a) T_{A+} 和 T_{B-} 闭合（T_{A+} 和 T_{B-} 导通）   (b) T_{A-} 和 T_{B+} 闭合（VD_{A-} 和 VD_{B+} 导通）

图 14.4.2 充电工作状态下负载电流的等效电路

• 可见，蓄电池工作于充电状态时，开关 T_{A+} 和 T_{B-} 与二极管 VD_{A-} 和 VD_{B+}，这两组器件轮流导通，提供蓄电池要求的充电电流。

4）在步骤2）基础上，分析并绘制电路的工作波形。

• 根据上述分析，可画出蓄电池充电时桥式斩波电路的工作波形，如图 14.4.3 所示。依题意，开关频率 $f_s=10\text{kHz}$，则开关周期为：$T_s=1-f_s=100\mu\text{s}$，开关器件 T_{A+} 和 T_{B-} 闭合的时间为：$t_{on}=D_{A+}T_s=75\mu\text{s}$。

• 首先根据占空比画出器件 T_{A+} 和 T_{B-} 开关控制信号的波形。在时间轴上标出开关周期 $100\mu\text{s}$，T_{A+} 和 T_{B-} 闭合时间 $75\mu\text{s}$。在一个开关周期中，$0\sim75\mu\text{s}$ 的区间（t_{on}），开关控制信号为高电平，表示开关闭合；$70\sim100\mu\text{s}$ 的区间（t_{off}），开关控制信号为低电平，表示开关断开。器件 T_{A-} 和 T_{B+} 的开关控制信号与 T_{A+} 和 T_{B-} 为互补关系。

• 然后根据开关控制信号画出斩波器输出电压的波形。T_{A+} 和 T_{B-} 闭合时，根据图 14.4.2(a) 中等效电路可知，$v_{AB}=V_d$；T_{A-} 和 T_{B+} 闭合时，根据图 14.4.2(b) 中等效电路可知，$v_{AB}=-V_d$。

• 接下来画出电感电压的波形。T_{A+} 和 T_{B-} 闭合时，根据图 14.4.2(a) 中等效电路可知，$v_L=V_d-V_o=150\text{V}$；T_{A-} 和 T_{B+} 闭合时，根据图 14.4.2(b) 中等效电路可知，$v_L=-V_d-V_o=-45\text{V}$。

• 最后画出电感电流的大致波形。T_{A+} 和 T_{B-} 闭合时，$v_L>0$，电感电流线性上升，到达峰值；T_{A+} 和 T_{B-} 闭合时，$v_L<0$，电感电流从峰值开始线性下降。电感电流的平均值应该与负载电流的平均值 I_o 相同。

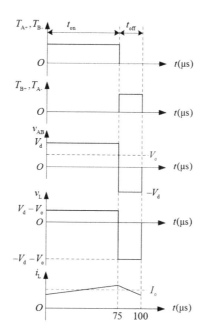

图 14.4.3　蓄电池充电时桥式斩波电路的工作波形

5)在步骤 4)基础上,选择合适的电感值,使充电电流的脉动率小于 20%。

· 根据图 14.4.3 中电感电压和电流的波形,可以推导出<u>电流脉动率</u>的计算公式如下,详细推导过程参见专题 9 的例 9.3.3。

$$r_{i_L} = \frac{\Delta i_L}{I_L} = \frac{(V_d - V_o) \cdot t_{on}}{L \cdot I_o} = \frac{(V_d - V_o) D_{A+}}{L \cdot I_o \cdot f_s} \tag{14.4.3}$$

· 代入有关参数,可以计算出满足充电电流脉动率小于 20% 的<u>最小电感值</u>:

$$L_{min} = \frac{(V_d - V_o) D_{A+}}{r_{i_L} \cdot I_o \cdot f_s} = \frac{150 \times 0.75}{0.2 \times 10 \times 10^4} = 5.625 (mH) \tag{14.4.4}$$

6)根据步骤 2)~步骤 5)的计算结果,利用仿真模型 Q14_2_1,观察充电状态下的仿真结果。

· 双极性 PWM 控制方式下,开关控制信号的生成方法如图 14.3.5 所示。根据式 (14.3.8)中描述的控制关系,仿真模型中三角波的峰值 $\hat{V}_{tri} = 1$,则控制信号幅值从 -1 到 1 变化时,输出电压平均值的变化范围是 $(-1 \sim +1) V_d$。

· 将步骤 2)计算得到的输出电压平均值,代入式(14.3.8)计算仿真模型中脉宽调制电路<u>控制信号</u> V_{con} 的幅值。

$$V_o = \frac{v_{con}}{\hat{V}_{tri}} \cdot V_d = V_{con} \cdot V_d \Rightarrow V_{con} = \frac{V_o}{V_d} = \frac{150}{300} = 0.5 \tag{14.4.5}$$

· $V_{con} = 0.5$ 时,运行仿真,观测<u>输出电压波形</u>,如图 14.4.4 所示,并测量其平均值。

观测 A 桥臂输出电压平均值:$V_{AM} = $ _____。

观测 B 桥臂输出电压平均值:$V_{BN} = $ _____。

观测桥式斩波器输出电压平均值:$V_o = V_{AB} = $ _____。

根据仿真观测值分析上述三个电压之间的关系:$V_o = V_{AB} = $ _____。

判断仿真观测值与步骤 2)中输出电压平均值的理论计算值是否一致:_____。

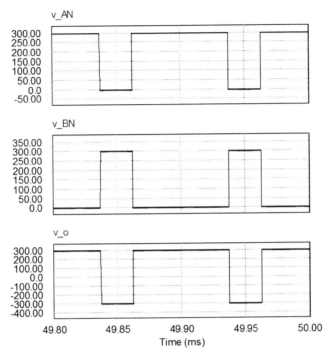

图 14.4.4 $V_{con} = 0.5$ 时桥式斩波器的输出电压波形

- $V_{con} = 0.5$ 时,电感设置为步骤 5) 中计算出的满足电流脉动率的最小电感值,即 $L = 5.625 \text{mH}$。运行仿真,观测电感电流波形,如图 14.4.5 所示,并测量电流平均值和脉动率。

观测电感电流平均值:$I_L = \underline{\hspace{2cm}}$。

观测电感电流脉动量:$\Delta i_L = \underline{\hspace{2cm}}$。

根据观测值计算电感电流脉动率:$\Delta i_L / I_L = \underline{\hspace{2cm}}$。

上述仿真观测结果是否满足充电电流为 10A,电流脉动率小于 20% 的设计要求?

- 根据上述观测结果,判断此时蓄电池的工作状态,以及斩波器的工作象限。

斩波器输出电压平均值 $V_o \underline{\hspace{2cm}}$ 蓄电池反电势,斩波器输出电流 $i_o \underline{\hspace{2cm}}$ 0,蓄电池工作于 $\underline{\hspace{2cm}}$ 状态,桥式斩波器工作于输出特性的第 $\underline{\hspace{2cm}}$ 象限。

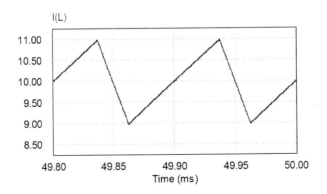

图 14.4.5 $V_{con} = 0.5$ 时全桥斩波器的输出电流波形

在上例基础上，继续分析蓄电池放电时桥式斩波电路的工作特点。

> **Q14.4.2**　在例 Q14.4.1 基础上，分析蓄电池放电时的工作特点。

解：

1)根据电路的工作状态，计算开关器件的占空比。

• 当交流电源停电时，蓄电池将工作于<u>放电状态</u>，放电电流 i_o 的实际方向与图 14.4.1 中规定的电流正方向相反，要求将放电电流平均值控制为 $I_o = -10A$。

• 根据放电电流的要求，首先计算蓄电池<u>放电电压</u> v_o 的平均值。

$$V_o = I_o R_e + E = \underline{\qquad\qquad\qquad\qquad}。$$

• 要求斩波器采用双极性 PWM 控制方式，将斩波器输出电压平均值代入式(14.3.8)中，计算开关器件 T_{A+} 和 T_{B-} 的<u>占空比</u>。

$$D_{A+} = (V_o + V_d)/2V_d = \underline{\qquad\qquad\qquad\qquad}。$$

式中，T_{B+} 与 T_{A+} 为互补开关状态，则 T_{B+} 和 T_{A-} 占空比为 $D_{B+} = 1 - D_{A+} = \underline{\qquad\qquad}$。

2)在步骤 1)基础上，分析开关 T_{A+} 闭合及断开时负载电流的通路。

• 半导体开关 T_{A+} 和 T_{B-} 闭合时，T_{A-} 和 T_{B+} 断开，负载电流的方向与 T_{A+} 和 T_{B-} 的导电方向相反，则 T_{A+} 和 T_{B-} 不能导通，负载中的电感电流将通过并联的二极管 VD_{A+} 和 VD_{B-} 续流，将此时的<u>等效电路</u>画在图 14.4.6(a)中。

写出此时负载电流的通路：$\underline{\qquad\qquad\qquad\qquad\qquad\qquad}。$

• 半导体开关 T_{A+} 和 T_{B-} 断开时，T_{A-} 和 T_{B+} 闭合，负载电流的方向与 T_{A-} 和 T_{B+} 的导电方向相同，则 T_{A-} 和 T_{B+} 导通，将此时的<u>等效电路</u>画在图 14.4.6(b)中。

写出此时负载电流的通路：$\underline{\qquad\qquad\qquad\qquad\qquad\qquad}。$

3)在步骤 2)基础上，画出斩波电路的工作波形。

• 计算开关 T_{A+} 的闭合时间，将闭合时间填写在图 14.4.7 的时间轴下方。

$$t_{on} = \underline{\qquad\qquad\qquad\qquad}。$$

• 在图 14.4.7 中画出斩波电路的工作波形。其中，T_{A+}，T_{B-} 为 P1 组<u>开关控制信号</u>的波形，T_{B+}，T_{A-} 为 P2 组<u>开关控制信号</u>的波形，v_{AB} 为斩波器<u>输出电压</u>的波形，i_{TB+} 为<u>开关器件</u> T_{B+} 电流波形(导通方向为电流的正方向)，i_{VDA+} 为<u>二极管</u> VD_{A+} 电流波形(导通方向为电流的正方向)。

(a) T_{A+} 和 T_{B-} 闭合(VD_{A+} 和 VD_{B-} 导通)　　　(b) T_{A-} 和 T_{B+} 闭合(T_{A-} 和 T_{B+} 导通)

图 14.4.6　放电工作状态下负载电流的等效电路

4)根据步骤1)～步骤3)的计算结果,利用仿真模型 Q14_2_1,观察放电状态下的仿真结果。

- 将步骤2)计算得到的输出电压平均值,代入式(14.3.8)计算仿真模型中脉宽调制电路控制信号 V_{con} 的幅值:

$V_{con}=V_o/V_d=$ _____。

- $V_{con}=0.3$ 时,运行仿真,观测输出电压波形,如图14.4.8所示,并测量其平均值。

观测输出电压平均值:$V_o=V_{AB}=$ _____。

判断仿真观测值与步骤1)中输出电压平均值的理论计算值是否一致:_____。

- 观测输出电流波形和开关器件电流波形,如图14.4.8所示,并分析其特点。

观测输出电流平均值:$I_L=$ _____。

判断仿真观测值是否满足放电电流平均值 $I_o=-10A$ 的设计要求:_____。

从开关器件的电流波形上判断,T_{A+},T_{B-} 闭合时导通的器件:_____。

从开关器件的电流波形上判断,T_{B+},T_{A-} 闭合时导通的器件:_____。

- 根据上述观测,判断此时蓄电池的工作状态,以及斩波器的工作象限。

斩波器输出电压平均值 V_o _____ 蓄电池反电势 E,斩波器输出电流 i_o _____ 0,蓄电池工作于 _____ 状态,桥式斩波器工作于第 _____ 象限。

⊠ 课后思考题 AQ14.1:课后完成步骤4)。

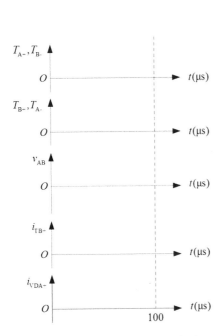

图14.4.7 蓄电池放电时桥式斩波
电路工作波形

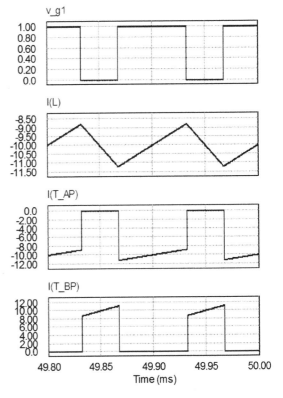

图14.4.8 桥式斩波电路输出电流和
器件电流波形

专题 14 小结

根据变换器输出电压的极性和电流的方向,可用直角坐标系将变换器的输出特性划分为四个象限,如图 14.1.2 所示。通过输出象限可以全面地概括各种电能变换器的输出特性。变换器的输出特性应与负载的工作特性相匹配,以满足负载的工作需要。

桥式可逆斩波器由两个半桥斩波器组成,如图 14.2.1(c)所示,其中 A、B 两个桥臂都可看作是半桥斩波器。桥式可逆斩波器输出电压的极性和电流的方向均可逆,可工作于输出特性的全部四个象限,是一种功能强大的复合型直流斩波器。

桥式可逆斩波器的常用控制方式包括单极性 PWM 控制方式和双极性 PWM 控制方式。

1)单极性 PWM 控制方式:A、B 两个桥臂中只有 1 个桥臂采用 PWM 控制,而另一个桥臂工作状态不变。斩波器输出电压的波形在单一极性的电压($+V_d$ 或 $-V_d$)和 0 之间跳变,故这种控制方式被称为单极性 PWM 控制。其控制关系如表 14.3.1 所示。

2)双极性 PWM 控制方式:A、B 两个桥臂采取互补开关控制方式,即 A 桥臂的控制信号与 B 桥臂的控制信号相反(或逻辑互补)。在一个开关周期中,输出电压在 $+V_d$ 和 $-V_d$(两个极性)之间跳变,故称之为双极性 PWM 控制。其控制关系如式(14.3.5)所示。

双极性 PWM 的开关控制信号可利用脉宽调制电路的控制信号与双极性三角波相比较而产生,如图 14.3.5 所示。脉宽调制电路控制信号与斩波器输出电压平均值的关系如式(14.3.8)所示,控制信号的幅值与输出电压平均值为线性关系,对于电路的分析和设计都很有利。

采用脉宽调制控制方式时,桥式可逆斩波器的输出电压由占空比决定,负载电流方向由输出电压与负载电势的差决定。某一组开关器件闭合时,如果负载电流方向与器件导电方向相同,则该组器件导通,有负载电流通过;如果负载电流方向与器件导电方向相反,则该组器件不能导通,负载电流将通过与其反并联的续流二极管。

专题 13 的应用示例 Q13.3.1 和 Q13.3.2 中,采用半桥斩波器来设计蓄电池电能管理电路,实现充电、放电工作方式的转换和控制。本专题的应用示例 Q14.4.1 和 Q14.4.2 中,利用桥式可逆斩波器同样可以实现该功能。本专题采用的设计示例主要是为了说明桥式可逆斩波器的设计和计算步骤,并与半桥斩波器的设计步骤相比较。下面 2 个专题将介绍桥式可逆斩波器在直流电机驱动电源中的应用。

专题 14 测验

R14.1　桥式可逆斩波器,它是由两个_____斩波器组合而成,其输出电压的_____和输出电流的_____都可以改变。可工作于输出特性的_____象限。

R14.2　桥式可逆斩波电路如图 R14.1 所示,负载中包含电感、电阻和反电势,采用不同的 PWM 控制方式,要求将输出控制为 $V_o = V_d/2$ 时,填写表 R14.1。

表 R14.1　桥式可逆斩波器不同控制方式的比较

控制方式	T_{A+} 占空比	T_{B+} 占空比	A 桥臂 输出电压	B 桥臂 输出电压	斩波器 总输出电压
单极性 PWM	$D_{A+}=$	$D_{B+}=$	$V_{AN}=$	$V_{BN}=$	$V_{AB}=$
双极性 PWM	$D_{A+}=$	$D_{B+}=$	$V_{AN}=$	$V_{BN}=$	$V_{AB}=$

R14.3　桥式可逆斩波器如图 R14.1 所示，当 $i_o>0$ 时画出开关闭合和断开时的电流通路。

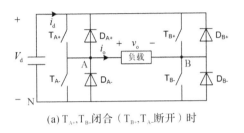　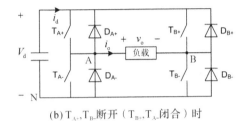

(a) T_{A+},T_{B-}闭合（T_{B+},T_{A-}断开）时　　　　(b) T_{A+},T_{B-}断开（T_{B+},T_{A-}闭合）时

图 R14.1　桥式可逆斩波电路的电流通路$(i_o>0)$

R14.4　桥式可逆斩波器如图 R14.2 所示，当 $i_o<0$ 时画出开关闭合和断开时的电流通路。

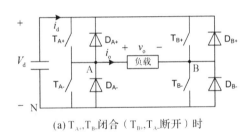　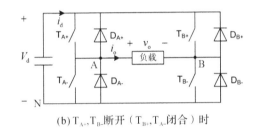

(a) T_{A+},T_{B-}闭合（T_{B+},T_{A-}断开）时　　　　(b) T_{A+},T_{B-}断开（T_{B+},T_{A-}闭合）时

图 R14.2　桥式可逆斩波器的电流通路$(i_o<0)$

R14.5　桥式可逆斩波器如图 R14.1 所示，斩波器的输出电压由 _____ 决定，负载电流方向由 _____ 与 _____ 的差决定。某一组开关器件闭合时，如果负载电流方向与器件导电方向 _____，则该组器件导通，有负载电流通过；如果负载电流方向与器件导电方向 _____，则该组器件不能导通，负载电流将通过与其反并联的续流二极管。

专题 14
习题

专题 15　直流电机脉宽调制驱动系统

• 承上启下

专题 14 介绍了桥式可逆斩波器,它由两个半桥斩波器复合而成,可工作于输出特性的全部四个象限。直流电机驱动是桥式可逆斩波器的典型应用领域之一(详见附录 11),专题 15 和专题 16 将结合这个应用领域,讨论直流斩波器分析和设计中的有关问题。

附录 11

直流电机驱动等应用场合,应根据直流电机运行对驱动电源(直流斩波器)的具体要求,选择合适的斩波器结构,并根据电机的工作状态,确定斩波器的控制信号。本专题将重点介绍直流电机脉宽调制(PWM)驱动系统的结构和工作原理。

• 学习目标

掌握直流电机脉宽调制驱动系统的结构和工作原理。

• 知识导图

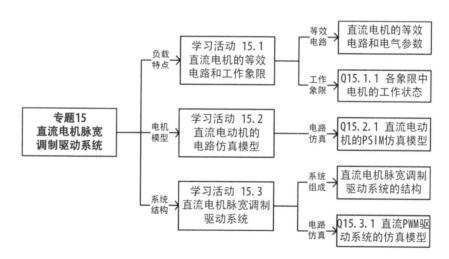

• 基础知识和基本技能

直流电机的等效电路和工作象限。

直流电机驱动系统的种类和结构。

直流电机脉宽调制驱动系统的电路仿真。

• 工作任务

直流电机脉宽调制驱动系统的分析与计算(采用桥式可逆斩波器)。

学习活动 15.1　直流电机的等效电路和工作象限

15.1.1　直流电动机的等效电路

电枢控制式直流电动机的等效电路如图 15.1.1 所示,在磁场磁通 Φ_f 恒定的情况下,调节电枢电压 v_t 可以改变电机的角速度 ω_m。将图 15.1.1 中各参量的方向定义为正方向。

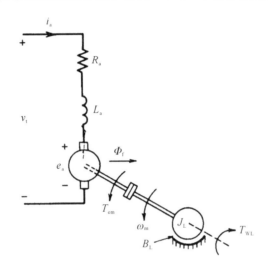

图 15.1.1　直流电机的等效电路

直流电动机的主要电气(机械)参数如下:

1)电磁转矩 T_{em},由定子磁通 Φ_f 和电枢电流 i_a 相互作用产生。

$$T_{em}=K_m\Phi_f i_a \tag{15.1.1}$$

式中,K_m 为电机的转矩常数。

2)反电势 e_a,在定子磁通 Φ_f 中以角速度 ω_m 旋转的电枢绕组将产生反电势。

$$e_a=K_e\Phi_f\omega_m \tag{15.1.2}$$

式中,K_e 为电机的反电势常数。

3)电枢电流 i_a,可调电压源 v_t 加在电枢端子上产生电枢电流。电枢的等效电路可用电阻 R_a、电感 L_a 和反电势 e_a 来表示,电枢回路的电压方程为:

$$v_t=e_a+R_a i_a+L_a\frac{di_a}{dt} \tag{15.1.3}$$

4)角速度 ω_m,电磁转矩 T_{em} 与等效负载转矩 T_L 相互作用,决定电机旋转的角速度。

$$T_{em}=J\frac{d\omega_m}{dt}+T_L \qquad T_L=c\omega_m+T_{WL} \tag{15.1.4}$$

式中,J 为全部等效转动惯量;T_L 为等效负载转矩,其中 $c\omega_m$ 为等效负载的摩擦转矩,T_{WL} 为等效负载的恒定转矩。

15.1.2　直流电动机的工作象限

描述电机输出功率的最重要的两个物理量是转速和转矩,分别用两个坐标轴表示这两个物理量,把一个平面分成四个象限,称为电机的四个工作象限,如图 15.1.2 所示。图 15.1.1 中电机的运行状态为正转电动状态,对应于图 15.1.2 中第 I 象限,各参量均为＋极性。

在每个象限中电机的工作状态不同,对应电枢回路中反电势 e_a 和电枢电流 i_a 的极性也不同,这就对电机电枢回路的供电电源(输出电压为 v_t)提出了不同的要求:

1) I 和 II 象限中,$e_a > 0$,通常要求 $v_t > 0$,i_a 可逆。

2) III 和 IV 象限中,$e_a < 0$,通常要求 $v_t < 0$,i_a 可逆。

所以四象限工作的直流电动机对电枢供电(驱动)电源的要求是:输出电压的幅值可调节,且输出电压的极性和电流的方向均可逆。如果采用 DC - DC 变换器作为电机的驱动电源,则要求该变换器能工作于输出特性的全部四个象限。本专题将采用四象限工作的桥式斩波器作为直流电机的驱动电源,并研究该系统的工作特性。

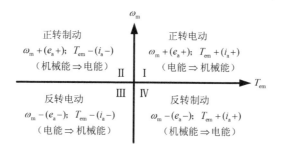

图 15.1.2　直流电机的四个工作象限

Q15.1.1　电机在四个象限中的工作状态如图 15.1.3 所示。在图 15.1.3 中,已画出正转电动和正转制动时,各参量的实际方向。试根据各象限的特点,画出电机工作于 III 和 IV 象限时,各参量的实际方向。注:为了使电机可以稳定工作于某个象限,令负载转矩 T_L 的方向总是与电磁转矩 T_{em} 的方向相反。

解:

1)图 15.1.3 中第 I 象限为正转电动状态,分析各参量的实际方向。

• 电机正转时,定义反电势 E_a 极性为左＋右－,角速度 ω_m 旋转方向为顺时针。

• 电动状态下,电枢电流从反电势＋端流入,电机将电能转化为机械能。

• 进而可确定:电磁转矩 T_{em} 与 ω_m 方向相同,负载转矩 T_L 与 T_{em} 方向相反。

2)图 15.1.3 中第 II 象限为正转制动状态,分析各参量的实际方向。

• 电机正转时,反电势 E_a 极性以及角速度 ω_m 旋转方向与正转电动时相同。

• 制动状态下,电枢电流从反电势＋端流出,机械能转化为电能,电机处于发电状态。

• 进而可确定:电磁转矩 T_{em} 应与 ω_m 方向相反,负载转矩 T_L 应与 T_{em} 方向相反。

3)图 15.1.3 中第 III 象限为反转电动状态,分析各参量的实际方向并标在图中。

• 电机反转时,反电势 E_a 极性左_____右_____,角速度 ω_m 旋转方向为_____。

- 电动状态下,电枢电流应从反电势的_____端流入,电机将电能转化为机械能。
- 进而可确定:电磁转矩 T_{em} 的方向与 ω_m 方向_____,负载转矩 T_L 的方向与 ω_m 方向_____。

4)图 15.1.3 中第Ⅳ象限为反转制动状态,分析各参量的实际方向并标在图中。

- 电机反转时,反电势的极性和角速度的方向与反转电动相同。
- 制动状态下,电枢电流应从反电势的_____端流出,电机将机械能转化为电能。
- 进而可确定:电磁转矩 T_{em} 的方向与 ω_m 方向_____,负载转矩 T_L 的方向与 ω_m 方向_____。

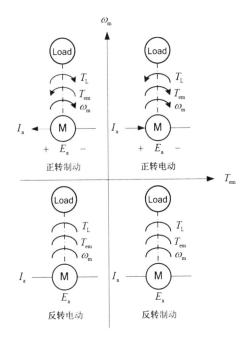

图 15.1.3 直流电机在各象限中的工作状态

学习活动 15.2 直流电动机的电路仿真模型

下面建立电枢控制式直流电动机的 PSIM 仿真模型,并观察电机的工作特点。

> Q15.2.1 建立如图 15.2.1 所示电枢控制式直流电动机的 PSIM 仿真模型,并观察电机的工作特点。

解:

1)建立直流电动机和负载的 PSIM 仿真模型。

- 打开 PSIM 软件,建立图 15.2.1 中直流电动机和负载的仿真模型,保存为仿真文件 Q15_2_1。

2)设置直流电机 DC_motor 的参数。

- 直流电机的参数设置如图 15.2.2 所示。

Q15_2_1
建模步骤

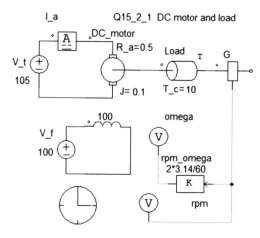

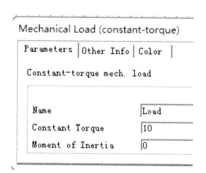

图 15.2.1   直流电机和负载的仿真模型

• 直流电机参数之间的关系如图 15.2.3 所示。

为了计算方便,假定励磁参数 $K\Phi=1$,根据图 15.2.3 中的方程,代入前面确定的电机参数,可以推算出额定电枢电压 $V_{\text{t\_rated}}$ 的取值。

$$V_{\text{t\_rated}}=E_{\text{a\_rated}}+R_aI_{\text{a\_rated}}=K\Phi\omega_{\text{m\_rated}}+R_aI_{\text{a\_rated}}=100+0.5\times10=105(\text{V}) \qquad (15.2.1)$$

图 15.2.2   电机的参数设置

$$v_t=E_a+i_a\cdot R_a+L_a\frac{\text{d}i_a}{\text{dt}}$$

$$v_f=i_f\cdot R_f+L_f\frac{\text{d}i_f}{\text{dt}}$$

$$E_a=K\cdot\Phi\cdot\omega_m$$

$$T_{em}=\text{k}\cdot\Phi\cdot i_a$$

$$J\cdot\frac{\text{d}\omega_m}{\text{d}t}=T_{em}-T_L$$

图 15.2.3   电机的描述方程

3)设置机械负载 Load 的参数。

• 机械负载用于给电机施加恒转矩负载,机械负载的表达式如下:

$$T_L=T_c \qquad (15.2.2)$$

式中,T_c 为转矩常数(单位:N·m)。仿真模型中恒转矩型负载 Load 的参数设置如图 15.2.1 所示,转矩常数 T_c(Constant Torque)=10(单位:N·m),仿真时可以修改。

- 电机和机械负载连接之后,传动系统的转矩方程为(只考虑恒转矩负载):

$$J\,\frac{\mathrm{d}\omega_{\mathrm{m}}}{\mathrm{d}t}=T_{\mathrm{em}}-T_{\mathrm{L}}=T_{\mathrm{em}}-T_{\mathrm{c}} \tag{15.2.3}$$

式中,将正转电动时各参量的方向定义为正方向,如图 15.1.3 所示。

4)观测仿真结果。

- 将直流电源 V_{t} 的电压幅值设置为额定电压 105V,各电压和电流表属性中勾选 "show prob's value",运行仿真,观察额定状态下电机的仿真结果。

- 仿真进入稳态后,仪表上显示的数值基本稳定。观测电机角速度 ω_{m} 和平均电枢电流 I_{a} 的仿真结果,填入表 15.2.1 的第 2 列中。

表 15.2.1　仿真结果与理论计算值的比较

电机参数	仿真观测值	理论计算值
ω_{m}		
I_{a}		

5)计算电机运行参数的稳态值。

- 推导稳态时电枢电压、负载转矩以及电机角速度的关系式。

根据图 15.2.3 中电机的描述方程,以及负载转矩的表达式(15.2.2),可推导出稳态时转矩平衡关系式为:

$$T_{\mathrm{em}}=T_{\mathrm{L}}=T_{\mathrm{c}} \tag{15.2.4}$$

在电机的仿真模型中,由于合理地设置了相关参数,使励磁参数 $K\Phi=1$,则平均电磁转矩的表达式可简化为:

$$T_{\mathrm{em}}=K\Phi I_{\mathrm{a}}=I_{\mathrm{a}} \tag{15.2.5}$$

式中,T_{em} 为电磁转矩平均值;I_{a} 为电枢电流平均值。同理,反电势的表达式可简化为:

$$E_{\mathrm{a}}=K\Phi\omega_{\mathrm{m}}=\omega_{\mathrm{m}} \tag{15.2.6}$$

式中,E_{a} 为电机的反电动势;ω_{m} 为电机的实际角速度。

结合式(15.2.4)和式(15.2.5)可推导出稳态时电枢电流和负载转矩的平衡关系如下:

$$I_{\mathrm{a}}=T_{\mathrm{c}} \tag{15.2.7}$$

将式(15.2.6)、式(15.2.7)代入式(15.1.3)中,可推导出稳态时电枢电压、负载转矩以及电机角速度的关系式如下:

$$V_{\mathrm{t}}=E_{\mathrm{a}}+R_{\mathrm{a}}\cdot I_{\mathrm{a}}=\omega_{\mathrm{m}}+R_{\mathrm{a}}\cdot T_{\mathrm{c}} \tag{15.2.8}$$

式中,V_{t} 为电枢回路的电源电压;ω_{m} 为电机的实际角速度;R_{a} 为电枢电阻;T_{c} 为恒定负载转矩。

- 将仿真模型中的参数代入式(15.2.8),计算稳态角速度 ω_{m} 的值。

$\omega_{\mathrm{m}}=V_{\mathrm{t}}-R_{\mathrm{a}}T_{\mathrm{c}}=$ _____。

- 根据式(15.2.7),计算稳态电枢电流的平均值。

$I_{\mathrm{a}}=T_{\mathrm{c}}=$ _____。

将上述理论计算值填入表 15.2.1 的第 3 列中,并与仿真观测值相比较。

6)设置其他工作状态,观测仿真结果。

- 假设电机工作于正转制动状态(参见图 15.1.3),稳态时 $\omega_{\mathrm{m}}=100$,负载转矩 $T_{\mathrm{c}}=-10$。

合理设置仿真参数,并观察仿真结果。

计算满足此工作状态的电源电压 V_t 的合理取值。

$V_t = \omega_m + R_a \cdot T_c = $ _____。

根据上述计算结果,合理设置仿真参数。

电源电压:$V_t = $ _____;转矩常数:$T_c = $ _____。

运行仿真,观测角速度的仿真结果:$\omega_m = $ _____。

判断角速度的观测值与期望值是否一致:_____。

• 假设电机工作于反转电动状态(参见图 15.1.3),稳态时 $\omega_m = -100$,恒定转矩 $T_c = -10$。合理设置仿真参数,并观察仿真结果。

计算满足此工作状态的电源电压 V_t 的合理取值:

$V_t = \omega_m + R_a \cdot T = $ _____。

根据上述计算结果,合理设置仿真参数:

电源电压:$V_t = $ _____,转矩常数:$T_c = $ _____。

运行仿真,观测角速度的仿真结果:$\omega_m = $ _____。

判断角速度的观测值与期望值是否一致:_____。

• 假设电机工作于反转制动状态(参见图 15.1.3),稳态时 $\omega_m = -100$,恒定转矩 $T_c = 10$,合理设置仿真参数,并观察仿真结果。

计算满足此工作状态的电源电压 V_t 的合理取值。

$V_t = \omega_m + R_a \cdot T = $ _____。

根据上述计算结果,合理设置仿真参数:

电源电压:$V_t = $ _____;转矩常数:$T_c = $ _____。

运行仿真,观测角速度的仿真结果:$\omega_m = $ _____。

判断角速度的观测值与期望值是否一致:_____。

☒课后思考题 AQ15.1:课后完成步骤 6)。

△

学习活动 15.3　直流电机脉宽调制驱动系统

15.3.1　直流电机脉宽调制驱动系统的类型

采用 PWM 控制方式的 DC-DC 变换器,作为调压电源来驱动直流电动机,习惯上将整个系统称为直流电机脉宽调制(PWM)驱动系统。根据电机的不同控制要求,可采取不同类型的变换器。

1)对于只要求单方向运行,且无制动要求的小功率直流电动机调速系统(如电风扇),可采用单象限工作的降压斩波器作为驱动电源,控制系统的结构如图 15.3.1 所示。

2)对于要求单方向运行,且有制动要求的小功率直流电动机调速系统(如电动车),可采用两象限工作的半桥可逆斩波器作为驱动电源,主电路结构如图 15.3.2 所示。

3)对于要求四象限运行的、高性能的直流电动机伺服系统(如数控机床进给),需要采用四象限工作的桥式可逆斩波器作为驱动电源,完整的主电路结构如图15.3.3所示。

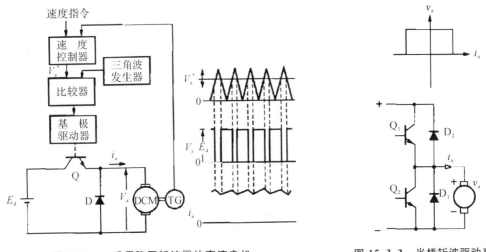

图 15.3.1　采用降压斩波器的直流电机
PWM 驱动系统

图 15.3.2　半桥斩波驱动系统

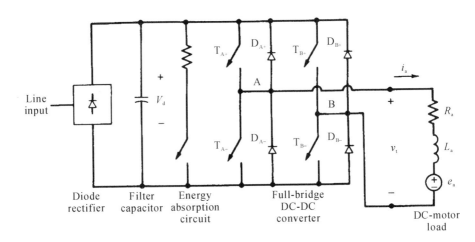

图 15.3.3　采用桥式斩波器的直流电机 PWM 驱动系统

15.3.2　采用桥式斩波器的直流电机 PWM 驱动系统

采用桥式斩波器的直流电机 PWM 驱动系统,是一种最具有代表性的直流电机驱动系统。本节仅以此为例,分析直流电机 PWM 驱动系统的一般工作原理。图15.3.3中直流电机 PWM 驱动系统,电源为工频电源,变流器部分主要包括整流器、斩波器和制动回路,负载为直流电动机。该系统的工作原理如下。

1)工频交流输入经二极管整流和电容滤波后,得到恒定直流电源 V_d。

2)桥式斩波器通过 PWM 控制可改变输出电压平均值。通过调节开关器件的控制占空比,既可以改变输出电压的幅值和极性,也可以改变输出电流的方向,可驱动电机四象限运行。

3）接在直流母线上的制动电阻回路，用来消耗电机制动时回馈到直流侧电容上的电能。

为了能够驱动电机四象限运行，桥式斩波器的工作象限应该与图 15.1.2 中直流电机的四个工作象限相对应。根据电动机在各象限运行时反电势的特点，需要合理地控制桥式斩波器的输出电压，以满足电机运行时对电枢电流的要求。

基于上述分析，为了确定电机在各个工作象限时，驱动器的工作状态（即输出电压平均值），首先分析如图 15.3.4 所示电枢回路的等效电路，电枢回路的电压方程见式（15.1.3）。

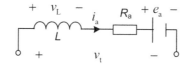

图 15.3.4　电枢回路的等效电路

在电枢回路中，由于驱动电压 v_t 是桥式斩波器的输出，在一个开关周期中电压是跳变的，所以采用平均值来分析。根据伏秒平衡定则，稳态时电感电压的平均值为零，则用平均值表示的电枢回路电压方程可简化为：

$$V_t = E_a + R_a I_a \tag{15.3.1}$$

式中，V_t 为斩波器输出电压平均值；E_a 为电枢回路的反电势；I_a 为电枢回路的平均电流。

电机工作于各象限时，对桥式斩波器输出电压的要求如表 15.3.1 所示。以电机工作于 I 象限为例，为了使 $I_a > 0$，根据式（15.3.1）可以得出对驱动器输出电压的要求，即 $V_t - E_a > 0$。当电机工作于其他象限时，可同样分析。

表 15.3.1　电机在各象限时桥式斩波器的工作状态

电机		电枢回路		桥式斩波器
象限	状态	反电势	电流	输出电压
I	正转电动	$E_a > 0$	$I_a > 0$	$V_t > E_a > 0$
II	正转制动	$E_a > 0$	$I_a < 0$	$0 < V_t < E_a$
III	反转电动	$E_a < 0$	$I_a < 0$	$V_t < E_a < 0$
IV	反转制动	$E_a < 0$	$I_a > 0$	$E_a < V_t < 0$

15.3.3　采用桥式斩波器的直流电机 PWM 驱动系统的仿真模型

Q15.3.1　如图 15.3.3 所示，建立采用桥式斩波器的直流电机 PWM 驱动系统的 PSIM 仿真模型。注：直流电源用电压源 V_d 表示，幅值为 300V。

解：

1）建立直流电机 PWM 驱动系统的 PSIM 仿真模型。

· 将专题 14 中桥式斩波电路的仿真模型 Q14_2_1，与本专题中直流电机和负载的仿真模型 Q15_2_1 结合起来,建立直流电机 PWM 驱动系统的联合仿真模型,如图 15.3.5 所示。

• 将上述两个仿真模型,都拷贝到新建的仿真文件中,删去原斩波电路的负载部分和原电枢回路的电源部分,然后把斩波电路的输出与电枢回路的输入相连接即可。

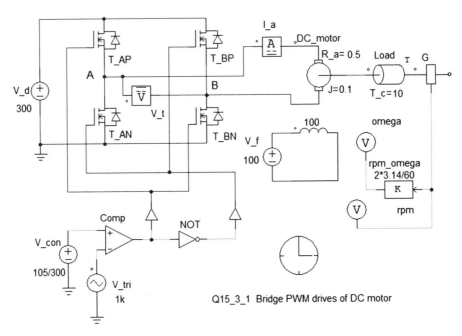

图 15.3.5 采用桥式斩波器的直流电机 PWM 驱动系统的仿真模型

2)设置仿真参数。

• 为了与 Q15_2_1 中的仿真结果相比较,设桥式斩波器输出电压的平均值为 $V_t =$ 105V。根据专题 14 中桥式斩波器控制信号与输出电压平均值的关系式(14.3.8),计算控制信号的幅值,并据此设置仿真模型中 V_{con} 的幅值参数。

$$V_{con} = V_o/V_d = \underline{\hspace{6cm}}。$$

• 为了提高仿真速度,将三角波的频率改为 1kHz。

• 添加直流电压表 V_t(DC voltmeter),用来观测斩波器输出电压的平均值。

• 仿真控制器参数设置:Time Step = 1E-006,勾选"Free Run"。

3)观察仿真结果。

• 运行仿真,进入稳态后观测斩波器的输出电压。

观测输出电压平均值:$V_t = \underline{\hspace{3cm}}。$

判断仿真观测值与期望值是否一致:$\underline{\hspace{3cm}}。$

• 进入稳态后观测电机的角速度。

观测实际角速度:omega $= \underline{\hspace{3cm}}。$

判断仿真观测值与期望值是否一致:$\underline{\hspace{3cm}}。$

专题 15 小结

直流电机驱动系统设计时,应根据直流电机运行对驱动电源(直流斩波器)的具体要求,选择合适的斩波器结构,并根据电机的工作状态,确定斩波器的控制信号。所以系统设计和分析的基础是了解直流电机的运行特性及其对驱动电源的要求。

电枢控制式<u>直流电动机</u>的等效电路如图 15.1.1 所示,其主要<u>电气(机械)参数</u>的关系可用式(15.1.1)~式(15.1.4)来描述。

1)以电枢电压方程为核心,图 R15.1 描述了电机运行时各参量的因果关系。电枢电压产生电枢电流,电枢电流产生电磁转矩,电磁转矩产生角速度,而角速度产生反电势。

2)以电枢电压方程为核心,图 R15.2 描述了根据稳态时电机工作状态,推算电枢电压的过程。已知角速度和负载转矩时,可将这两个参量代入电枢电压方程,求解所需电枢电压。

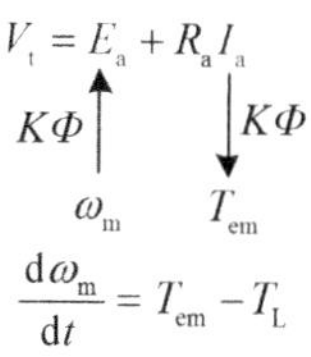

$$V_t = E_a + R_a I_a$$
$$K\Phi \uparrow \quad \downarrow K\Phi$$
$$\omega_m \quad T_{em}$$
$$\frac{\mathrm{d}\omega_m}{\mathrm{d}t} = T_{em} - T_L$$

**图 R15.1 电机运行时
各参量的因果关系**

$$V_t = E_a + R_a I_a$$
$$K\Phi \uparrow \quad \uparrow \frac{1}{K\Phi}$$
$$\omega_m \quad T_{em} = T_L$$
$$\frac{\mathrm{d}\omega_m}{\mathrm{d}t} = T_{em} - T_L = 0$$

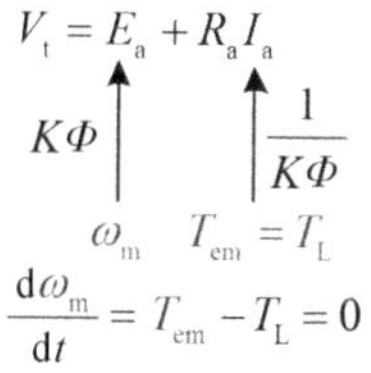

**图 R15.2 已知工作状态推算
电枢电压的过程**

采用 PWM 控制方式的 DC – DC 变换器,作为调压电源来驱动直流电动机,习惯上将整个系统称为<u>直流电机脉宽调制(PWM)驱动系统</u>。根据电机的不同控制要求,可采取不同类型的变换器。

图 15.3.5 为采用桥式斩波器的直流电机 PWM 驱动系统的仿真模型,利用该模型可观测斩波器和电机的工作状态,以验证系统设计和计算的正确性。下一个专题将在此基础上,介绍直流电机驱动电源的综合设计。

专题 15 测验

稳态时直流电机主要参量(平均值)的关系式如下(假设 $K_m\Phi_f = K_e\Phi_f = 1$):

$$T_{em} = K_m\Phi_f i_a \Rightarrow T_{em} = I_a \tag{R15.1}$$

$$e_a = K_e\Phi_f \omega_m \Rightarrow E_a = \omega_m \tag{R15.2}$$

$$v_t = e_a + R_a i_a + L_a \frac{\mathrm{d}i_a}{\mathrm{d}t} \Rightarrow V_t = E_a + R_a I_a \tag{R15.3}$$

$$v_f = R_f i_f + L_f \frac{\mathrm{d}i_f}{\mathrm{d}t} \Rightarrow V_f = R_f I_f \tag{R15.4}$$

$$T_{em} = J \frac{\mathrm{d}\omega_m}{\mathrm{d}t} + c\omega_m + T_{WL} \Rightarrow T_{em} = T_L = c\omega_m + T_{WL} \tag{R15.5}$$

利用以上关系式,建立额定功率为 1kW 的直流电动机的 PSIM 仿真模型。已知:

1)电枢回路:电枢电阻 $R_a = 0.5\Omega$,电枢电感 $L_a = 0.1H$,额定电枢电流 $I_{a\_rated} = 10A$。

2)励磁回路:励磁电阻 $R_f=100\Omega$,励磁电感 $L_f=0.02H$,额定励磁电流 $I_{f\_rated}=1A$。

3)转动惯量:$J=0.1$,代表电机和机械负载的等效转动惯量。

4)额定转速(rpm):$n_{rated}=955.4$,对应额定角速度(单位:rad/s)为 $\omega_{m\_rated}=100$。

根据上述要求,回答下列问题:

R15.1 计算直流电机仿真模型的待定参数。

1)为保证励磁电流为额定值,推算额定励磁电压的取值。

$V_{f\_rated}=R_f I_{f\_rated}=$ ＿＿＿＿＿＿＿＿＿＿＿

2)根据已知的电机参数,推算额定电枢电压 V_{t_rated} 的取值。

$V_{t\_rated}=E_{a\_rated}+R_a I_{a\_rated}=$ ＿＿＿＿＿＿＿＿＿＿＿。

R15.2 设电机工作于正转电动状态,稳态时 $T_L=5,\omega_m=50$。

计算此时电枢电压的平均值:$V_t=E_a+R_a I_a=$ ＿＿＿＿＿＿＿＿＿＿＿。

利用仿真模型 Q15_3_1,合理设置如下参数,使电机工作于上述状态。

电源电压:$V_t=$ ＿＿＿＿＿＿；转矩常数:$T_c=$ ＿＿＿＿＿＿。

观测电机的实际角速度:$\omega_m=$ ＿＿＿＿＿＿。

R15.3 设电机工作反转制动状态,稳态时 $T_L=5,\omega_m=-50$。

计算此时电枢电压的平均值:$V_t=E_a+R_a I_a=$ ＿＿＿＿＿＿＿＿＿＿＿。

利用仿真模型 Q15_3_1,合理设置如下参数,使电机工作于上述状态。

电源电压:$V_t=$ ＿＿＿＿＿＿；转矩常数:$T_c=$ ＿＿＿＿＿＿。

观测电机的实际角速度:$\omega_m=$ ＿＿＿＿＿＿。

专题 15
习题

专题 16　直流电机驱动电源的综合设计

- **承上启下**

专题 15 介绍了直流电机脉宽调制（PWM）驱动系统的结构和工作原理。在此基础上，本专题将综合单元 2 和单元 3 中的相关知识，对直流电机驱动电源的主电路进行完整的设计，并分析和解决设计中遇到的实际问题。

- **学习目标**

掌握直流电机驱动电源中主电路的综合分析方法。

- **知识导图**

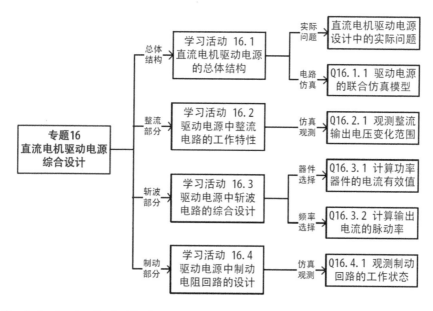

- **基础知识和基本技能**

直流电机驱动电源的总体结构和电路仿真。

直流电机驱动电源中制动电阻回路的工作原理。

- **工作任务**

直流电机驱动电源中主电路的综合分析和设计。

学习活动 16.1 直流电机驱动电源的总体结构

16.1.1 直流电机驱动电源设计中的实际问题

<u>直流电机驱动电源</u>的总体结构如图 16.1.1 所示,由两级电能变换电路组成。

1)第 1 级为整流电路,输入为单相或三相工频交流电压,经二极管整流和电容滤波后,得到不可控的直流电压,作为第 2 级电能变换电路的直流电源。

2)第 2 级为开关型 DC-DC 变换器(直流斩波器),将输入的不可控直流电压,变换为可控的直流电压输出,以驱动直流电机。

在实际应用中,希望斩波器输入端的直流电源具有零内阻的特性。该直流电源可以由蓄电池提供,更多的情况下是由带电容滤波的二极管整流器提供的(参见专题 8)。带电容滤波的二极管整流器可提供低内阻、低脉动的直流电源。

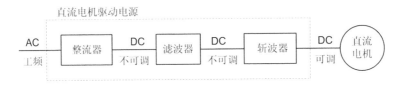

图 16.1.1 直流电机驱动系统的组成

小功率直流电动机的驱动电源,主电路一般采用单相二极管整流器和桥式可逆斩波器的组合,其电路结构如图 16.1.2 所示。专题 8 中介绍了单相二极管整流器的分析和设计,专题 15 中介绍了直流电机脉宽调制(PWM)驱动系统的分析和设计。本专题将把两者结合起来进行联合仿真研究,讨论直流电机驱动电源<u>综合设计</u>中遇到的实际问题。

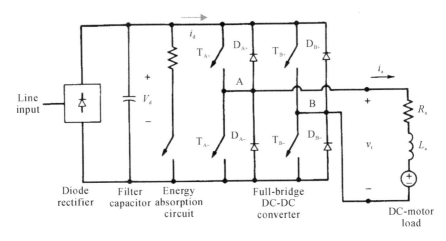

图 16.1.2 采用桥式斩波器的直流电机 PWM 驱动系统

1)在实际应用中,受交流电源电压变化和负载功率变化的影响,整流器输出电压平均值 V_d 会有所波动。在分析和设计中,应根据交流电源电压的变化范围和负载功率的变化范围,对整流器输出电压平均值(即直流斩波器的输入电压)的变化范围进行合理的评估。

2)由于直流母线上电压平均值 V_d 是变化的,因此在直流斩波器的分析和设计过程中,应考虑直流输入电压变化带来的影响。在脉宽调试控制方式下,为了减小斩波器输出电流(即电枢电流)的脉动,应合理设置功率器件的开关频率。

3)电机制动时,其发出的电能将回馈到直流侧电容上,导致电容电压升高。如果制动时间较长,电容电压就会超过允许值。如果直流母线上出现过电压,将会损坏电容和斩波器中的功率开关器件。为了避免直流母线过压,实际的驱动电源中还应设置能量吸收回路,也称制动电阻回路,用来消耗电机制动时回馈到直流侧电容上的电能。

16.1.2　直流电机 PWM 驱动系统的联合仿真模型

下面根据图 16.1.2 中的电路结构,首先建立 1kW 直流电机 PWM 驱动系统的联合仿真模型。在后面的学习活动中,将通过仿真实验观察和分析驱动电源的工作特点。

> Q16.1.1　将单相桥式整流器、桥式斩波器,以及直流电机和负载的仿真模型结合起来,建立直流电机驱动系统的联合仿真模型,并分析各组成部分的相互关系。

解:

1)建立直流电机驱动系统的联合仿真模型。

• 建立 1kW 直流电机驱动电源的联合仿真模型,如图 16.1.3 所示,保存为仿真文件 Q16_1_1。

• 整流电路部分,采用例 Q8.2.1 中建立的单相桥式整流电路的仿真模型 Q8_2_1。桥式斩波电路和直流电机部分,采用例 Q15.3.1 中建立的直流电机 PWM 驱动系统的仿真模型 Q15_3_1。将上述两个仿真模型,都拷贝到新建的仿真文件中,删去原整流电路的负载部分和原斩波电路的电源部分,然后把整流电路的输出与斩波电路的输入相连接即可。

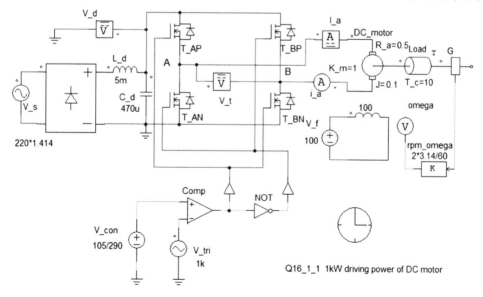

图 16.1.3　1kW 直流电机驱动电源的联合仿真模型

- 为了便于观察电压和电流的平均值,在仿真模型中加入直流电压表 V_d 用来观测整流输出电压的平均值,加入电流表 i_a 用来观测电机电枢电流的波形。
- 机械负载 Load 的参数预设为 $T_c = 10$,仿真时可以再做修改。
- 仿真控制器参数设置:Time Step$=1E-006$,勾选"Free run"。

2)分析各组成部分之间的相互关系。

- 图 16.1.3 中联合仿真模型主要由单相桥式整流器、桥式可逆斩波器、直流电机和负载三部分构成。桥式整流器为桥式可逆斩波器提供直流电源、桥式可逆斩波器为直流电机提供驱动电压和电流,电机进入稳态后由电枢电流产生的电磁转矩与作用在电机轴上的负载转矩相平衡,电机运行于期望的转速之下。在上述电能变换过程中,只有斩波器可以控制,通过调节脉宽调制电路的控制电压可以改变斩波器的输出电压。上述分析可用如下关系式来描述:

$$V_d = f(V_s, I_d) \approx 1.2 V_s \tag{16.1.1}$$

$$V_t = V_{con} \cdot V_d \tag{16.1.2}$$

$$V_t = E_a + R_a \cdot I_a = \omega_m + R_a \cdot T_c \Rightarrow \omega_m = V_t - R_a \cdot T_c \tag{16.1.3}$$

- 整流电路的仿真详见专题 8,根据式(8.1.2)可推出式(16.1.1),该公式表明整流电路输出电压平均值 V_d 可根据电源电压 V_s 来估算,但还会受到输出电流 I_d 的影响。桥式斩波器的仿真详见专题 14,根据式(14.4.5)可推出式(16.1.2),该公式表明斩波器电路输出电压平均值 V_t 可通过控制电压 V_{con} 来调节。直流电动机的仿真详见专题 15,根据式(15.2.8)可推出式(16.1.3),该公式表明为了获得期望的稳态转速 ω_m,需要根据负载转矩 T_c 合理调节电枢电压 V_t 的平均值。

3)合理设置仿真参数,观察电机运行于额定工况下的仿真结果。

- 设电机的额定工况为正转电动状态:角速度 $\omega_m = 100 \text{rad/s}$,负载转矩 $T_c = 10 \text{N} \cdot \text{m}$。根据上述工况,首先根据式(16.1.3)计算斩波器输出电压的合理取值:

$V_t = \omega_m + R_a \cdot T_c = $ _____。

然后根据式(16.1.2)计算斩波器控制信号 V_{con} 的合理取值,设 $V_d = 290 \text{V}$。

$V_{con} = V_t / V_d = $ _____(保留分数形式)。

- 根据上述计算结果,合理设置仿真参数。

交流电源 V_s 峰值$=220 \times 1.414$,控制信号 $V_{con} = 105/290$,转矩常数 $T_c = 10$。

- 运行仿真,进入稳态后,观测仿真结果。

观测斩波器输出电压的平均值:$V_t = $ _____。

观测电枢电流的平均值:$I_a = $ _____。

观测电机的实际角速度:Omega$= $ _____。

根据上述仿真结果,判断此时电机是否运行于额定工况。

△

学习活动 16.2　驱动电源中整流电路的工作特性

在分析和设计驱动电源时,首先应根据交流电源电压的变化范围和负载功率的变化范围,对整流器输出电压平均值(即斩波器电源电压)的变化范围进行合理的评估。整流电路的设计过程参见例 Q8.2.1,本节只分析交流电源电压的变化对整流器输出电压的影响。

> Q16.2.1　在例 Q16.1.1 基础上,当交流电源电压变化范围为标称电压的∓5%时,合理设置仿真参数,观测整流器输出电压平均值的变化范围。设电机稳定运行于额定工况,即正转电动状态:角速度 $\omega_m = 100\text{rad/s}$,负载转矩 $T_c = 10\text{N} \cdot \text{m}$。

解:

1)利用经验公式估算整流器输出电压的变化范围。

• 当电源电压变化范围为标称电压 220V 的∓5%时,根据式(16.1.1)估算整流器输出电压平均值的变化范围。

$$V_d \approx 1.2V_s = 1.2 \times (220 \mp 5\%) = [\underline{\hspace{2cm}} \sim \underline{\hspace{2cm}}] \tag{16.2.1}$$

2)利用仿真实验,观测整流器输出电压的实际变化范围。

• 当交流电源电压比标称值**降低** 5%时,电压有效值为:$V_s = 220 \times 95\%$。打开仿真文件 Q16_1_1,合理设置仿真模型中<u>交流电源</u>、<u>控制信号</u>和<u>负载转矩</u>等参数,使电机稳定运行于额定工况,并将设定值填入表 16.2.1 的第 2 行中。下面介绍确定控制信号幅值的方法。

首先根据式(16.1.3)计算满足额定工况要求的斩波器<u>输出电压平均值</u>,如式(16.2.2)所示。然后在仿真实验中不断调节 V_{con} 的幅值,直到实际的输出电压与下式中的期望值一致。观测此时的<u>电枢电流</u>、<u>电机角速度</u>、<u>整流器输出电压</u>,填入表 16.2.1 的第 2 行中,并判断此时电机是否运行于额定工况。

$$V_t = \omega_m + R_a \cdot T_c = \underline{\hspace{3cm}} \tag{16.2.2}$$

在仿真实验中调节 V_{con} 的过程如下:为了使斩波器输出电压满足式(16.2.2)的要求,首先根据式(16.1.2),代入式(16.2.1)中整流器输出电压的估算值 V_{d1},将脉宽调制电路的控制电压 V_{con} 设置为 V_t/V_{d1};然后运行仿真,待系统进入稳态后,观测此时整流器实际输出电压 V_{d2},并将 V_{con} 调节为 V_t/V_{d2}。按照上述方法,再次运行仿真并根据整流器实际输出电压 V_d 调节 V_{con},直到斩波器实际输出电压满足式(16.2.2)的要求。

表 16.2.1　整流器输出电压平均值的变化范围

参数	控制信号 V_{con} 仿真设定值	负载转矩 T_c 仿真设定值	电枢电流 I_a 仿真观测值	角速度 ω_m 仿真观测值	直流电压 V_d 仿真观测值
$V_s = 220 \times 95\%$					
$V_s = 220 \times 105\%$					

• 当交流电源电压比标称值**升高** 5%时,电压有效值为:$V_s = 220 \times 105\%$。合理设置仿真模型中<u>交流电源</u>、<u>控制信号</u>和<u>负载转矩</u>等参数(确定控制信号的方法同上),使电机稳定运行于额定工况,并将设定值填入表 16.2.1 的第 3 行中。运行仿真,待系统进入稳态后,观测<u>电枢电流</u>、<u>电机角速度</u>、<u>整流器输出电压</u>,填入表 16.2.1 的第 3 行中,并判断此时电机是否运行于额定工况。

• 根据表 16.2.1 中的仿真结果,交流电源电压变化时,整流器输出电压平均值的实际变化范围大致为：

$$V_d = [\ \underline{\hspace{2cm}} \sim \underline{\hspace{2cm}}\ ] \qquad (16.2.3)$$

△

学习活动 16.3　驱动电源中直流斩波电路的综合设计

直流电机 PWM 驱动系统的分析和设计详见专题 15，本节只讨论直流斩波电路中功率器件的选择和斩波器开关频率的选择等应用问题。

16.3.1　桥式可逆斩波器中功率开关器件的选择

由于直流母线上电压平均值是变化的，直流斩波器工作时，也要相应调节控制占空比，以适应输入电压的变化，维持输出电压不变（假如电动机已运行于稳态）。因此应根据占空比的实际变化范围，确定功率器件的最大电流有效值，作为选择器件额定电流的依据。

> Q16.3.1　在例 Q16.2.1 基础上，根据整流器输出电压的实际变化范围，计算斩波器中开关器件占空比的变化范围，进而确定开关器件的最大电流有效值。

解：

1）根据整流器输出电压的变化范围，计算斩波器中开关器件占空比的变化范围。

• 根据例 Q16.2.1 中的分析，为了使电机稳态时处于额定工况，需根据交流电源电压的变化，合理调节斩波器的控制信号，使斩波器输出电压平均值满足式（16.2.2）的要求，即 $V_t = 105\text{V}$。将该参数与式（16.2.3）中整流器输出电压的变化范围，代入专题 14 的式（14.3.8），计算斩波器中开关器件占空比 D_{A+} 的变化范围。

$$V_t = (2D_{A+} - 1)V_d \Rightarrow D_{A+} = \frac{1}{2}\left(\frac{V_t}{V_d} + 1\right) = [\ \underline{\hspace{2cm}} \sim \underline{\hspace{2cm}}\ ] \qquad (16.3.1)$$

2）根据占空比的变化范围，计算斩波器中功率开关器件的电流有效值。

• 斩波器中功率开关器件由 MOSFET 和反并联的二极管组成，因此功率开关器件上的电流是包括二极管电流在内的全电流。开关器件的全电流波形如图 16.3.1 所示，通过 MOSFET 的电流为正，通过二极管的电流为负。

• 桥式斩波器中开关器件电流波形的分析可参见专题 14 的例 Q14.4.1。开关 T_{A+} 闭合及断开时负载电流的通路如图 14.4.2 所示。T_{A+} 闭合时 T_{A+} 导通，T_{A+} 断开时续流二极管 VD_{B+} 导通，T_{A+} 和 VD_{B+} 处于互补导通的工作状态。按照器件全电流来考虑，全器件 T_{A+}（包含二极管 VD_{A+}）占空比为 D_{A+}，全器件 T_{B+}（包含二极管 VD_{B+}）占空比为 $1 - D_{A+}$。导通时流过器件的电流为电枢电流 i_a，假设电枢电流平直且其平均值为 I_a。

• 根据上述分析，可写出开关器件 P_1（T_{A+}，T_{B-}）全电流有效值的表达式如下：

$$I_{TA+} = \sqrt{D_{A+}}\, I_a \Rightarrow I_{TA+\_max} = \sqrt{D_{A+\_max}}\, I_a \qquad (16.3.2)$$

将式（16.3.1）中确定的最大占空比，以及额定工况下电枢电流 $I_a = T_c = 10\text{A}$ 代入式（16.3.2），计算最大电流有效值的具体数值：

$$I_{\mathrm{TA+\_max}} = \sqrt{D_{\mathrm{A+\_max}}}\,I_a = \underline{\hspace{8cm}}。$$

- 同理,可写出开关器件 $P_2(T_{\mathrm{B+}},T_{\mathrm{A-}})$ 全电流有效值的表达式如下:

$$I_{\mathrm{TB+}} = \sqrt{1-D_{\mathrm{A+}}}\,I_a \Rightarrow I_{\mathrm{TB+\_max}} = \sqrt{1-D_{\mathrm{A+\_min}}}\,I_a \qquad (16.3.3)$$

将式(16.3.1)中确定的最小占空比,以及额定工况下电枢电流 $I_a = T_c = 10\mathrm{A}$ 代入式(16.3.3),计算最大电流有效值的具体数值:

$$I_{\mathrm{TB+\_max}} = \sqrt{1-D_{\mathrm{A+\_min}}}\,I_a = \underline{\hspace{7cm}}。$$

3)利用仿真实验,观测占空比变化对开关器件电流的影响。

- 打开仿真文件 Q16_1_1,在仿真模型中添加电压表 v_{g1},以观测器件 $T_{\mathrm{A+}}$ 开关控制信号的波形。

- 合理设置仿真控制器参数,观察稳态时开关器件的驱动信号和全电流波形,如图 16.3.1 所示。

Time Step=\underline{\hspace{2cm}},Total Time=\underline{\hspace{2cm}},Print Time=\underline{\hspace{2cm}}。

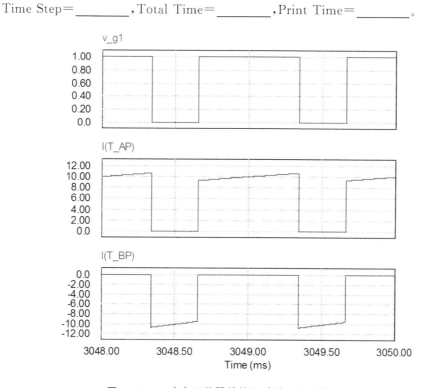

图 16.3.1　功率开关器件的驱动信号及全电流波形

- 交流电源电压比标称值降低5%时,根据表 16.3.1 的第 2 行合理设置仿真模型中交流电源的幅值以及斩波器控制信号 V_{con} 的幅值(V_{con} 采用表 16.2.1 中的设定值)。运行仿真,通过直流电压表 V_t 观测斩波器输出电压的平均值,通过电流波形 I(T_AP)观测 $T_{\mathrm{A+}}$ 的全电流有效值,通过电流波形 I(T_BP)观测 $T_{\mathrm{B+}}$ 的全电流有效值,将上述观测值填入表 16.3.1 的第 2 行中。占空比 $D_{\mathrm{A+}}$ 的理论值参见式(16.3.1),实际值可通过电流波形 I(T_AP)来观测,将占空比的理论值与观测值也填入表 16.3.1 的第 2 行中。

- 交流电源电压比标称值升高5%时,根据表 16.3.1 的第 3 行合理设置仿真模型中交流电源的幅值以及斩波器控制信号 V_{con} 的幅值。运行仿真,观测斩波器输出电压的平均值,

以及 T_{A+} 和 T_{B+} 的全电流有效值,将上述观测值填入表 16.3.1 的第 3 行中。将占空比 D_{A+} 的理论值与观测值也填入表 16.3.1 的第 3 行中。

表 16.3.1　功率开关器件上的电流有效值

参数	V_{con} 设置值	D_{A+} 理论值	D_{A+} 观测值	V_t 理论值	V_t 观测值	I_{TA+} 观测值	I_{TB+} 观测值
$V_s = 220 \times 95\%$	105/274			105			
$V_s = 220 \times 105\%$	105/305			105			

- 根据表 16.3.1 中仿真结果,分析开关器件上出现电流最大值的条件。

占空比 D_{A+} 最_____时,T_{A+},T_{B-} 全电流有效值最大。

占空比 D_{A+} 最_____时,T_{B+},T_{A-} 全电流有效值最大。

判断最大全电流的观测值与步骤 2)中的理论计算值是否相同。

△

16.3.2　桥式可逆斩波器开关频率的选取

在脉宽调试控制方式下,为了减小斩波器输出电流(即电枢电流)的脉动,应合理设置功率器件的开关频率。

> Q16.3.2　在例 Q16.1.1 基础上,电机工作于额定工况且电源电压 $V_s = 220\text{V}$ 时,计算斩波器输出电流(即电枢电流)的脉动率。欲将输出电流脉动率限制在 10% 以下,试合理选取器件的开关频率。

解:

1)计算斩波器输出电流(即电枢电流)的脉动率,并选取器件的开关频率。

- 根据专题 14 的式(14.4.3)计算电枢电流脉动率。

$$r_{i_a} = \frac{\Delta i_a}{I_a} = \frac{(V_d - V_t) \cdot D_{A+}}{L_a \cdot I_a \cdot f_s} = \underline{\qquad} \tag{16.3.4}$$

式中,各参数的取值可根据前例中的相关参数和仿真结果确定。

根据仿真模型 Q16_1_1 中电机的参数设置可知,电枢电感 $L_a = \underline{\qquad}$。根据脉宽调制电路中三角波的频率可知,开关频率 $f_s = \underline{\qquad}$。

根据例 Q16.1.1 可知,整流输出电压平均值 $V_d = \underline{\qquad}$,电枢电压平均值 $V_t = \underline{\qquad}$,电枢电流平均值 $I_a = \underline{\qquad}$。

将上述参数代入式(16.3.1),计算开关器件 T_{A+} 的占空比。

$$D_{A+} = \frac{1}{2}\left(\frac{V_t}{V_d} + 1\right) = \underline{\qquad}\qquad\qquad 。$$

- 欲将电枢电流的脉动率限制在 10% 以下,合理选取器件的开关频率。

根据式(16.3.4),可将开关频率提高至_____倍以上,即开关频率应大于_____ kHz。

2)利用仿真实验,观测开关频率对电枢电流脉动率的影响。

- 打开仿真文件 Q16_1_1,参照例 Q16.1.1,设置仿真模型中交流电源和控制信号的幅值。

交流电源 V_s 峰值＝220×1.414，控制信号 V_{con}＝105/290。

- 将脉宽调制电路中三角波频率设置为 f_s＝1kHz 时，运行仿真。通过直流电压表 V_t 观测斩波器输出电压的平均值，通过电流表 i_a 观测电枢电流的波形，从波形上观测电流平均值 I_a、电流脉动量 Δi_o，根据观测结果计算电流脉动率 r_{i_a}，将上述观测值填入表 16.3.2 的第 2 行中。

- 将脉宽调制电路中三角波频率设置为 f_s＝1.25kHz 时，运行仿真。通过电流表 i_a 观测电枢电流的波形，如图 16.3.2 所示。将此时的相关观测值填入表 16.3.2 的第 3 行中。

- 根据表 16.3.2 中仿真结果，分析开关频率对电枢电流脉动率的影响。

斩波器中开关器件的开关频率越_____，斩波器输出电流的脉动率越小。

如果电流脉动率的仿真观测值与理论计算值相比，存在一定的误差，试分析其原因。

表 16.3.2　斩波器输出电流（即电枢电流）脉动率的仿真观测值

开关频率	V_{con} 设置值	V_t 观测值	I_a 观测值	$\Delta i_a = i_{a\_max} - i_{a\_min}$ 观测值	$r_{i_a} = \Delta i_a / I_a \times 100\%$ 观测值
f_s＝1kHz	105/290				
f_s＝1.25kHz	105/290				

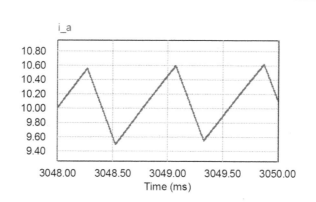

图 16.3.2　电感电流波形（开关频率为 1.25kHz）

学习活动 16.4　驱动电源中制动电阻回路的设计

在设计驱动电源时，为了避免直流母线过压，还应设置制动电阻回路。当直流母线电压超过阀值时，自动接入制动电阻，以消耗电机制动时回馈到直流侧电容上的电能。

> Q16.4.1 在仿真模型 Q16_1_1 基础上,增加制动电阻回路,当母线电压高于 400V 时自动接通制动电阻。设电机稳定运行于正转制动状态,$\omega_m = 100 \text{rad/s}$,$T_c = -5 \text{N} \cdot \text{m}$,合理设置仿真参数,观测制动回路的工作状态。

解:

1)建立带制动电阻回路的直流电机驱动系统仿真模型。

• 在仿真模型 Q16_1_1 基础上,在直流母线上添加制动电阻回路,建立如图 16.4.1 所示带制动电阻回路的驱动系统仿真模型,保存为仿真文件 Q16_4_1。在图 16.4.1 中,制动回路包括直流母线电压检测、比较电路和直流斩波电路。

• 直流母线电压 V_d 经过电压互感器 VSEN1(voltage sensor)隔离、变换后,与阈值电压 V_{th} 相比较,如果高于 V_{th} 则比较器 Comp 输出高电平,通过开关驱动器使制动开关 T_{bk}(IGBT)导通,通过制动电阻 R_{bk} 消耗回馈到母线上的电能,使母线电压 V_d 下降。

• 随着 V_d 的下降,电压互感器的输出将低于阈值电压 V_{th},则比较器输出低电平,制动开关 T_{bk} 截止,不再消耗母线上的电能。

• 在制动过程中,制动开关会频繁地通断,工作于斩波的方式,以消耗回馈电能,使母线电压保持在设定值($V_{th}/0.02 = 400\text{V}$)附近。直流电流表 I_{bk} 串联在制动电阻回路中,用于观测制动电流的平均值。

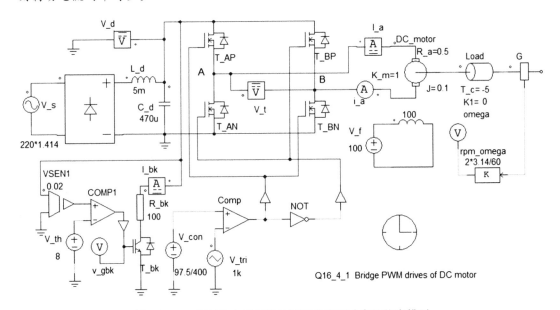

图 16.4.1 带制动电阻回路的直流电机驱动电源仿真模型

2)设置制动电阻回路的仿真参数。

• 电压互感器 VSEN1 的增益设置为:Gain=0.02。

• 要求在制动过程中,将直流母线电压 V_d 限制在 400V 以内,则阈值电压应设定为:$V_{th} = 400 \times 0.02 = 8\text{V}$。

• 制动电阻设定为:$R_{bk} = 100\Omega$。

• 仿真控制器参数设置:Time Step=1E−006,勾选"Free Run"。

3)合理设置仿真参数,观测制动回路的工作状态。

• 本例中,要求电机稳定运行于<u>正转制动</u>状态:$\omega_m = 100\text{rad/s}$,$T_c = -5\text{N·m}$。将上述参数代入式(16.1.3),计算斩波器输出<u>电压</u>的合理取值:

$V_t = \omega_m + R_a \cdot T_c = $ _____。

• 然后根据式(16.1.2)计算斩波器<u>控制信号</u> V_{con} 的合理取值,设 $V_d = 400\text{V}$。

$V_{con} = V_t/V_d = $ _____(保留分数形式)。

• 根据上述计算结果,合理设置仿真参数。

交流电源 V_s 峰值=220×1.414,控制信号 $V_{con} = 97.5/400$,转矩常数 $T_c = -5$。

• 运行仿真,观测制动电流 I_{bk},当制动电流 $I_{bk} > 0$ 时,表明制动回路已开始工作。观测此时直流<u>母线电压</u> V_d 和制动电流 I_{bk} 的稳态值。

$V_d = $ _____,$I_{bk} = $ _____。

• 根据仿真观测值,计算<u>制动功率</u>。制动功率为消耗在制动电阻上的功率。

$V_d \cdot I_{bk} = $ _____。

• 根据仿真观测值,计算制动状态下,<u>电动机发出的电功率</u>,并与制动功率相比较。

$V_t \cdot I_a = $ _____。

上述两个功率应基本相同,表示电机制动时回馈的电能主要消耗在制动电阻上。

⊠课后思考题 AQ16.1:课后完成本例题。

△

专题 16 小结

小功率<u>直流电动机</u>的驱动电源,主电路一般采用单相二极管整流器和桥式斩波器的组合,其电路结构如图 16.1.2 所示。本专题将单相二极管整流器、桥式直流斩波器和直流电机三者结合起来,建立了<u>直流电机驱动系统</u>的联合仿真模型,并研究了<u>综合设计</u>中的实际问题。

1)对于带电容滤波的二极管整流电路,交流电源电压的变化和负载功率的变化都会对整流器输出电压(即直流母线电压)的平均值带来影响。需要根据系统的实际工作条件,合理评估<u>整流器输出电压</u>的变化范围。

2)<u>直流母线电压</u>即为直流斩波器的输入电压,在直流斩波器的分析和设计过程中,应考虑直流输入电压变化带来的影响,合理确定斩波器控制占空比的变化范围。在此基础上,合理确定功率开关器件的<u>额定电流</u>,并根据电枢电流脉动率的要求选取<u>开关频率</u>。

3)电机制动时,机械能转换为电能,并通过斩波电路将电能回馈到<u>直流母线</u>上。为了避免直流母线过压,需要在直流母线上接入<u>制动电阻回路</u>,用来消耗电机制动时回馈到直流侧电容上的电能。当母线电压超过设定值时,制动开关闭合接通制动电阻,把制动时回馈到电容的电能通过制动电阻加以消耗,并将直流母线电压控制在设定值附近。

与小功率直流电动机的驱动电源类似,实际电力电子装置的主电路多为组合变流电路,即由多个基本的电能变换电路组成,分析和设计时应综合考虑各个变换电路之间的相互关系,进行系统化的分析和设计。

专题 16 测验

小功率直流电动机驱动电源的主电路如图 16.1.2 所示，回答下列问题。

R16.1 小功率直流电动机的驱动电源，可驱动电机在四象限内运行，其主电路由_____级电能变换电路组成，一般采用_____整流器和_____斩波器。

R16.2 为保持电机端电压不变，当交流电源电压升高时，斩波器的控制占空比应_____；当交流电源电压降低时，斩波器的控制占空比应_____。

R16.3 假设电枢电流不变，当交流电源电压最高时，开关器件_____的全电流有效值将出现最大值；当交流电源电压最低时，开关器件_____的全电流有效值将出现最大值。

R16.4 斩波器开关频率提高时，电枢电流的脉动量会_____，器件的开关损耗会_____。从降低电流脉动的角度，希望开关频率越_____越好；但是从降低器件的开关损耗角度，希望开关频率越_____越好。

R16.4 为了避免直流母线过压，在实际电源中还应设置_____回路。当母线电压超过阈值时，接入_____，以消耗电机_____工作状态时回馈到直流侧电容上的电能。

R16.5 在图 R16.1 中，画出正转制动时，开关控制信号的波形，以及直流母线上电流 i_d 的波形。分析平均电流 I_d 的特点，说明平均电能的传递方向。

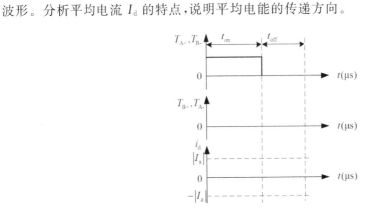

图 R16.1 直流母线电流的波形

专题 16
习题

单元 4　小功率 UPS 主电路设计(2)

• 学习目标

掌握单相半桥(全桥)逆变器的结构和控制方法。

了解单相半桥逆变器在小功率 UPS 中的典型应用。

• 知识导图

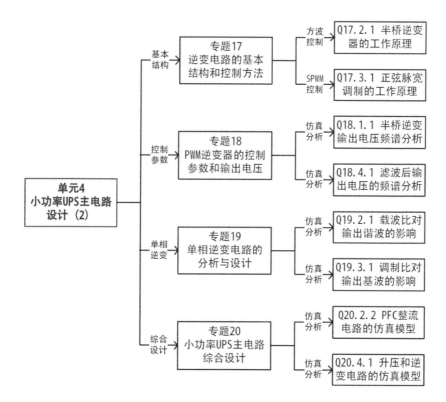

• 基础知识和基本技能

逆变器的基本结构(半桥逆变器)。

调制正弦交流的控制方法(SPWM)。

PWM 逆变器输出电压的频谱分析。

单相全桥逆变器的结构。

频率调制方式和幅值调制方式。

PFC 整流器的结构和工作原理。

带隔离变压器的 DC – DC 变换器的结构和工作原理。

- **工作任务**

利用半桥逆变器进行小功率 UPS 主电路的综合设计。

单元 4 学习指南

UPS 的主电路包含了多种电能变换的形式,是一种典型电力电子装置(详见附录 10)。UPS 的主电路一般由整流器、逆变器、蓄电池、静态开关等部件组成。结合小功率 UPS 的设计,单元 2 中学习了单相二极管整流器、基本直流斩波器等变流电路,单元 4 将继续学习开关型 DC – AC 变换电路,即逆变器。

附录 10

逆变的作用是将固定直流变换为幅值和频率都可控的正弦交流。根据输出交流的相数,逆变器可分为单相逆变器和三相逆变器(详见附录 9)。本单元将结合小功率 UPS 的设计,介绍单相无源逆变电路的分析和设计方法,三相逆变器将在单元 5 中继续学习。作为本单元的基础,专题 17 将介绍逆变电路的基本结构和控制方法;专题 18 将进一步研究逆变电路的控制参数和输出电压的频谱分析。然后,结合小功率 UPS 电源中逆变器的设计要求,专题 19 将介绍单相逆变电路的设计方法。最后结合相关变流电路,在专题 20 中介绍小功率 UPS 主电路的综合设计。

附录 9

单元 4 由 4 个专题组成,各专题的主要学习内容详见知识导图。学习指南之后是"单元 4 基础知识汇总表",帮助学生梳理和总结本单元所涉及的主要知识点。

单元 4 基础知识汇总表

基础知识汇总表如表 U4.1～表 U4.2 所示。

表 U4.1 半桥逆变器和全桥逆变器的比较

比较项目	半桥逆变器	全桥逆变器
电路图		

续表

比较项目	半桥逆变器	全桥逆变器
SPWM 控制方式	幅值调制比表达式:$m_a=$	频率调制比表达式:$m_f=$
	输出电压基波峰值:$V_o=$	输出电压基波峰值:$V_o=$
	输出电压基波频率:$f_1=$ 输出电压最低次谐波中心频率:$f_h=$	
	输出滤波器转折频率选取原则:	
方波 控制方式	输出电压波形:(周期为 T)	输出电压波形:(周期为 T)
	输出电压基波峰值:$V_o=$	输出电压基波峰值:$V_o=$
	输出电压基波频率:$f_1=$ 输出电压最低次谐波频率:$f_h=$	

表 U4.2　小功率双变换在线式 UPS 的结构和工作原理

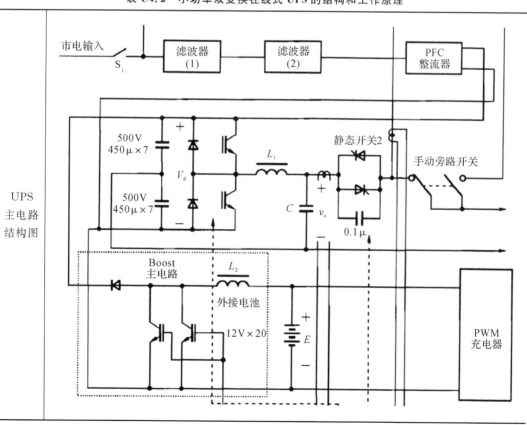

续表

控制 要求	1)逆变器采用 SPWM 控制方式,直流侧电压平均值为 V_d
	2)滤波器后输出电压 v_o 的有效值为 220V,频率为 50Hz
	3)蓄电池电压为 E
半桥 逆变器	半桥逆变器的作用: 半桥逆变器直流侧电压 V_d 的范围:
PFC 整流器	PFC 整流器的作用: 对其输出电压 V_d 的要求:
升压 斩波器	升压斩波器的作用: 控制占空比 D 的表达式:
静态 旁路 开关	静态开关的作用: 旁路开关的作用:

专题 17 逆变电路的基本结构和控制方法

• 引　言

逆变电路也称逆变器,其作用是将固定直流变换为幅值和频率都可控的正弦交流,逆变的概念和种类详见附录 9。单元 4 中将结合小功率 UPS 的设计,介绍单相逆变电路。专题 17 为单元 4 的基础,将首先介绍逆变电路的基本结构和控制方法。

附录 9

• 学习目标

掌握逆变电路的基本结构和控制方法。

• 知识导图

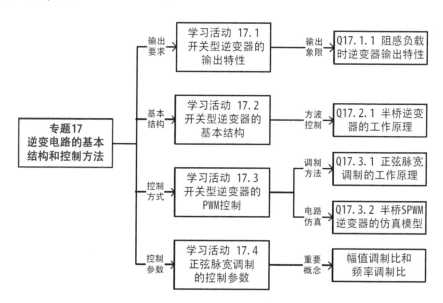

• 基础知识和基本技能

逆变的概念和种类。

半桥逆变电路的结构。

逆变电路调制正弦交流的方法。

采用 SPWM 控制的半桥逆变电路的仿真模型。

• **工作任务**

研究半桥逆变电路调制正弦交流的基本方法。

学习活动 17.1　开关型逆变器的输出特性

首先考虑交流负载对开关型逆变器输出特性的要求。为了简化起见,考察如图 17.1.1 (a)所示的单相逆变器。逆变器输出的脉冲电压经过滤波器后获得理想的正弦电压,由于逆变器通常为阻感性负载(如交流电动机)供电,所以负载电流会滞后于电压,如图 17.1.1 (b)所示。根据负载电压和电流的极性,一个电周期可分为 4 个阶段,下面通过例题来分析每个阶段的特点。

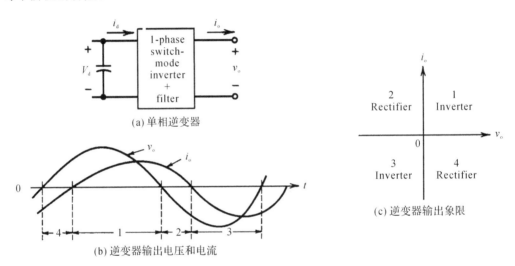

(a) 单相逆变器

(b) 逆变器输出电压和电流

(c) 逆变器输出象限

图 17.1.1　单相开关型逆变器

> Q17.1.1　根据图 17.1.1,分析阻感性负载时,开关型逆变器的输出特性。

解:

• 在**阶段 1**,图 17.1.1(a)所示逆变器的输出电压和电流都为正,则变换器输出的瞬时功率 $p_o = v_o \cdot i_o > 0$,电能从直流侧流向交流侧(DC ⇒ AC)。用变换器的输出象限来描述,此时变换器工作于第 Ⅰ 象限,且处于逆变状态,如图 17.1.1(c)所示。该阶段的特点如表 17.1.1 的第 2 行所示。

• 同理,分析阶段 2~4 中逆变器的工作特点,填入表 17.1.1 的第 3~5 行。

• 根据表 17.1.1,分析阻感性负载对开关型逆变器输出特性的要求。

阻感性负载时,逆变器输出的交流电压和电流的极性＿＿＿＿＿＿,要求逆变器在交流输出电流的一个周期中,能够轮流工作于输出平面的＿＿＿＿＿象限。

前面介绍过的哪种开关型变换器能够满足上述要求?＿＿＿＿＿＿

表 17.1.1　一个电周期中逆变器的 4 个工作阶段

阶段	电压极性	电流极性	输出功率	电能方向	逆变器输出象限及工作方式
1	$v_o > 0$	$i_o > 0$	$p_o > 0$	DC $\Rightarrow$ AC	Ⅰ 象限 逆变
2					
3					
4					

△

学习活动 17.2　开关型逆变器的基本结构

专题 14 中学习过的桥式斩波器可实现 4 象限运行,满足阻感性负载对逆变器输出特性的要求。当桥式斩波器工作于逆变状态时,可称之为桥式逆变器。桥式逆变器由两个桥臂组成,其中半桥逆变器为各种逆变器拓扑结构的基础,其结构如图 17.2.1 所示。

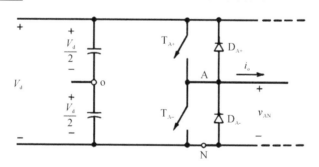

图 17.2.1　半桥逆变器

1)半桥逆变器与半桥斩波器类似,变换器只有一个桥臂,将其定义为 A 桥臂,器件的下标用"A"来标识。在图 17.2.1 中,下标"A+"表示上桥臂器件,下标"A−"表示下桥臂器件。桥臂的中点为 A,直流电源的负端定义为 N,该桥臂对 N 端的输出电压用 v_{AN} 来表示。

2)为了使半桥逆变器能够输出交流电压,需要假设直流电源 V_d 存在电位中点 o。在图 17.2.1 中,两个相同的电容串联后并联在直流电源两端,两个电容的分压都是 $V_d/2$,将电容连接点定义为电位中点 o。桥式逆变器中并不需要中点 o,假设一个中点只是为了分析方便。

下面将通过一个例题分析半桥逆变器的工作波形。

Q17.2.1 半桥逆变器如图 17.2.1 所示,两个开关器件 T_{A+} 和 T_{A-} 采取互补开关控制方式,且占空比均为 0.5。试分析该变换器的工作波形。

解：

1)分析半桥逆变器输出电压的表达式。

• 在一个开关周期内,当 T_{A+} 闭合(T_{A-} 断开)时,桥臂中点 A 的电位与电源 V_d 正极端相同,则桥臂中点 A 对电源中点 o 的输出电压 $v_{Ao}=V_d/2$,填入表 17.2.1 的第 2 行中。

• 在一个开关周期内,当 T_{A+} 断开(T_{A-} 闭合)时,桥臂中点 A 的电位与电源 V_d 负极端相同,分析输出电压 v_{Ao} 的表达式,填入表 17.2.1 的第 3 行中。

表 17.2.1　半桥逆变器的输出电压

T_{A+}	T_{A-}	输出电压
闭合	断开	$v_{Ao}=V_d/2$
断开	闭合	$v_{Ao}=$

2)画出半桥逆变器输出电压的波形。

• 在图 17.2.2 中,T_{A+} 和 T_{A-} 分别为开关控制信号的波形,高电平表示闭合,低电平表示断开。试根据表 17.2.1 的分析结果,画出逆变器输出电压 v_{Ao} 的波形。

• 在图 17.2.2 中,逆变器的输出电压为交流方波电压,所以该逆变器也称方波型逆变器。

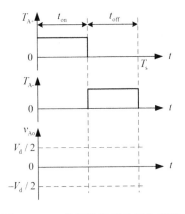

图 17.2.2　半桥逆变器的工作波形

△

方波型逆变器输出电压为交流方波,包含大量低次谐波,对负载工作十分不利。为了减少逆变器输出电压中的谐波分量,一般采用 PWM 控制方式。

学习活动 17.3　开关型逆变器的 PWM 控制

17.3.1　开关型逆变器的 PWM 控制

半桥逆变器与半桥斩波器的结构类似,可借鉴半桥斩波器的控制方法。半桥斩波器的控制方式是:通过调节开关的占空比来控制直流输出电压的平均值。脉冲宽度调制(PWM)为改变占空比的最常用方式。脉冲宽度调制的作用是:将控制信号变化,以脉宽变化的形式调制到输出电压中,以控制输出电压的平均值。PWM 是调制直流的方法,可否利用此方法调制正弦交流?下面以图 17.2.1 中的半逆变器为例,说明调制正弦交流的方法。

> Q17.3.1　半桥逆变器如图 17.2.1 所示,试采用脉冲宽度调制的方法,生成逆变器的
> 开关控制信号,并观察逆变器输出电压波形的特点。

解:

• 采用脉冲宽度调制电路生成开关控制信号的方法是:将期望频率的正弦控制信号与三角波(载波)相比较,根据如下表达式生成开关控制信号,如图 17.3.1 所示。

$$\text{if } v_{\text{con}} > v_{\text{carr}}, \text{then } T_{A+} \text{ on}, T_{A-} \text{ off}$$
$$\text{if } v_{\text{con}} < v_{\text{carr}}, \text{then } T_{A-} \text{ on}, T_{A+} \text{ off}$$

• 根据上述控制关系,分析图 17.3.1 中控制信号 v_{con} 和载波信号 v_{carr} 的幅值关系,画出正弦控制信号一个周期内 T_{A+} 的开关控制信号波形,再根据互补关系画出 T_{A-} 的开关控制信号波形。然后根据表 17.2.1 中输出电压的表达式,画出输出电压 v_{Ao} 的波形。

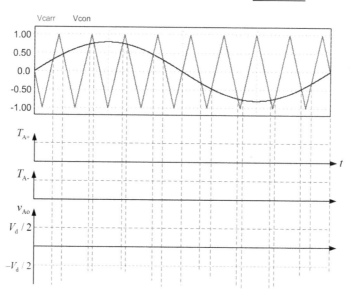

图 17.3.1　单桥臂逆变器的 SPWM 工作波形

• 根据图 17.3.1 分析开关控制信号和逆变器输出电压波形的特点。

开关控制信号的脉冲宽度按照_____规律变化,输出电压瞬时平均值(每个开关周期内的平均值)也按照_____规律变化。由于采用_____控制信号为调制信号,所以称为<u>正弦脉冲宽度调制</u>,简称 SPWM。

△

17.3.2 半桥逆变器的电路仿真

下面建立半桥逆变电路的仿真模型,并观察逆变器的工作特点。

Q17.3.2 半桥逆变器如图 17.2.1 所示,采用 SPWM 控制方式,建立其电路仿真模型。

解:

1)建立半桥逆变电路和脉宽调制电路的联合仿真模型。

• 建立半桥逆变电路(阻感负载)和 PWM 控制电路的<u>联合仿真模型</u>,如图 17.3.2 所示,保存为仿真文件 Q17_3_2。

Q17_3_2
建模步骤

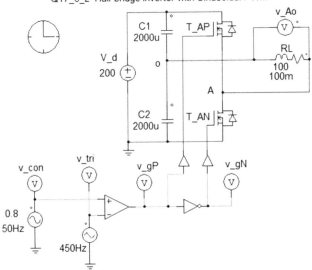

图 17.3.2 半桥逆变电路和脉宽调制电路的联合仿真模型

2)设置元件参数。

• 为了观察电路的稳态特征,可将总仿真时间设定为 100ms。为了观测到如图 17.3.3 所示正弦控制信号 v_{con} 在一个周期内的稳态波形,<u>合理设置仿真控制器的参数</u>:

Time Step=_____,Total Time=_____,Print Time=_____。

3)利用仿真实验观察逆变器的工作波形。

运行仿真,观察<u>开关控制信号</u>的生成过程和<u>输出电压</u>的波形,如图 17.3.3 所示,并与图 17.3.1 中的波形相比较。

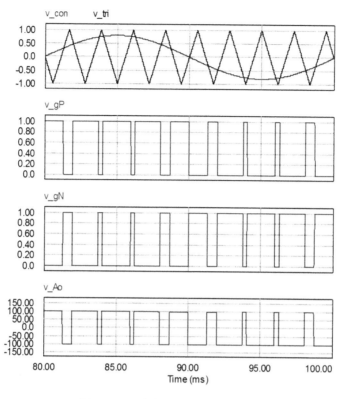

图 17.3.3　半桥逆变器的工作波形

4)观察逆变器输出电压的频谱图。

● 运行仿真,单独观测逆变器输出电压 v_{Ao} 的波形,然后点击工具条上的"FFT"按钮,显示输出电压的 FFT 分析图(频谱图),如图 17.3.4 所示。将频谱图 X 轴范围设置为 1kHz,只显示 1kHz 以内的谐波。

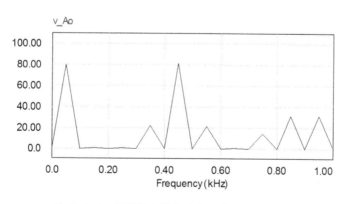

图 17.3.4　半桥逆变器输出电压的 FFT 分析图

● 在频谱图上观察输出电压的基波分量。

脉宽调制电路控制信号 v_{con} 的频率为 50Hz,则经过 PWM 调制后逆变器输出电压的基波频率 f_1 与 v_{con} 的频率相同。在频谱图上选择右键菜单上的"view data points"功能,可显示各次谐波的数据列表。在数据列表中找到 50Hz 所对应的分量,就是基波分量的峰值。

观测基波分量的峰值:$(\hat{V}_{Ao})_1=$_____;基波分量的频率:$f_1=$_____。

△

学习活动 17.4　正弦脉冲宽度调制的控制参数

上节中,为了产生期望频率的正弦输出电压,将期望频率的正弦控制信号与三角波相比较,以生成开关控制信号。逆变器的输出电压为经过调制的脉冲,脉冲的宽度按照正弦规律变化。由于采用正弦控制信号为调制信号,所以称为正弦脉冲宽度调制,简称 SPWM。

SPWM 涉及的重要概念如下:

1)载波频率:将三角波(载波)的频率定义为载波频率。观察图 17.3.1 可以发现,载波(三角波)的频率与开关器件驱动信号的频率相同,即载波频率代表器件的开关频率,所以习惯上用 f_s 表示载波频率。

2)调制频率:将控制信号(调制波)的频率定义为调制频率。该频率为逆变器输出电压的基波频率,用 f_1 表示。

3)幅值调制比:是输出电压幅值的控制参数,用 m_s 表示。

$$m_a=\frac{\hat{V}_{con}}{\hat{V}_{tri}} \tag{17.4.1}$$

式中,$\hat{V}_{con}$ 为控制信号峰值;$\hat{V}_{tri}$ 为三角波峰值。

4)频率调制比:是输出频率的控制参数,又称载波比,用 m_f 表示。

$$m_f=\frac{f_s}{f_1} \tag{17.4.2}$$

式中,f_s 为载波频率;f_1 为调制频率

直流 PWM 与正弦 PWM 有很多相似之处,也有所区别,其控制参数的比较如表 17.4.1 所示。

表 17.4.1　直流 PWM 与正弦 PWM 的比较

调制方式	控制信号	幅值控制	频率控制
PWM	直流	$m_a=\dfrac{\hat{V}_{con}}{\hat{V}_{tri}}$	无
SPWM	正弦		$m_f=f_s/f_1$

Q17.4.1　在仿真模型 Q17_3_2 中,逆变器采用 SPWM 控制方式,辨析其控制参数。

解:

载波频率:$f_s=$_____。

调制频率:$f_1=$_____。

幅值调制比:$m_a=\hat{V}_{con}/\hat{V}_{tri}=$_____。

频率调制比:$m_f=f_s/f_1=$_____。

△

专题 17 小结

逆变器的作用是将固定直流变换为幅值和频率都可控的正弦交流。逆变器的负载常常是感性负载(比如交流电动机),由于感性负载上交流电压和电流的极性交替变化,所以要求逆变器在交流输出电流的一个周期中,能够轮流工作于输出平面的所有 4 个象限。单元 3 中学习的桥式可逆斩波器可实现 4 象限运行,满足感性负载对逆变器输出特性的要求。

桥式逆变器的结构与桥式斩波器相同,只是控制方式不同。桥式逆变器由两个桥臂组成,其中半桥逆变器为各种逆变器拓扑结构的基础,其结构如图 17.2.1 所示。其他形式的逆变器,都是由基本的半桥逆变器复合而成。逆变器有两种常用的控制方式:

1)逆变器控制方式中,最简单的是方波控制方式,逆变器的输出电压的波形近似为方波,如图 17.2.2 所示。

2)逆变器控制方式中,最理想的是脉宽调制方式。为了产生期望频率的正弦输出电压,将期望频率的正弦控制信号与三角波(载波)相比较,以生成开关控制信号,如图 17.3.1 所示。由于采用正弦控制信号为调制信号,所以称为正弦脉冲宽度调制,简称 SPWM。此时,逆变器的输出电压为经过调制的脉冲,脉冲的宽度按照正弦规律变化。

采用方波控制方式的逆变器,称为方波型逆变器。利用 PWM 控制方式的逆变器,称为 PWM 型逆变器。逆变器的方波控制方式是 PWM 控制方式的一个特例,本单元将重点介绍 PWM 型逆变器。

正弦脉冲宽度调制有两个重要的控制参数:幅值调制比是输出电压幅值的控制参数,频率调制比是输出频率的控制参数,又称载波比。下一个专题将继续研究这两个控制参数和输出电压的关系。

专题 17 测验

R17.1　逆变的作用是将固定直流变换为_____和 _____都可控的正弦交流。

R17.2　感性负载上交流电压和电流的极性_____,要求:逆变器在交流输出电流的一个周期中,能够轮流工作于输出平面的_____象限。

R17.3　_____斩波器可实现 4 象限运行,满足感性负载对逆变器输出特性的要求。该变换器由两个桥臂组成,其中_____逆变器为各种逆变器拓扑结构的基础。

R17.4　逆变器的交流侧接负载,为_____逆变;逆变器的交流侧接电源,为_____逆变。

R17.5　电压源型逆变器的输入为直流_____源;电流源型逆变器的输入为直流_____源。

R17.6　开关型 DC‐DC 变换器(直流斩波器)的控制方式是:通过调节开关的_____以控制直流输出电压的_____。_____调制为改变占空比的最常用方式。

R17.7　脉冲宽度调制的方法是:将_____信号与_____相比较,以产生开关所需的控制信号。这样得到的开关控制信号,_____不变,_____可调。

R17.8　脉冲宽度调制的作用是:将_____信号的变化,以_____的形式调制到输出电压中,以控制输出电压的_____。

R17.9　为了产生期望频率的正弦输出电压,将期望频率的_____信号与_____相比较,以生成逆变器的_____控制信号。逆变器的输出电压为经过调制的脉冲,脉冲的宽度按照_____规律变化。由于采用_____信号为调制信号,所以称为正弦脉冲宽度调制,简称_____。

R17.10 在正弦脉冲宽度调制中,将三角波(载波)的频率定义为_____频率,它代表器件的_____频率;将控制信号(调制波)频率定义为_____频率,该频率为逆变器输出电压的期望频率。

R17.11 在正弦脉冲宽度调制中,_____调制比是输出电压幅值的控制参数,_____调制比是输出频率的控制参数,又称_____。

专题 17
习题

专题 18　PWM 逆变器的控制参数和输出电压

• 承上启下

专题 17 介绍了逆变器调制正弦交流的方法——正弦脉宽调制（SPWM）法。采用 SPWM 控制方式的逆变器简称为 PWM 逆变器。本专题将在专题 17 基础上，通过电路仿真观察 PWM 逆变器的控制参数与输出电压的关系，并从理论上加以证明。

• 学习目标

掌握 PWM 逆变器的控制参数与输出电压的关系。

• 知识导图

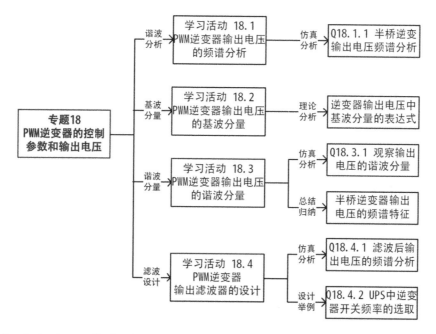

• 基础知识和基本技能

逆变器输出电压中基波分量的特点。

逆变器输出电压中谐波分量的特点。

逆变器输出滤波器的设计方法。

- **工作任务**

研究 PWM 逆变器的控制参数与输出电压的关系。

学习活动 18.1　PWM 逆变器输出电压的频谱分析

利用半桥逆变器的仿真模型,观察逆变器输出电压的频谱特征及其与控制参数的关系。

> Q18.1.1　利用专题 17 的例 Q17.3.2 中建立的半桥臂逆变器仿真模型,观察逆变器输出电压的频谱特征。

解:

1)记录半桥臂逆变器仿真模型的主要参数。

- 打开半桥臂逆变器的仿真模型 Q17_3_2,记录其主要参数。定义:控制信号(调制波)峰值用 $\hat{V}_{con}$ 表示,频率用 f_{con} 表示;三角波(载波)峰值用 $\hat{V}_{tri}$ 表示,频率用 f_{tri} 表示。

直流电源电压:$V_d =$ _____。

正弦波信号源:$\hat{V}_{con} =$ _____,$f_{con} =$ _____。

三角波信号源:V_peak to peak$=$ _____,$\hat{V}_{tri} =$ _____,$f_{tri} =$ _____。

仿真控制器:Time Step$=$ _____,Total Time$=$ _____,Print Time$=$ _____。

2)当 $\hat{V}_{con} = 0.8\text{V}$,$f_{con} = 50\text{Hz}$ 时,观察逆变器输出电压的频谱图。

- 运行仿真,观察输出电压 v_{Ao} 的FFT分析图(频谱图),如图 18.1.1 所示。注:合理设置仿真时间,在 Simview 窗口中显示一个调制信号周期的输出电压波形后,点击"FFT"按钮可显示该信号的频谱图。然后,修改 x 轴坐标,只显示 1kHz 以内的谐波。

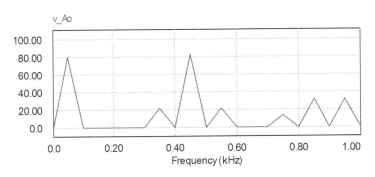

图 18.1.1　半桥逆变器输出电压的频谱图

- 根据如图 18.1.1 所示频谱图,观测输出电压的基波分量峰值,填入表 18.1.1 的第 3 列中;再将基波峰值与 1/2 电源电压的比值,填入最后 1 列中。注:基波频率与调制信号频率相同。

3)当 $\hat{V}_{con} = 0.4\text{V}$,$f_{con} = 50\text{Hz}$ 时,观察逆变器输出电压的频谱图。

- 将仿真模型中正弦波信号源的峰值改为 0.4,运行仿真,观察输出电压 v_{Ao} 的频谱图。

• 在频谱图上读取输出电压的<u>基波分量峰值</u>,填入表 18.1.1 的第 3 列中;再将基波峰值的观测值与 1/2 电源电压的<u>比值</u>,填入最后 1 列中。

4)在步骤 2)和步骤 3)的基础上,观察逆变器输出电压与幅值调制比的关系。

• 根据控制信号的峰值计算<u>幅值调制比</u>,填入表 18.1.1 的第 2 列中。

• 根据表 18.1.1 中的数据,推测逆变器输出电压基波峰值($\hat{V}_{Ao}$)$_1$与幅值调制比 m_a 以及电源电压 V_d 之间的关系式。下一节,将通过理论分析来证明该关系式。

$$(\hat{V}_{Ao})_1 = \underline{\hspace{4cm}} \tag{18.1.1}$$

表 18.1.1　幅值调制比与输出电压基波峰值的关系

控制信号峰值	幅值调制比	输出电压基波峰值	输出电压基波峰值与 1/2 电源电压的比值
$\hat{V}_{con}=0.8$	$m_a=\dfrac{\hat{V}_{con}}{V_{tri}}=$	$(\hat{V}_{Ao})_1=$	$\dfrac{(\hat{V}_{Ao})_1}{V_d/2}=$
$\hat{V}_{con}=0.4$	$m_a=\dfrac{\hat{V}_{con}}{V_{tri}}=$	$(\hat{V}_{Ao})_1=$	$\dfrac{(\hat{V}_{Ao})_1}{V_d/2}=$

5)当 $\hat{V}_{con}=0.8V$,$f_{con}=60Hz$,$f_{tri}=540Hz$ 时,观察逆变器输出电压的频谱图。

• 修改仿真模型中的<u>调制波频率</u>和<u>载波频率</u>。

正弦波(调制波):$\hat{V}_{con}=\underline{\hspace{2cm}}$,$f_{con}=\underline{\hspace{2cm}}$。

三角波(载波):$f_{tri}=\underline{\hspace{2cm}}$。

• 合理设置<u>仿真控制器</u>,在 Simview 窗口中显示一个调制信号周期的输出电压波形后,才能正确地进行傅里叶分解。本例中,当控制信号频率 $f_{con}=60Hz$ 时,一个调制信号周期 $T_{con}=1/f_{con}=1000/60ms$,仿真时,可观测第 6 个周期的仿真波形。

仿真控制器:Time Step=1E−005,Total Time=600/6,Print Time=500/6。

• 运行仿真,观察输出电压 v_{Ao} 的频谱图,读出输出电压的<u>基波分量峰值</u>和基波频率。注:基波频率 f_1 应与控制信号频率 f_{con} 相同。

基波分量峰值:($\hat{V}_{Ao}$)$_1$=$\underline{\hspace{2cm}}$;基波频率:$f_1=\underline{\hspace{2cm}}$。

6)观察输出电压基波频率 f_1 与控制信号频率 f_{con} 的关系。

• 对比步骤 2)和步骤 5)的仿真结果,推测输出电压<u>基波频率</u> f_1 与控制信号频率 f_{con} 之间的关系式。下一节,将通过理论分析来证明该关系式。

$$f_1 = \underline{\hspace{2cm}} \tag{18.1.2}$$

△

学习活动 18.2　PWM 逆变器输出电压的基波分量

在 SPWM 控制方式下,逆变器的输出电压为经过调制的脉冲,脉冲的宽度按照正弦规律变化。以半桥逆变器为例,取一个开关周期,分析输出电压特点,如图 18.2.1 所示。

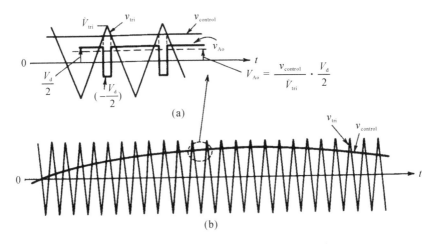

图 18.2.1　半桥逆变器一个开关周期的工作波形

图 18.2.1(a)为一个开关周期的工作波形,如果开关频率远大于控制信号的频率,即 $f_s \gg f_1$,可近似认为在一个开关周期中控制信号 $v_{control}$(简称 v_{con})的幅值不变,即 $v_{con} \approx$ const,可按照直流 PWM 来分析。在一个周期中,控制信号与输出电压瞬时平均值 V_{Ao}(一个开关周期中的平均值)的关系与专题 14 中桥式变换器的控制关系相似,只是电源电压不同:

$$V_{Ao} = \frac{v_{con}}{\hat{V}_{tri}} \cdot \frac{V_d}{2} \tag{18.2.1}$$

$$v_{con} = \hat{v}_{con} \sin \omega_1 t \qquad \omega_1 = 2\pi f_1 \tag{18.2.2}$$

不同开关周期之间 v_{con} 是变化的,所以输出电压 v_{Ao} 在一个开关周期上的瞬时平均值 V_{Ao} 也是变化的,该瞬时平均值就是 v_{Ao} 的基波分量。将式(18.2.2)代入式(18.2.1)可以推导出半桥逆变器输出电压基波分量的表达式:

$$(v_{Ao})_1 = V_{Ao} = \frac{\hat{V}_{con}}{\hat{V}_{tri}} \sin \omega_1 t \cdot \frac{V_d}{2} = \left(m_a \cdot \frac{V_d}{2} \right) \sin \omega_1 t \tag{18.2.3}$$

则半桥逆变器输出电压中<u>基波分量</u>峰值$(\hat{V}_{Ao})_1$的表达式如下,基波频率与控制信号(调制波)的频率相同。

$$(\hat{V}_{Ao})_1 = m_a \frac{V_d}{2} \qquad m_a \leqslant 1 \tag{18.2.4}$$

式(18.2.3)揭示了 PWM 逆变器的<u>控制原理</u>:逆变器在 SPWM 控制方式下,调节幅值调制比 m_a 可改变输出电压的基波峰值,调节控制信号频率 f_1 可改变输出电压的基波频率。

Q18.2.1　小功率 UPS 中的升压斩波和半桥逆变电路的结构如图 18.2.2 所示,试分析其工作原理并确定相关参数的取值范围。

解:

1)分析升压斩波和半桥逆变电路的工作原理。

• 图 18.2.2 中半桥逆变器采用 SPWM 控制方式,逆变器输出的 SPWM 波 v_{Ao} 经过输出滤波器后,近似认为滤波器的输出电压 v_o 中仅包含 SPWM 波的基波分量。

• 升压斩波器的作用是将蓄电池 GB 的电压变换为较高的直流母线电压 V_d，满足逆变器工作的需要。

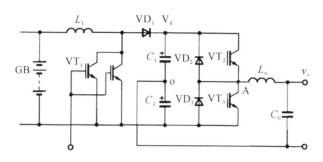

图 18.2.2　UPS 中的直流升压和半桥逆变电路

2）确定直流母线电压 V_d 的取值范围。

• 根据式(18.2.4)，考虑 $m_a \leqslant 1$ 的条件，可推导出逆变器输出电压基波分量峰值 $(\hat{V}_{Ao})_1$ 与直流母线电压 V_d 的关系式：

$$(\hat{V}_{Ao})_1 \leqslant V_d/2 \tag{18.2.5}$$

• 设 UPS 输出电压 v_o 的有效值为 220V，则要求逆变器输出电压的基波有效值 $(V_{Ao})_1$ 为 220V，代入式(18.2.5)，可推导出<u>直流母线电压</u>的取值范围：

$V_d \geqslant 2(\hat{V}_{Ao})_1 = 2 \times \sqrt{2} \times (V_{Ao})_1 = $ _____。

所以，逆变器直流电源电压 V_d 应至少选取为 _____ V。

△

学习活动 18.3　PWM 逆变器输出电压的谐波分量

本节将利用半桥逆变器的仿真模型，观察逆变器输出电压中的谐波分量，并分析其与控制参数的关系。

> Q18.3.1　利用专题 17 的例 Q17.3.2 中建立的半桥臂逆变器仿真模型，观察逆变器输出电压的谐波分量。

解：

1）当 $\hat{V}_{con} = 0.8V$，$f_{con} = 50Hz$，$f_{tri} = 450Hz$ 时，观察输出电压的谐波分量。

• 打开仿真模型 Q17_3_2，检查仿真参数后运行仿真，观察输出电压 v_{Ao} 的频谱图，如图 18.1.1 所示。观察频谱图中输出电压谐波分量的特点。

谐波分量具有边带谐波的特点，即中心频率谐波的幅值较高，两侧还存在边带谐波。

• 观测频谱图中<u>幅值最高谐波</u>的峰值和频率，填入表 18.3.1 的第 3 列中。注：谐波频率 f_h 应为基波频率 f_1 的整数倍，其倍数即为谐波次数 h。

$(\hat{V}_{Ao})_h = $ _____，$f_h = $ _____，$h = f_h/f_1 = $ _____。

2）当 $\hat{V}_{con} = 0.8\,V$，$f_{con} = 50\,Hz$，$f_{tri} = 750\,Hz$ 时，观察输出电压中的谐波分量。

• 修改仿真模型中的<u>载波频率</u>。

三角波（载波）：$f_{tri} = $ _____。

• 运行仿真，观察输出电压 v_{Ao} 的频谱图。观测频谱图中<u>幅值最高谐波</u>的峰值和频率，填入表 18.3.1 的第 3 列中。

$(\hat{V}_{Ao})_h = $ _____，$f_h = $ _____，$f_h = f_h / f_1 = $ _____。

3）观察输出电压中幅值最高谐波的频率与开关频率的关系。

• 根据载波频率的变化计算<u>频率调制比</u>，填入表 18.3.1 的第 2 列中。

• 分析表 18.3.1 中数据，推测输出电压中幅值最高谐波的频率 f_h，与开关频率 f_s 以及频率调制比 m_f 的<u>关系式</u>。

$$f_h = \underline{\hspace{5cm}} \tag{18.3.1}$$

表 18.3.1 频率调制比与输出电压中幅值最高谐波的关系

三角波频率（即开关频率）	频率调制比	输出电压中幅值最高的谐波	
$f_s = 450\,Hz$	$m_f = \dfrac{f_s}{f_1} = $	$f_h = $	$h = $
$f_s = 750\,Hz$	$m_f = \dfrac{f_s}{f_1} = $	$f_h = $	$h = $

$\triangle$

综上所述，半桥逆变器输出电压的频谱图如图 18.3.1 所示，横轴为谐波次数，纵轴为输出电压基波峰值与 1/2 电源电压的比值。图中，<u>谐波分量的特点</u>为：

1）谐波呈现边（频）带特征：以开关频率及其倍数频率为中心，向两侧分布。

2）最低次（边带）谐波的中心频率与开关频率相同，该谐波的幅值最高，谐波次数与频率调制比 m_f 相同。

3）频率调制比 m_f 较大时（≥9），谐波幅值与 m_f 几乎无关。

为了滤除逆变器输出电压中的谐波分量，尤其是幅值较高的低频分量，一般需要在逆变器的输出端接入低通滤波器。

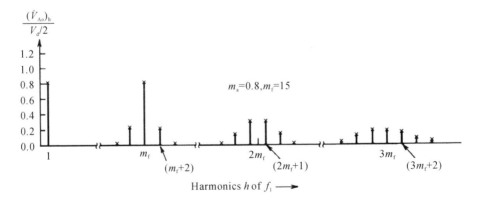

图 18.3.1 半桥逆变器输出电压的频谱图

学习活动 18.4　PWM 逆变器输出滤波器的设计

18.4.1　逆变器输出滤波器的设计方法

为了滤除 PWM 逆变器输出电压中的谐波,一般需要在输出端接入低通滤波器。设计逆变输出滤波器的基本原则如下。

1)由于半桥逆变电路输出电压中最低次(边带)谐波的中心频率与开关频率相同,所以设计低通滤波器时,应使滤波器的转折频率 f_c 远小于开关频率 f_s,一般应在 10 倍以上,以充分滤除输出电压的谐波分量。

2)滤除谐波的同时,应避免低通滤波器对基波分量的衰减作用,所以还应保证转折频率 f_c 远大于控制信号的频率(即基波频率)f_1,一般应在 10 倍以上,使其对输出电压基波分量的衰减较小。

综上所述,确定滤波器转折频率 f_c 的原则如式(18.4.1)所示。如果采用 LC 低通滤波器,其转折频率 f_c 的计算公式如式(18.4.1)所示。作为二阶低通滤波器,对于小于转折频率 10 倍的基波信号没有衰减,对于大于转折频率 10 倍的谐波信号将产生 100 倍以上的衰减。

$$10f_1 \leqslant f_c \leqslant 0.1f_s \qquad f_c = \frac{1}{2\pi\sqrt{LC}} \qquad f_s = m_f f_1 \qquad (18.4.1)$$

式中,f_c 为滤波器的转折频率;f_1 为输出电压的基波频率;f_s 为逆变器的开关频率。

下面通过一个例题来说明逆变器输出滤波器的设计方法。

> Q18.4.1　在专题 17 的例 Q17.3.2 基础上,建立带输出滤波器的半桥逆变电路仿真模型。已知 SPWM 电路中控制信号频率 $f_{con} = 50\text{Hz}$,频率调制比 $m_f = 99$,幅值调制比 $m_a = 0.8$。试确定输出滤波器的参数,并利用电路仿真观察滤波后的输出电压。

解:

1)建立带输出滤波器的半桥逆变电路仿真模型。

• 打开仿真模型 Q17_3_2,在逆变器输出端和负载之间添加 LC 低通滤波器,建立带输出滤波器的半桥逆变电路仿真模型,如图 18.4.1 所示。

• 将原仿真模型中阻感负载改为电阻负载 R,在滤波器输入端添加电压表 v_{oi} 用于观测滤波器之前的波形,在滤波器输出端添加电压表 v_o 用于观测滤波器之后的波形。

2)确定输出滤波器的参数。

• 根据式(18.4.1)确定 LC 滤波器的转折频率。

$$10f_1 = 10f_{con} = 500\text{Hz} \leqslant f_c \leqslant 0.1f_s = 0.1m_f \cdot f_1 = 0.1 \times 99 \times 50 = 495\text{Hz}$$

转折频率可选取为:$f_c = 500\text{Hz}$。

• 将转折频率的取值,代入式(18.4.1)确定 LC 滤波器的电路参数。

$$LC = \left(\frac{1}{2\pi f_c}\right)^2 = \underline{\hspace{4cm}} \Rightarrow L = \underline{\hspace{2cm}}\text{mH} \qquad C = 100\mu\text{F}$$

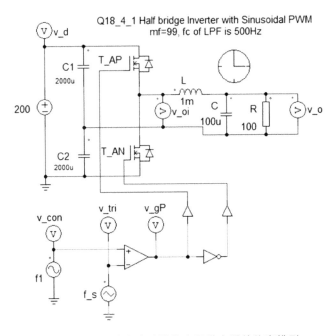

图 18.4.1　带输出滤波器的半桥逆变器的仿真模型

- 根据已知条件和上述计算结果,合理设置仿真参数。

正弦波信号源:$\hat{V}_{\text{con}}=$＿＿＿＿＿,$f_{\text{con}}=$＿＿＿＿＿。

三角波信号源:V_peak to peak＝＿＿＿＿,$\hat{V}_{\text{tri}}=$＿＿＿＿＿,$f_{\text{tri}}=$＿＿＿＿＿。

滤波器和负载:$L=$＿＿＿＿＿,$C=$＿＿＿＿＿,$R=100\Omega$。

仿真控制器:Time Step＝1E−005,Total Time＝＿＿＿＿＿,Print Time＝＿＿＿＿＿。

3)利用仿真实验观察输出滤波器的作用。

- 运行仿真,观测滤波器前、后电压波形及其频谱图,如图 18.4.2 所示。

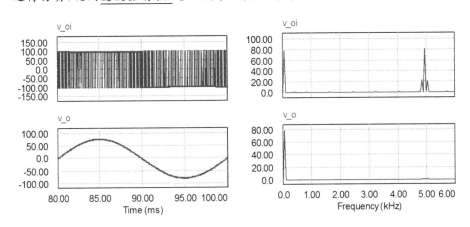

图 18.4.2　带输出滤波器的半桥逆变器的输出电压波形及其频谱图

- 比较滤波器前、后电压波形及其频谱图,分析低通滤波器的作用。

滤波器之前,逆变器输出电压波形中包含＿＿＿＿＿和＿＿＿＿＿成分,滤波之后,电压只包含＿＿＿＿＿成分,说明低通滤波器有滤除＿＿＿＿＿的作用。

- 在频谱图上观测滤波器前、后电压的<u>基波峰值</u>。

观测逆变器输出电压的基波峰值：$(\hat{V}_{oi})_1 = $ _____。

利用式(18.2.4)计算输出电压的基波峰值：$(\hat{V}_{oi})_1 = m_a \dfrac{V_d}{2} = $ _____。

判断仿真观测值与理论计算值是否相等：_____。

观测滤波器后电压的基波峰值：$(\hat{V}_o)_1 = $ _____。

判断滤波器前、后电压的<u>基波峰值</u>是否相等：_____。如不相等,分析其原因。

⊠ 课后思考题 AQ18.1：课后完成步骤 3)。

△

18.4.2　逆变器开关频率的选取原则

在选择<u>开关频率</u>时,应从开关损耗和滤波器设计两个方面综合考虑：

1)开关频率过高,功率开关器件的开关损耗较大,导致发热严重,降低其使用寿命。

2)开关频率过低,输出电压中最低次谐波的频率也相应降低,为滤除该频率的谐波,要求输出滤波器转折频率也较低,则滤波器的 L 和 C 的取值将较大,增加了滤波器的体积和成本。

> Q18.4.2　UPS 中的升压斩波器和半桥逆变电路,如图 18.2.2 所示。设输出滤波器的转折频率为 1kHz,输出电压的基波频率为 50Hz。为有效抑制输出电压中的谐波成分,试确定逆变器的载波比和开关频率的合理取值。注：载波比要求取为奇数。

解：

- 根据式(18.4.1)确定<u>载波比</u>的合理取值。

将已知条件代入式(18.4.1),可得出关系式如下：

$$10 f_1 = 500 \leqslant f_c = 1000 \leqslant 0.1 m_f f_1 = 5 m_f$$

根据上式,可确定载波比的取值范围：

$m_f \geqslant$ _____。

考虑到载波比应为奇数且应取较小的值,以减少开关损耗,则载波比可取为：

$m_f = $ _____。

- 根据载波比确定<u>开关频率</u>的取值：

$f_s = m_f \cdot f_1 = $ _____。

△

专题 18 小结

PWM 逆变器输出电压波形是经过调制的脉冲,脉冲的宽度按照正弦规律变化。输出电压中包含基波分量和谐波分量。在 SPWM 控制方式下,半桥逆变器输出电压<u>基波分量</u>的表达式如式(18.2.3)所示,基波峰值与幅值调制比成正比,基波频率与控制信号(调制波)的频率相同。式(18.2.3)揭示了逆变器的控制原理：逆变器在 SPWM 控制方式下,调节幅值调制比 m_a 可改变输出电压的基波峰值,调节控制信号频率 f_1 可改变输出电压的基波频率。

半桥逆变器输出电压的频谱图如图 18.3.1 所示,其中谐波分量呈现边(频)带特征,最低次(边带)谐波的中心频率与开关频率相同,该谐波的次数与频率调制比相同。为了滤除逆变器输出电压中的谐波分量,一般需要在输出端接入低通滤波器。SPWM 逆变器输出滤波器的转折频率 f_c 应远小于开关频率 f_s,以充分滤除输出电压的谐波分量。

专题 17 和 18 介绍了逆变器的基本结构和工作原理。结合小功率 UPS 电源中的逆变器的设计要求,专题 19 将介绍单相逆变电路的设计方法。

专题 18 测验

R18.1 逆变器在 SPWM 控制方式下,调节控制信号的峰值,即改变幅值调制比,可改变输出电压的_____;调节控制信号的频率 f_1 可改变输出电压的_____。

R18.2 在半桥逆变器输出电压中,最低次谐波为以_____频率为中心的边带谐波。

R18.3 为了滤除输出电压中的谐波,设计 SPWM 逆变器的输出滤波器时,应使低通滤波器的转折频率 f_c 远小于_____频率,以充分滤除输出电压的_____分量。同时还应保证转折频率 f_c 远大于_____频率,使其对输出电压_____分量的衰减较小。

R18.4 半桥逆变器的仿真模型如图 18.4.1 所示,重新设定控制信号幅值和三角波频率后进行仿真,得到逆变器输出电压的频谱如图 R18.1 所示,试回答下列问题。

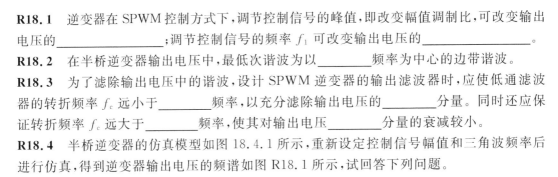

注:第 1 个尖峰的频率为 50,幅值为 50;第 2 个尖峰的频率为 10050,幅值为 108;

图 R18.1　半桥逆变器输出电压的频谱图

1)逆变器的幅值调制比:$m_a =$ _____。

2)仿真模型中控制信号的峰值:$\hat{V}_{con} =$ _____。

3)器件的开关频率:$f_s =$ _____。

4)逆变器的频率调制比:$m_f =$ _____。

5)仿真模型中三角波的频率:$f_{tri} =$ _____。

6)输出滤波器的转折频率可设置为:$f_c =$ _____。

7)如果将转折频率调整为 6)中设定值的 1/2,对滤波器的输出电压将有何影响? 滤波器中 LC 的取值将如何变化?

专题 18
习题

专题 19　单相逆变器的分析与设计

- **承上启下**

专题 17 中介绍的半桥逆变器为各种逆变器拓扑结构的基础。根据电路结构的不同,单相逆变器可分为半桥逆变器和桥式逆变器。本专题将主要介绍桥式逆变器的特点,并进一步讨论逆变器的典型调制方式和控制方式。

- **学习目标**

了解逆变器的典型调制方式和控制方式。

- **知识导图**

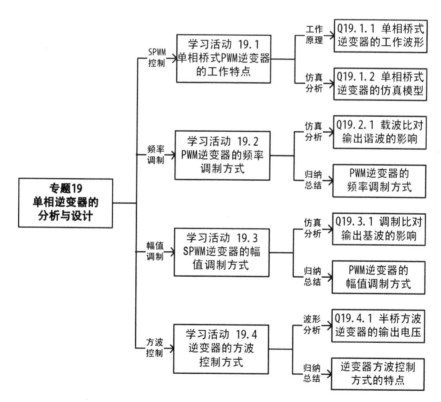

- **基础知识和基本技能**

桥式逆变器的工作特点。

逆变器的频率调制方式。

逆变器的幅值调制方式。

逆变器的方波控制方式。

● *工作任务*

研究逆变器典型调制方式和控制方式的特点。

学习活动 19.1　单相桥式 PWM 逆变器的工作特点

19.1.1　单相桥式逆变器的结构

单相桥式逆变器由两个桥臂(A,B)组成,桥臂中点连接负载,如图 19.1.1 所示。专题 17 中介绍的半桥逆变器的控制方法和分析方法,也适合桥式逆变器。

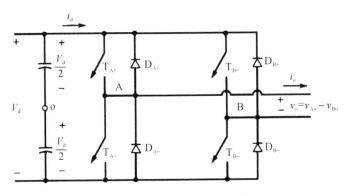

图 19.1.1　单相全桥逆变器

19.1.2　单相桥式逆变器的 SPWM 控制方式

首先通过下例绘制单相桥式 PWM 逆变器的工作波形,并分析其工作特点。

Q19.1.1　单相桥式逆变器如图 19.1.1 所示,采用双极性 SPWM 控制方式时,画出其工作波形,并分析其工作特点。

解:

● 逆变器的SPWM 控制方式,是将期望频率的正弦控制信号与三角波(载波)相比较,以生成开关控制信号,如图 19.1.2 所示。

● 为了获得较高的输出电压,桥式逆变器两个桥臂采取互补开关控制方式,则 4 个开关器件可分为 2 组,开关控制信号以及输出电压的表达式如下:

　　if $v_{con} > v_{tri}$,then $P_1(T_{A+}, T_{B-})$ on,$P_2(T_{A-}, T_{B+})$ off,$v_{AB} = V_d$

　　if $v_{con} < v_{carr}$,then $P_2(T_{A-}, T_{B+})$ on,$P_1(T_{A+}, T_{B-})$ off,$v_{AB} = -V_d$

● 根据上述控制关系,在图 19.1.2 中画出第 1 组器件 $P_1(T_{A+}, T_{B-})$ 开关控制信号的波形,然后根据互补关系再画出第 2 组器件 $P_2(T_{A-}, T_{B+})$ 开关控制信号的波形。最后,画

出输出电压 $v_\mathrm{o}=v_\mathrm{AB}$ 的波形。

• 输出电压波形的特点是:每个开关周期内输出电压极性正负交替变化,所以称为**双极性** SPWM 控制方式。

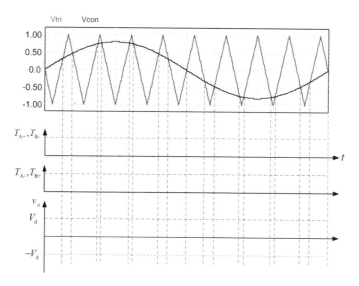

图 19.1.2　双极性 SPWM 控制方式下全桥逆变器的工作波形

上例中,逆变器两个桥臂采取互补开关控制方式,所以在任何时刻,B 桥臂输出电压与 A 桥臂输出电压极性都相反:

$$v_\mathrm{Bo}(t) = -v_\mathrm{Ao}(t) \tag{19.1.1}$$

逆变器总的输出电压为两个桥臂输出电压之差:

$$v_\mathrm{o}(t) = v_\mathrm{Ao}(t) - v_\mathrm{Bo}(t) = 2v_\mathrm{Ao}(t) \tag{19.1.2}$$

上述分析表明,半桥逆变器的分析方法完全适合全桥式逆变器,区别仅在于桥式逆变器输出电压是半桥臂逆变器的 2 倍。结合半桥逆变器输出电压基波峰值的表达式(18.2.4),可以推导出**桥式逆变器输出电压基波峰值的关系式**。

$$(\hat{V}_\mathrm{o})_1 = m_\mathrm{a} V_\mathrm{d} \qquad m_\mathrm{a} \leqslant 1 \tag{19.1.3}$$

19.1.3　单相全桥逆变器的电路仿真

下面建立单相桥式逆变器的电路仿真模型,观察逆变器的工作特点。

> **Q19.1.2**　单相桥式逆变器如图 19.1.1 所示,采用双极性 SPWM 控制方式时,建立其电路仿真模型,并对仿真结果进行观测和分析。

解:

1)建立单相桥式逆变电路和脉宽调制电路的联合仿真模型。

• 打开仿真模型 Q17_3_2,在半桥逆变电路和 PWM 控制电路的联合仿真模型基础上,删去分压电容 C_1 和 C_2,添加 B 桥臂开关器件 $T_\mathrm{B+}$ 和 $T_\mathrm{B-}$,连接 B 桥臂器件的开关控制信号,将负载接在两个桥臂的中点之间,最后建立如图19.1.3所示仿真模型,保存为仿真文件Q19_1_2。

- 根据图19.1.3中的标注,修改相关电压表的名称,其他参数设置与例 Q17.3.2相同。

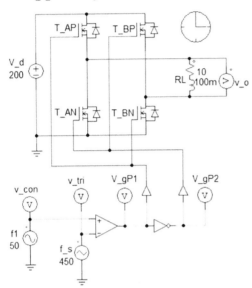

图 19.1.3　单相全桥逆变器的仿真模型

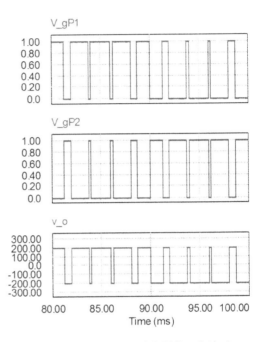

图 19.1.4　单相全桥逆变器的工作波形

2)通过仿真实验观测逆变器输出电压的基波分量。

- 运行仿真,观察开关控制信号的生成过程和输出电压的波形,如图19.1.4所示。
- 观测输出电压 v_o 的频谱图,读出基波分量的峰值和频率。

观测输出电压基波峰值:$(\hat{V}_o)_1 =$ _____。

根据式(19.1.3)计算输出电压基波峰值:$(\hat{V}_o)_1 = m_a V_d =$ _____。

判断基波峰值的仿真观测值与理论计算值是否一致:_____。

观测输出电压的基波频率:$f_1 =$ _____。

判断基波频率的观测值与控制信号 v_{con} 的频率设定值是否一致:_____。

3)例 Q18.2.2所示 UPS 逆变电路,如果采用桥式逆变器,为了使输出电压 v_o 的有效值为220V,试确定逆变器直流电源电压的取值范围。

- 根据式(19.1.3),考虑到 $m_a \leqslant 1$ 的限制,可推导出 V_d 的取值范围。

$$\left.\begin{array}{r}(\hat{V}_o)_1 = m_a V_d \\ m_a \leqslant 1\end{array}\right\} \Rightarrow V_d \geqslant (\hat{V}_o)_1 = \underline{\hspace{4cm}}。$$

4)试从电路结构的复杂程度和输出电压的高低出发,比较半桥和桥式逆变器的特点。

- 半桥逆变器输出电压_____,电路结构_____。
- 桥式逆变器输出电压_____,电路结构_____。

学习活动 19.2　PWM 逆变器的频率调制方式

19.2.1　频率调制比与输出电压谐波的关系

在控制信号频率 f_1 变化时,如何选取合适的开关频率 f_s 呢? 这就涉及协调开关频率与控制信号频率两者关系的问题,而两者的比值为频率调制比。频率调制方式即如何选取频率调制比 m_f 的问题。下例将通过电路仿真观察频率调制比与输出电压谐波分量的关系,以归纳出选取频率调制比的基本原则。

> Q19.2.1　在例 Q19.1.1 基础上,选取不同的频率调制比,观察桥式逆变器输出电压谐波分量的特点。

解:

1)通过仿真实验,观察频率调制比对输出电压谐波分量的影响。

• 根据表 19.2.1 的第 2 行中给定的频率调制比 m_f,计算对应的<u>载波频率</u> f_s 并填入表中。然后打开仿真模型 Q19_1_2,根据载波频率设置三角波的频率。运行仿真,观测输出电压的频谱图,观察其<u>谐波分量</u>的特点,填入表 19.2.1 的第 2 列中。

• 同理,分别根据表 19.2.1 的第 3、4 行中给定的不同频率调制比,计算并设置仿真模型中的<u>载波频率</u>。运行仿真,观察其<u>谐波分量</u>的特点,填入表 19.2.1 的第 2 列中。

表 19.2.1　不同频率调制比时输出电压的谐波分量

频率调制比和载波频率		较显著的谐波中(峰值＞5),最低次谐波的频率和峰值	
$m_f = f_s/f_1 = 9$	$f_s = m_f \cdot f_1 =$	$f_h =$	$(\hat{V}_{Ao})_h =$
$m_f = f_s/f_1 = 9.5$	$f_s = m_f \cdot f_1 =$	$f_h =$	$(\hat{V}_{Ao})_h =$
$m_f = f_s/f_1 = 10$	$f_s = m_f \cdot f_1 =$	$f_h =$	$(\hat{V}_{Ao})_h =$

2)根据表 19.2.1 中的仿真结果,从减少谐波角度分析选取频率调制比的原则。

• 首先,若频率调制比 m_f 不是整数(比如 9.5),将产生基波频率附近的谐波(比如 2 次谐波),所以频率调制比应取为<u>整数</u>。

• 此外,频率调制比应取为<u>奇数</u>,保证输出电压波形对称,使输出电压中只有奇次谐波,无偶次谐波。

⊠ 课后思考题 AQ19.1:从抑制输出电压谐波分量的角度,试分析 SPWM 的载波采用三角波而不是锯齿波,而且载波与调制信号相比相位滞后 90° 的原因。

△

从谐波理论上分析,频率调制比 m_f 为奇数,逆变器输出电压波形(SPWM 波)对称,则输出电压中只有奇次谐波,无偶次谐波。一个调制信号周期 T_1 内,SPWM 波形对称应满足以下两个条件。图 19.2.1 为频率调制比等于 15 时,半桥逆变器输出电压波形及其对称关系。

1 个周期内正负半波对称:
$$f(t) = -f\left(t + \frac{1}{2}T_1\right) \tag{19.2.1}$$

1 个半波内前后 $\frac{1}{4}$ 周期对称:
$$f(t) = f\left(\frac{1}{2}T_1 - t\right) \tag{19.2.2}$$

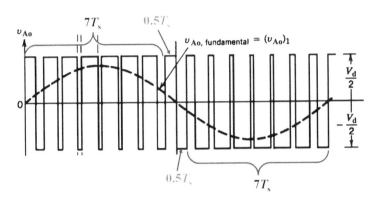

图 19.2.1　半桥逆变器输出电压波形($m_f = 15$)

19.2.2　SPWM 逆变器的频率调制方式

在 SPWM 调制过程中,根据三角波(载波)与控制信号(调制波)相位之间的同步关系,可将频率调制方式分为以下三类。

1)同步 PWM 调制。三角波与控制信号应保持同步关系,即要求 m_f 为恒定的奇数,如式(19.2.3)所示,这种调制关系称为同步 PWM 调制。同步调制方式意味着三角波(载波)的频率需与逆变器期望的输出频率同步变化。

$$m_f = \frac{f_s}{f_1} = \text{const} \tag{19.2.3}$$

例如,采用同步调制,且 $m_f = 15$,则:

当控制信号频率 $f_1 = 50\text{Hz}$ 时,三角波的频率应精确地选取为:
$$f_s = m_f \cdot f_1 = 15 \times 50 = 750\,(\text{Hz})$$

当控制信号频率变为 $f_1 = 30\text{Hz}$ 时,三角波的频率需相应调整为:
$$f_s = m_f \cdot f_1 = 15 \times 30 = 450\,(\text{Hz})$$

同步调制的缺点:控制信号频率 f_1 较高时,开关频率会过高,使开关器件难以承受。因此,同步调制适用于 m_f 较小(例如 $m_f < 21$)的情况。

2)异步 PWM 调制。当 m_f 较大时,由于 m_f 不是整数所产生基波频率的谐波幅值较小,可使三角波频率保持恒定,如式(19.2.3)所示。此时三角波频率不随控制信号频率而变化,两者不再是同步关系,故称异步 PWM 调制。

$$f_s = \text{const} \qquad m_f = \frac{f_s}{f_1} \neq \text{const} \tag{19.2.4}$$

异步调制的缺点:m_f 是变化的,且往往不是整数,输出电压中含有的低频谐波。因此,异步调制适用于 m_f 较大(例如 $m_f > 21$)的情况。

3)**分段同步调制**。分段同步调制是异步调制和同步调制的综合应用:把整个控制信号 f_1 的频率变化范围划分成若干个频段,每个频段内保持 m_f 恒定,不同频段的 m_f 不同。在 f_1 较高的频段采用较低的 m_f,使三角波频率不致过高;在 f_1 较低的频段采用较高的 m_f,使三角波频率不致过低。

图 19.2.2 为某分段同步调制示意图,先确定低频段的 $m_{f1}=201$,然后根据最大和最小开关频率的限制,可确定其后各频率段的起止范围和频率调制比。例如,最低 2 个频段的设置如下:

$$m_{f.1}=201 \qquad f_1 \in [0, f_{1.2}] \tag{19.2.5}$$

$$m_{f.2}=141 \qquad f_1 \in [f_{1.2}, f_{1.3}] \tag{19.2.6}$$

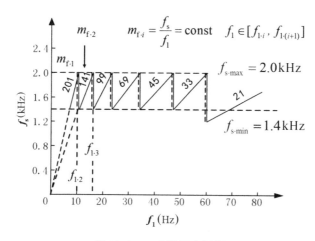

图 19.2.2　分段同步调制

Q19.2.2　分段同步调制如图 19.2.2 所示,第 1 个频段的调制比是 201,其后各频段内开关频率要求限制在 1.4k～2.0kHz,试确定各频段的起止频率,以及对应的频率调制比。

解:

- 首先根据上限开关频率,确定第 1 频段的终止频率 $f_{1.2}$。

- 然后根据下限开关频率,确定第 2 频段的频率调制比 $m_{f.2}$(取奇数)。

- 同理,再根据上限开关频率,确定第 2 频段的终止频率 $f_{1.3}$。

- 根据下限开关频率,确定第 3 频段的频率调制比 $m_{f.3}$(取奇数)。

⊠课后思考题 AQ19.2:课后完成本例题。

△

分段同步调制既保证 m_f 为整数,又通过分段调节的方式使器件工作于较高的开关频率。由于较高频率的谐波易于被滤除,所以希望选取尽可能高的开关频率。但是开关损耗与开关频率成比例上升,需要折中选取开关频率。在很多应用中,开关频率 f_s 被选取为高于 20kHz(高于音频范围,以消除音频噪声)。

学习活动 19.3　SPWM 逆变器的幅值调制方式

19.3.1　幅值调制比与输出电压的关系

逆变器在 SPWM 控制方式下,调节幅值调制比 m_a 可改变输出电压的基波峰值。之前的分析中都假设 $m_a<1$,下例将通过电路仿真观察 $m_a>1$ 时,幅值调制比与输出电压的关系。

> **Q19.3.1**　在例 Q19.1.1 基础上,选取不同的幅值调制比,观察输出电压基波峰值的特点,以及谐波分量的情况。

解:

1)通过仿真实验,观察幅值调制比对逆变器输出电压频谱的影响。

• 根据表 19.3.1 的第 2 行中给定的幅值调制比 m_a,计算 SPWM 电路中<u>正弦控制信号</u>峰值 $\hat{V}_{con}$ 并填入表中。然后打开仿真模型 Q19_1_2,根据上述计算结果设置正弦控制信号峰值,运行仿真,观测输出电压的频谱图,观察其<u>基波分量</u>和<u>谐波分量</u>的特点,填入表 19.3.1 的第 2、3 列中。

• 同理,分别根据表 19.3.1 的第 3、4 行中给定的不同幅值调制比,计算并设置仿真模型中<u>正弦控制信号</u>的峰值。运行仿真,观察其<u>基波分量</u>和<u>谐波分量</u>的特点,填入表 19.3.1 的第 2、3 列中。

表 19.3.1　不同幅值调制比时输出电压的频谱特点

幅值调制比	输出电压基波峰值	较显著的谐波中(峰值>5),最低次谐波的频率和峰值	
$m_a=\dfrac{\hat{V}_{con}}{\hat{V}_{tri}}=1, \hat{V}_{con}=$	$(\hat{V}_o)_1=$	$f_h=$	$(\hat{V}_{Ao})_h=$
$m_a=\dfrac{\hat{V}_{con}}{\hat{V}_{tri}}=1.5, \hat{V}_{con}=$	$(\hat{V}_o)_1=$	$f_h=$	$(\hat{V}_{Ao})_h=$
$m_a=\dfrac{\hat{V}_{con}}{\hat{V}_{tri}}=2, \hat{V}_{con}=$	$(\hat{V}_o)_1=$	$f_h=$	$(\hat{V}_{Ao})_h=$

2)根据表 19.3.1 中的仿真结果,分析幅值调制比与输出电压频谱的关系。

• 当 $m_a<1$ 时,幅值调制比与输出电压基波分量之间为_____控制关系,最低次谐波的频率在_____频率附近。

• 当 $m_a>1$ 时,幅值调制比与输出电压基波分量之间为_____控制关系。虽然提高幅值调制比可提高输出电压基波的峰值,但输出电压中将存在_____频率附近的谐波。

19.3.2　SPWM 逆变器的幅值调制方式

在 SPWM 调制过程中,根据正弦控制信号峰值与三角波峰值之间的关系,可将幅值调制方式分为两类。

1)线性调制方式。线性调制时 $m_a < 1$,SPWM 处于线性工作区,即 m_a 与输出电压基波分量之间为线性控制关系。以半桥臂逆变器为例,输出电压基波峰值的表达式如式(19.3.1)所示。线性调制的优点是 SPWM 将谐波推到高频区域(开关频率以上),缺点是基波的最大幅值不够高。如果需要逆变器输出更高的基波电压,则可采用过调制方式。

$$(\hat{V}_{Ao})_1 = m_a \cdot \frac{V_d}{2} \qquad m_a \leqslant 1 \tag{19.3.1}$$

2)过调制方式。过调制时 $m_a > 1$,可提高输出电压中基波的峰值。以半桥逆变器为例,过调制时输出电压基波峰值变化的范围如式(19.3.2)所示。过调制的缺点是输出电压中包含更多的谐波,且存在基波频率附近的谐波。

$$\frac{V_d}{2} < (\hat{V}_{Ao})_1 < \frac{4}{\pi} \cdot \frac{V_d}{2} \tag{19.3.2}$$

综上所述,幅值调制比与输出电压基波的关系如图 19.3.1 所示。

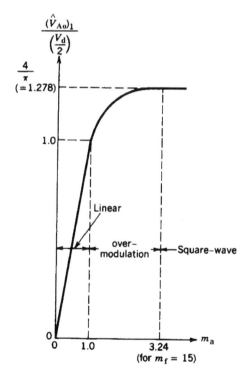

图 19.3.1　幅值调制比与输出电压基波的关系

在图 19.3.1 中,横轴为幅值调制比 m_a,纵轴为输出电压基波峰值与 1/2 电源电压的比值。曲线分为三段:

1)当 $m_a < 1$ 时,为线性调制方式。基波峰值与 m_a 是线性关系,且几乎与 m_f 无关($m_f > 9$)。

2)当$1<m_a<3.24$时,为过调制方式。基波峰值与m_a是非线性关系,且与m_f有关。

3)当$m_a>3.24$时,为方波控制方式。输出波形由PWM波变为方波。

过调制方式常用于感应电机驱动,可获得较高的输出电压基波分量,但由于存在较低频率的谐波分量,而不适用于对输出电压波形畸变要求较高的不间断电源。

学习活动 19.4 逆变器的方波控制方式

方波控制方式是PWM控制的特例(m_a足够大时)。方波控制方式下,在期望输出频率的一个周期内,桥臂上的每个开关持续导通半个周期、关断半个周期,即只开关1次。下面通过下例分析方波控制方式下半桥逆变器的工作特点。

> Q19.4.1 半桥逆变器如图17.2.1所示,采用方波控制方式时,画出逆变器的工作波形,并分析逆变器输出电压的特点。

解:

1)绘制方波控制方式下半桥逆变器的工作波形。

• 方波控制方式下,在期望输出频率的一个周期内,桥臂上的每个开关持续导通半个周期、关断半个周期,即只开关1次。在图19.4.1中,画出上桥臂器件T_{A+}的开关控制信号波形,假设($0\sim\pi$)区间开关闭合、($\pi\sim2\pi$)区间开关断开。根据互补开关的原则,画出下桥臂器件T_{A-}的开关控制信号波形(高电平表示闭合,低电平表示断开)。

• 根据开关控制信号分析A桥臂对电源中点o的输出电压波形,画在图19.4.1中。

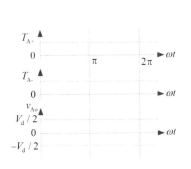

图 19.4.1 方波控制方式下
逆变器工作波形

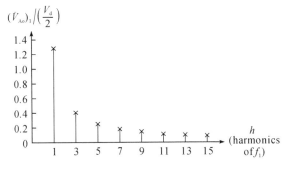

图 19.4.2 方波控制方式下
输出电压的频谱图

2)观察方波控制方式下逆变器输出电压的频谱特点。

• 如图19.4.1所示,方波控制方式下半桥逆变器输出电压为交流方波,交流方波傅里叶级数的推导过程详见专题6。

• 半桥逆变器输出电压的频谱如图19.4.2所示,横轴为谐波次数h,纵轴为输出电压基波峰值与1/2电源电压的比值。输出电压基波分量和谐波分量的表达式如下。

$$(\hat{V}_{Ao})_1 = \frac{4}{\pi} \cdot \frac{V_d}{2} \tag{19.4.1}$$

$$(\hat{V}_{Ao})_h = \frac{(\hat{V}_{Ao})_1}{h} \qquad h = 3, 5, \cdots \tag{19.4.2}$$

△

方波控制方式下,桥式逆变器两桥臂互补控制,各导通半个周期,工作波形与图 19.4.1 类似,只是输出电压的幅值不同。桥式逆变器输出电压的幅值为半桥臂逆变器的 2 倍,结合式(19.4.1),可以得到方波控制方式下桥式逆变器输出电压基波峰值如式(19.4.3)所示,输出电压谐波分量的表达式与式(19.4.2)相同。

$$(\hat{V}_o)_1 = \frac{4}{\pi} \cdot V_d \tag{19.4.3}$$

与 SPWM 控制方式相比,逆变器方波控制方式的优点是器件开关频率低,适用于大功率感应电机驱动等场合;缺点是谐波含量高,且逆变器不能控制输出电压的幅值。

专题 19 小结

根据电路结构的不同,单相逆变器可分为半桥逆变器和桥式逆变器。单相桥式逆变器由两个桥臂(A,B)组成,桥臂中点连接负载,如图 19.1.1 所示。

为了获得较高的输出电压,桥式逆变器两个桥臂采取互补开关控制方式。在双极性 SPWM 控制方式下,控制信号与三角波相比较,产生两对互补的开关的控制信号。半桥逆变器的控制方法和分析方法,也适合桥式逆变器。区别仅在于桥式逆变器输出电压是半桥臂逆变器的 2 倍。

在 SPWM 型逆变器采用正弦脉宽调制的控制方式,其中调制方式的选择十分重要。

1)在 SPWM 调制过程中,根据三角波与控制信号相位之间的同步关系,可将频率调制方式分为 3 类:同步 PWM 调制、异步 PWM 调制和分段同步调制。同步调制时,频率调制比 m_f 应设置为奇数,使逆变器输出电压波形(SPWM 波)对称,则输出电压中只有奇次谐波,无偶次谐波。

2)在 SPWM 调制过程中,根据控制信号与三角波峰值之间的关系,可将幅值调制方式分为两类:线性调制方式和过调制方式。当 $m_a < 1$ 时,基波峰值与 m_a 是线性关系,故称为线性调制方式;当 $m_a > 1$ 时,基波峰值与 m_a 是非线性关系,且可以提高输出电压的基波峰值,故称为过调制方式。当 m_a 足够大时,输出波形由 PWM 波变为方波,称为方波控制方式。

方波控制方式是 PWM 控制的特例(m_a 足够大时)。方波控制方式下,在期望输出频率的一个周期内,桥臂上的每个开关持续导通半个周期、关断半个周期,即只开关 1 次。方波控制方式的优点是器件开关频率低,适用于对输出电压要求不高的大功率感应电机驱动等场合。

专题 19 测验

R19.1　半桥逆变器的分析方法完全适合桥式逆变器,区别仅在于桥式逆变器输出电压是半桥臂逆变器的_____倍。与桥式逆变器相比,半桥逆变器的优点是电路结构_____,缺点是输出电压_____。

R19.2　三角波与控制信号保持_____关系,即要求 m_f 为_____,这种调制关系称为同步 PWM 调制。同步调制的优点是输出电压中不含_____谐波；缺点是控制信号频率 f_1 较高时，_____频率会过高，使开关器件难以承受。同步调制适用于_____较小的情况。

R19.3 三角波频率不随控制信号频率而变化，两者不再是_____关系，故称异步 PWM 调制。异步调制的优点是可使_____保持恒定，便于实现；缺点是 m_f 是变化的，且往往不是整数，输出电压中含有_____谐波。异步调制适用于_____较大的情况。

R19.4 分段同步调制是_____和_____的综合应用：把整个控制信号 f_1 的频率变化范围划分成若干个频段，每个频段内保持 m_f_____，不同频段的 m_f_____。

R19.5 同步调制时频率调制比 m_f 应取为_____，保证输出电压波形对称，使输出电压中只有_____谐波，无_____谐波。

R19.6 SPWM 控制方式下，$m_a < 1$ 时为_____调制，$m_a > 1$ 时为_____调制。与线性调制相比，过调制的优点是可提高输出电压中基波的_____。过调制的缺点是输出电压中包含更多的谐波，且存在_____附近的谐波。过调制模式常用于_____，而不用于对波形畸变要求较高的_____。

R19.7 与 SPWM 控制方法相比，逆变器方波控制方式的优点是器件_____低，缺点是_____高，且逆变器不能控制_____幅值。

R19.8 方波控制方式是 PWM 控制的特例，当_____足够大时，PWM 逆变器的输出电压变为方波。方波控制方式适用于_____等场合。

专题 19
习题

专题 20　小功率 UPS 主电路综合设计

• 承上启下

UPS 的主电路包含了多种电能变换的形式,是一种典型电力电子装置 (详见附录 10)。单元 2 和单元 4 围绕小功率 UPS 主电路的设计,介绍了其中包含的典型变流电路。本专题是小功率 UPS 设计的最后一个专题,将以小功率双变换在线式 UPS 为例,结合前面学习过的变流电路,介绍 UPS 主电路的综合设计。

附录 10

• 学习目标

了解小功率双变换在线式 UPS 的电路结构和工作原理。

• 知识导图

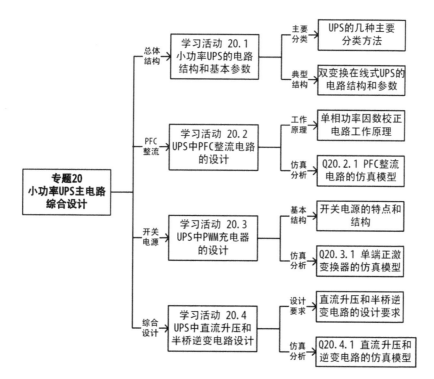

• 基础知识和基本技能

小功率双变换在线式 UPS 的电路结构。

UPS 中 PFC 整流电路的设计。

UPS中蓄电池PWM充电电路的设计。

UPS中直流升压和半桥逆变电路的设计。

• 工作任务

小功率UPS主电路的综合设计。

学习活动20.1　小功率UPS的电路结构和基本参数

20.1.1　UPS的分类

UPS在市电供电时,系统输出无干扰工频交流电。当市电掉电时,UPS系统由蓄电池通过逆变供电,输出工频交流电。UPS有几种分类方法:

1)按输入输出相数分:单进单出、三进单出和三进三出UPS。本专题将介绍单进单出型UPS。

2)按功率等级分:微型($<$3kV·A)、小型(3k$\sim$10kV·A)、中型(10k$\sim$100kV·A)和大型($>$100kV·A)。本专题将介绍小型UPS。

3)按电路结构形式分:后备式、在线互动式、三端口式(单变换)、双变换在线式、Delta变换型等。其中双变换在线式UPS最为典型,且性能较为优越。

4)按输出波形的不同分:可分为方波和正弦波两种。双变换在线式UPS输出波形为正弦波。

本专题将重点介绍双变换在线式UPS的电路结构和主要参数。

20.1.2　双变换在线式UPS的电路结构

双变换在线式UPS的原理性结构如图20.1.1所示,由整流器、逆变器、蓄电池、静态开关等部件组成,除此还有间接向负载提供市电(备用电源)的旁路装置。

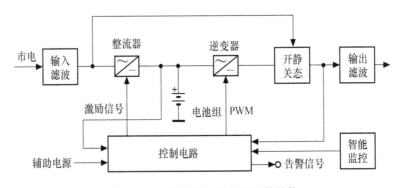

图20.1.1　双变换在线式UPS的结构

6k$\sim$10kV·A双变换在线式UPS的典型电路结构,如图20.1.2所示。其工作原理如下:

1)输入市电通过开关S_1,一路送到两级输入滤波器的输入端,而后经PFC整流器将交

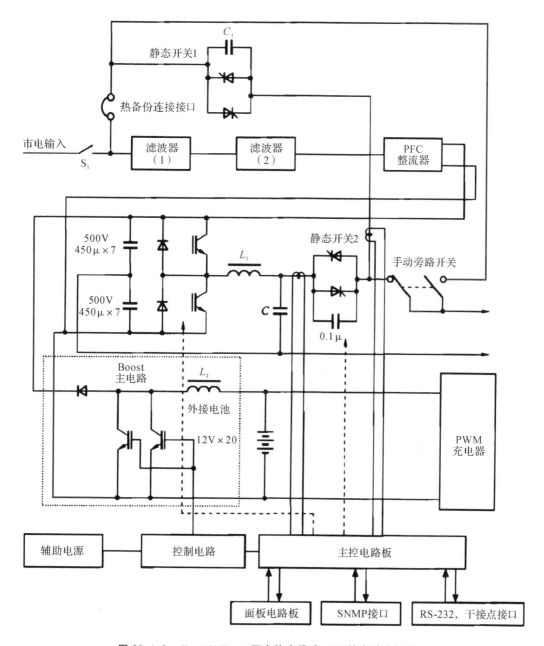

图 20.1.2　6k～10kV·A 双变换在线式 UPS 的电路方框图

流电压转换成直流电压并升压后送到逆变器的输入端。该直流电压经逆变器再转换成交流电压并经 L_1C 滤波后,通过静态开关 2 送到手动旁路开关的闭合点,并由此送至负载。

2)输入市电通过开关 S_1 后的另一路,经热备份连接接口送到旁路静态开关 1 的输入端,其输出端连到主回路静态开关 2 的输出端。当负载异常或逆变器出现故障时,静态开关 2 被关断,而静态开关 1 被闭合,将市电输送到手动旁路开关的闭合点。

3)当 UPS 需要修理时,可断开静态开关 1,然后用手动旁路开关接通市电,由市电直接向负载供电。

4)市电正常时,还有一路市电通过 PWM 充电器为蓄电池充电。市电断电时,蓄电池通过直流升压电路为逆变器提供直流电压,该直流电压经逆变器再转换成交流电压,实现不间断的供电。

20.1.3 双变换在线式 UPS 的基本参数

6k~10kV·A 双变换在线式 UPS 的基本参数如表 20.1.1 所示。在表 20.1.1 中,UPS 的主要参数包括额定容量(如 6kV·A)、输入电压(一般具有较宽的电压范围,如工频 AC 160~276V,以适应电网电压的波动)、输出电压(输出电压为工频 AC 220V,稳定度较高,如±1%)、电池数量(如每节 12V/7Ah,20 节串联)等。

表 20.1.1 6k~10kV·A 双变换 UPS 的基本参数

型　号	项　目	基本性能参数	
输出额定容量		6kV·A	10kV·A
输入	电压范围	160~276V	
	频率范围	(50±5)Hz	
	功率因数	≥0.98	
输出	电压	220V	
	频率	50Hz	
	电压稳定度	±1%	
	频率稳定度	±0.5%(电池供电时)	
	过载能力	125%时 1min,>150%时 200ms	
	系统效率	90%	
电池	直流电压	240V	240V
	阀控电池	12V/7Ah×20	2V/7Ah×20×2
	备用时间(满载)	6min	8min
充电时间	回充至90%	8h	
转换时间	停电或恢复	零中断	
噪音	1m 距离	<50dB	<55dB
环境	温度	0~40℃	
	湿度	5%~95%(不结露)	

Q20.1.1 双变换在线式 UPS 的电路方框图如图 20.1.2 所示,基本参数如表 20.1.1 所示,根据上述技术资料,分析 UPS 的工作原理并确定相关电路参数。

解:

* UPS 的输出电压为_____V 交流电。逆变部分采用_____逆变器,逆变器直流

输入电压应至少为＿＿＿＿＿＿ V，参见例 Q18.2.2。

- UPS 的输入电压为＿＿＿＿＿＿ V 交流电，功率因数大于＿＿＿＿＿＿。设 PFC 整流器输出电压的平均值为 $V_d = 640V$，则 PFC 整流器的主要作用是：＿＿＿＿＿＿并＿＿＿＿＿＿整流器输出电压，＿＿＿＿＿＿整流器功率因数。

- 蓄电池组的直流电压为＿＿＿＿＿＿ V。Boost 主电路的作用是＿＿＿＿＿＿，输出电压与输入电压的比值约为＿＿＿＿＿＿。

- ＿＿＿＿＿＿开关的作用是当逆变器出现故障时，将负载切换到热备供电回路。当 UPS 需要修理时，用＿＿＿＿＿＿开关接通市电，由市电直接向负载供电。

△

学习活动 20.2　UPS 中 PFC 整流电路的设计

20.2.1　功率因数校正概述

很多电力电子装置的输入级采用二极管构成的电容滤波整流电路，如图 8.1.1 所示。这种电路的优点是结构简单、成本低、可靠性高，但缺点是输入电流不是正弦波，包含大量谐波，导致功率因数较低。专题 8 对其工作原理以及谐波和功率因数等问题已进行了初步分析。电容滤波整流电路输入电流畸变的主要原因在于：二极管整流电路不具有对输入电流的可控性，当电源电压高于电容电压时，二极管导通，并产生较高的充电电流；当电源电压低于电容电压时，二极管阻断，输入电流为零。这样就形成了电源电压峰值附近的输入电流脉冲，参见图 8.1.1 中的电源电流波形。

解决输入电流畸变的有效方法就是：对整流器输入电流脉冲的幅度进行抑制，使电流波形尽量接近正弦波，这一技术称为功率因数校正（Power Factor Correction，PFC）技术。根据采用的具体方法的不同，可以分成无源功率因数校正和有源功率因数校正两种。

1)无源功率因数校正。通过在二极管整流电路中增加电感、电容等无源元件，对电路中的电流脉冲进行抑制，以降低电流谐波含量，提高功率因数。图 8.1.3 所示 LC 滤波的二极管整流电路，就是一种典型的无源功率因数校正电路。这种方法的优点是简单、可靠，无须进行控制，而缺点是增加的无源元件一般体积较大、成本较高，并且功率因数通常仅能校正至 0.8 左右，而且谐波含量仅能降至 50% 左右，难以满足现行谐波标准的限制。

2)有源功率因数校正。采用全控开关器件构成的变换电路对输入电流的波形进行控制，使之成为与电源电压同相的正弦波。采用有源功率因数校正的整流器，输入电流的总谐波含量可以降低至 5% 以下，而功率因数能高达 0.99，彻底解决整流电路的谐波污染和功率因数低的问题，从而满足现行最严格的谐波标准，因此获得了广泛的应用。

本专题中将结合小功率 UPS 的整流电路，介绍单相功率因数校正电路（PFC 整流器）的工作原理。

20.2.2 单相功率因数校正电路的工作原理

电源中常用的单相有源功率因数校正电路(PFC 整流器)的电路结构及其工作波形如图 20.2.1(a)所示。主电路由单相二极管桥式整流器和直流升压斩波器组成,二极管整流电路的作用是将交流变为直流(工作原理详见专题 7),升压斩波电路的作用是提高和稳定输出电压(工作原理详见专题 11)。控制电路由电压控制的反馈环路(外环)和电流控制的反馈环路(内环)组成,外环的作用是稳定斩波器输出电压的幅值,内环的作用是控制电感电流的波形。下面简单介绍图 20.2.1 中 PFC 整流器实现功率因数校正的原理。

1)电压给定 v_d^* 和升压斩波器实际输出电压 v_d 比较后,误差信号送入电压控制器,控制器的输出为电感电流的幅值指令信号 i_d,i_d 和交流电源电压同步信号的绝对值(见图 20.2.1(b)中波形 $|v_{syn}|$)相乘得到电感电流的波形指令信号 i^*(正弦半波)。该指令信号和实际电感电流信号比较后,通过电流跟踪控制器产生 PWM 信号(见图 20.2.1(b)中波形 S),对斩波器中开关器件 S 进行控制。

2)对于升压斩波电路,只要输入电压不高于输出电压,电感 L 的电流就可以受开关 S 的控制:S 开通时,电感电流上升;S 关断时,电感电流下降。电流跟踪控制的作用是使电感电流(见图(b)中波形 i_L)跟踪指令信号 i^*(正弦半波),从而使整流器输入电流波形近似为与交流电压相位相同的正弦波,达到减小电流谐波、提高功率因数的目的。

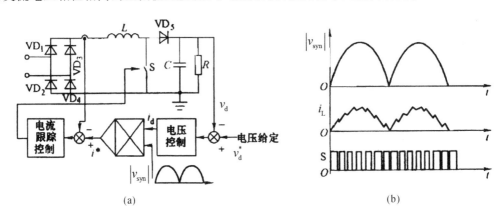

(a)　　　　　　　　　　　　　　　(b)

图 20.2.1　单相有源 PFC 电路及其主要波形

20.2.3　UPS 中 PFC 整流器的设计和仿真

6k～10kV·A 双变换在线式 UPS 的电路结构如图 20.1.2 所示,其中 PFC 整流器的电路结构如图 20.2.1(a)所示。该整流器在实现高功率因数的同时,也将输出电压控制在 640V 左右,满足半桥逆变电路对直流电源电压的要求。

Q20.2.1　建立图 20.1.2 中 PFC 整流电路的仿真模型,观察和分析仿真结果。

解：

1）建立 PFC 整流电路的仿真模型。

• 根据图 20.2.1(a)中 PFC 整流电路的结构，建立 PFC 整流电路的仿真模型，如图 20.2.2 所示，保存为仿真文件 Q20_2_1。

• 电流波形的指令信号 i_{ref} 的峰值为：

$$\hat{I}_{\text{ref}} = 3.11 \times I_{\text{d}} \tag{20.2.1}$$

Q20_2_1
建模步骤

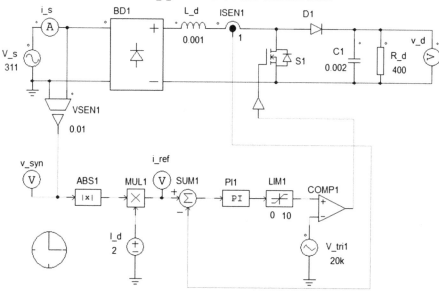

Q20_2_1 Boost Power Factor Correction Circuit

图 20.2.2　单相 PFC 整流器的仿真模型

2）设置仿真参数。

• 合理设置仿真控制器的参数，观测工频交流电一个周期内电路的稳态工作波形。
Time Step＝1E−006，Total Time＝2.02，Print Time＝2，Print Step＝5。

参数 Print Step 设置为 5 的作用是：每 5 个采样点（步长）打印一个数据，以保证绘制仿真波形时总的打印点数不超过 6000 的限制（demo 版）。

3）观测仿真结果。

• 运行仿真，观测电流波形的指令信号 i_{L}、电感电流 i_{L}、交流电源电流 i_{s}、斩波器输出电压 v_{d} 的波形，如图 20.2.3 所示。由于采用脉宽调制的方式实现限流跟踪，所以电感电流中存在大量谐波，电流波形高频振荡，但其瞬时平均值与给定信号 i_{ref} 相同。同理，电源电流 i_{s} 中也存在大量谐波，其基波分量与电源电压的相位相同，且谐波分量频率较高，使整流器的功率因数接近 1。

• 观测交流电源电流 i_{s} 的频谱图，记录并分析仿真数据。

观测电源电流的基波峰值：$(\hat{I}_{\text{s}})_1 = $ _____。

观测幅值最高谐波的频率：$f_{\text{h}} = $ _____。

电源电流 i_{s} 的期望波形与指令信号 i_{ref} 的波形基本相同（负半轴反相），将相关参数的取值代入式(20.2.1)，计算电源电流的设定值：

计算电源电流 i_s 基波峰值的设定值：$\hat{I}_{ref}=3.11\times I_d=$ _____。

判断电源电流的仿真观测值与设定值是否一致：_____。

- 观测 PFC 整流器<u>输出电压</u>(即斩波器输出电压)的平均值 V_d。

观测输出电压平均值：$V_d=$ _____。

本例中，忽略变换器内部的功率损耗，根据功率相等的原则，可推导出 PFC 整流器输出电压平均值 V_d 的计算公式如下：

$$P_{in}=P_{out}\Rightarrow \frac{220\times(\hat{I}_s)_1}{\sqrt{2}}=\frac{V_d^2}{R_d}\Rightarrow V_d^2=\frac{220\times(\hat{I}_s)_1\times R_d}{\sqrt{2}} \tag{20.2.2}$$

式中，P_{in} 为整流器输入功率，可用电源电压有效值 220V 与电源基波电流有效值 $(\hat{I}_s)_1/\sqrt{2}$ 的乘积来估算；P_{out} 为整流器输出功率，可用负载电阻 R_d 上消耗的功率 V_d^2/R_d 来估算。忽略整流器内部的损耗，可以近似认为 $P_{in}=P_{out}$，进而推导出输出电压平均值 V_d 的计算公式。将相关参数的取值代入式(20.2.2)，可以估算出输出电压平均值 V_d 的理论值。

估算输出电压平均值：$V_d=$ _____。

判断输出电压平均值的仿真观测值与理论计算值是否一致：_____。

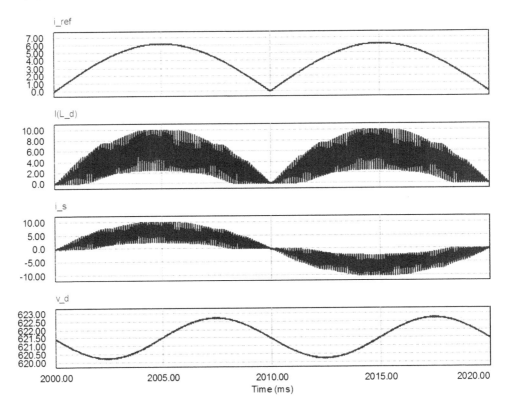

图 20.2.3　PFC 整流电路的仿真波形

4)仿真模型中其他参数不变，欲将 PFC 整流器输出电压平均值控制为 $V_d=640$V，试确定电流幅值给定 I_d 的取值，并通过仿真加以验证。

- 首先根据输出电压平均值的要求，根据式(20.2.2)计算电源电流 i_s 的<u>基波峰值</u>。

$$(\hat{I}_s)_1 = \frac{\sqrt{2} \times V_d^2}{220 \times R_d} = \underline{\hspace{8cm}}。$$

• 电源电流 i_s 的基波峰值就是仿真模型中电流指令信号 i_{ref} 的峰值,然后根据式(20.2.1)计算<u>电流幅值给定</u> I_d 的取值:

$$I_d = \hat{I}_{ref}/3.11 = \underline{\hspace{6cm}}。$$

• 按照上述计算值,设置电流幅值给定 I_d 后,运行仿真,观测<u>输出电压波形</u>。

观测输出电压平均值:$V_d = \underline{\hspace{3cm}}$。

判断输出电压的仿真观测值与期望值是否一致:$\underline{\hspace{3cm}}$。

☒ 课后思考题 AQ20.1:课后完成步骤 4)。

△

学习活动 20.3　UPS 中 PWM 充电器的设计

UPS 中的 PWM 充电器用于将市电隔离、变换为低压直流电,安全、可靠地给蓄电池提供充电电源。这种小功率的充电器,其主电路一般是采用<u>带隔离变压器的 DC - DC 变换电路</u>,而开关电源的主电路一般采用这种结构。本节以带隔离变压器的 Buck 变换电路为例,简介开关电源的基本结构和特点。

20.3.1　开关电源的特点

电子设备对直流稳压电源的一般要求如下:

1)输入电压和负载在一定范围内变化时,保证输出电压稳定。

2)输出电压应与输入电源隔离。

3)具有多路不同的电压输出。

4)希望电源体积小,效率高。

过去通常采用线性稳压电源,随着电力电子技术的发展,目前开关型稳压电源(简称开关电源)的应用更为广泛。开关电源的基本原理是:将 DC - DC 变换器输出的高频交流通过变压器隔离后,整流得到所需直流电压。由于高频变压器的体积远小于工频变压器,所以与传统的线性稳压电源相比,开关电源的优势在于体积小、效率高。

与线性电源相比,开关电源结构复杂、工作频率高,会产生电磁干扰,需采取限制 EMI(电磁干扰)的措施,如使用 EMI 滤波器。随着电力电子技术的进步,开关电源的优点越发突出,缺点不再显著,使开关电源获得了极为广泛的应用。

20.3.2　开关电源的原理性结构

开关电源有许多结构形式,根据对变压器磁芯励磁方式的不同,带隔离变压器的 DC - DC 变换器可分为两类。

1)单向励磁:只对变压器单方向励磁。常见电路有单端反激式变换器、单端正激励式变换器。

2)双向励磁:对变压器双向励磁。常见电路有半桥变换器、全桥变换器。

下面以理想的单端正激式变换器为例,说明开关电源的结构特点和基本工作原理。单端正激式变换器是从降压变换器演变而来的,其理想电路结构如图 20.3.1 所示,实际电路有所不同。

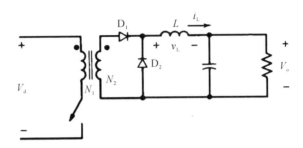

图 20.3.1 理想的单端正激式变换器

理想的单端正激式变换器与 Buck 电路的主要区别在于隔离变压器。所谓正激变换器,是指开关导通时将能量直接传送给负载。在图 20.3.1 中,开关闭合时,变压器原边产生的电脉冲将直接耦合到变压器副边,经过二极管 D_1 的整流和 LC 的滤波之后,得到平稳的直流电压 V_o。通过调节开关的占空比,可改变电压脉冲的占空比,隔离变压器既起到原副边的隔离作用,也可改变电压脉冲的幅值。单端正激式变换器的变压比(电流连续模式)为变压器副边和原边的匝数比($N_2 : N_1$)与开关占空比(D)的乘积,即:

$$\frac{V_o}{V_d} = \frac{N_2}{N_1} D \qquad D = \frac{t_{on}}{T_s} \tag{20.3.1}$$

20.3.3 理想的单端正激式变换器的电路仿真

下例将通过电路仿真来观察单端正激式变换器的工作特点。

> Q20.3.1 建立单端正激式变换器的仿真模型,设变压器原边和副边的匝数比为 10:1,合理设置控制信号,使变换器的输出电压为 10V。

解:

1)建立单端正激式变换器的仿真模型。

• 打开 Buck 变换电路的仿真模型 Q10_1_1,在 LC 滤波器之前,添加理想变压器(Ideal Transformer)T_1 和二极管 D_1,建立单端正激式变换电路的仿真模型,如图 20.3.2 所示,保存为仿真文件 Q20_3_1。

• 理想变压器 T_1 可在库元件浏览器中查找。电压表 v_1 用于观测变压器原边电压波形。由于采用了隔离变压器,直流电源和负载回路是彼此隔离的,检测负载回路电压时需要改用双端电压表 v_{oi} 和 v_o。

2)设置仿真参数。

• 理想变压器 T_1 原边和副边的匝数比设置为 10:1($N_p = 10, N_s = 1$)。

• 期望将输出电压控制为 10V,为保证电感电流连续,将负载电阻 R 的值改为 5Ω。

• 为了使输出电压为 10V,根据式(20.3.1)计算脉宽调制电路控制信号的幅值:

$$D=\frac{v_{\mathrm{con}}}{V_{\mathrm{st}}}\Rightarrow v_{\mathrm{con}}=D=\frac{V_{\mathrm{o}}}{V_{\mathrm{d}}}\cdot\frac{N_1}{N_2}=\underline{\hspace{6cm}}。$$

设置仿真模型中控制信号 V_{con} 的幅值：$V_{\mathrm{con}}=\underline{\hspace{3cm}}$。

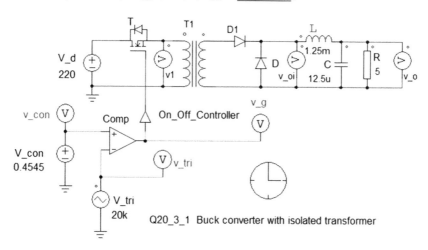

Q20_3_1 Buck converter with isolated transformer

图 20.3.2　单端正激式变换电路的仿真模型

3）观测仿真结果。

• 运行仿真，观测变压器原边电压 v_1、滤波器输入电压 v_{oi} 以及输出电压 v_{o} 的波形，如图 20.3.3 所示。

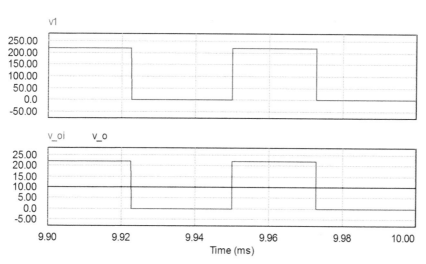

图 20.3.3　单端正激式变换电路的仿真波形

• 在仿真波形上，观测变压器一次电压平均值与二次电压平均值的比值。

$$\frac{V_{1\_\mathrm{ave}}}{V_{\mathrm{oi\_ave}}}=\underline{\hspace{6cm}}。$$

判断该比值与变压器原边和副边的匝数比是否相同：$\underline{\hspace{3cm}}$。

• 在仿真波形上，观测变换器输出电压的平均值。

$$V_{\mathrm{o}}=\underline{\hspace{6cm}}。$$

判断该观测值与设定值是否一致：_____。

△

学习活动 20.4　UPS 中直流升压和半桥逆变电路设计

市电断电时,蓄电池通过直流升压电路为逆变器提供直流电压,该直流电压经逆变器再转换成交流电压,实现不间断的供电,其电路结构如图 20.1.2 所示。对于中等功率的 UPS,其串联电池数大多在 16～20 节（12V/节）,即额定电压为 192～240V。如果 UPS 的逆变电路采用半桥逆变器,期望输出 220V 有效值的正弦波交流电压,为了使波形不失真,逆变器直流电源的电压就必须大于 622V（参见例 Q18.2.2）。所以 240V 的电池电压远远不能满足逆变器的需要,为此采用 Boost 升压电路来解决这个问题,如图 20.4.1 所示。

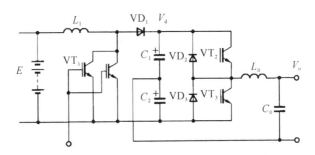

图 20.4.1　UPS 中的直流升压和半桥逆变电路

UPS 中的直流升压和半桥逆变电路的分析和设计过程如下。

1）首先根据 UPS 的工作条件,提出升压斩波电路的设计要求。例如,在如图 20.1.2 所示小功率 UPS 中,升压斩波电路的设计要求如下。

- 蓄电池组串联电池数为 20 节,则工作过程中输出电压 E 的变化范围是 200～240V。
- UPS 输出功率的变化范围是 1k～3kW;在忽略变换器内部损耗的情况下,可近似认为,升压斩波电路输出功率变化范围与此相同。
- 变换器采用 PWM 控制方式,器件 VT_1 的开关频率 $f_s = 20kHz$。
- 要求将输出电压平均值控制为 $V_d = 640V$。
- 输出电压脉动率<1%,且工作于连续导通模式。

确定了设计要求之后,可参照例题 Q12.2.1,对升压斩波电路进行设计和仿真。

2）然后根据 UPS 的工作条件,提出半桥逆变电路的设计要求。例如,在如图 20.1.2 所示小功率 UPS 中,半桥斩波电路的设计要求如下。

- 逆变器输入电压,为前面设计的升压斩波器的输出电压,即 $V_d = 640V$。
- 变换器采用 SPWM 控制方式,频率调制比 $m_f = 201$。
- 逆变器输出经过 LC 滤波器后,可得到有效值为 220V、频率为 50Hz 的正弦交流电压。

设计要求确定之后,可计算出幅值调制比,并参照例题 Q18.4.1 确定输出滤波器参数。

3）在完成上述各单元电路的分析和设计之后,建立直流升压和半桥逆变电路的联合仿真模型,合理设置电路参数,观察和分析仿真结果,判断是否满足设计的要求。

> Q20.4.1　建立图 20.4.1 中直流升压和半桥逆变电路的联合仿真模型,根据上述设计要求合理设置仿真参数,观察仿真结果并判断是否满足设计要求。

解:

1)建立直流升压和半桥逆变电路的联合仿真模型。

• 将直流升压电路的仿真模型 Q11_1_1 和半桥逆变电路的仿真模型 Q18_4_1,拷贝到同一个仿真文件中,适当修改后构成两个变换器的联合仿真模型,如图 20.4.2 所示,保存为仿真文件 Q20_4_1。注意:在合并仿真模型过程中,将原升压斩波电路输出端的电容 C 和电阻 R 去掉,连接到半桥逆变电路的输入端,并将原逆变电路输入端的电源 V_d 去掉。

• 蓄电池 E 为升压斩波器的输入电源,升压斩波器输出电压 V_d 为半桥逆变器的输入电压。按照图 20.4.2 中的标注,检查和修改各元件的名称。

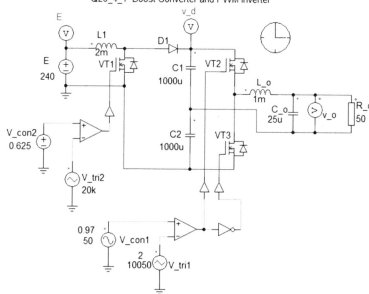

图 20.4.2　直流升压和半桥逆变电路的联合仿真模型

2)根据设计要求设置仿真参数,参数的计算过程详见专题 20 习题。

• 直流升压部分的参数设置。

蓄电池电压:$E=240\text{V}$;电感:$L=2\text{mH}$。

直流 PWM 电路的控制信号:$V_{\text{con2}}=0.625$;三角波 V_{tri2}:峰值为 1,频率为 20kHz。

• 半桥逆变部分的参数设置。

分压电容:$C_1=C_2=1000\mu\text{F}$;滤波电感:$L_o=1\text{mH}$;滤波电容:$C_o=25\mu\text{F}$;负载电阻:$R_o=50\Omega$。

正弦 PWM 电路的控制信号:V_{con1} 幅值为 0.97,频率为 50Hz;三角波 V_{tri1}:峰值为 2,频率为 10050。

- 合理设置仿真控制器参数,观测工频交流电一个周期内的稳态工作波形。

Time Step=1E−006,Total Time=0.22,Print Time=0.2,Print Step=5。

3)观察和分析仿真结果。

- 运行仿真,观察蓄电池电压 E 和升压斩波器输出电压 v_d、逆变器输出电压 v_o 的波形,如图 20.4.3 所示。

- 在仿真波形上,观察升压斩波器输出电压 v_d 的平均值。

观测斩波器输出电压平均值:$V_d =$ _____。

判断斩波器输出电压的仿真观测值与期望值是否一致:_____。

- 在仿真波形基础上,观察逆变器输出电压 v_o 的频谱图,记录其基波峰值。

观测逆变器输出电压基波峰值:$(\hat{V}_o)_1 =$ _____。

判断逆变器输出电压的仿真观测值与期望值是否一致:_____。

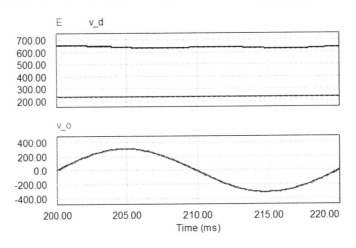

图 20.4.3 升压斩波器输出电压 v_d 和逆变器输出电压 v_o 的波形

专题 20 小结

UPS 有多种组成形式,其中双变换在线式最为典型,且性能较为优越。双变换在线式 UPS 的原理性结构如图 20.1.1 所示,电路方框图如图 20.1.2 所示。该设备由整流器、逆变器、蓄电池、静态开关等部件组成,除此还有间接向负载提供市电(备用电源)的旁路装置。

1)为了提高整流器的功率因数并减少谐波污染,小功率 UPS 的整流部分往往采用功率因数校正技术(即 PFC 技术),从而组成 PFC 整流器。PFC 整流器可以对整流器电源电流波形进行抑制,使其尽量接近正弦波并与电源电压相位一致,从而使整流器的功率因数接近 1。

2)PWM 充电器的主电路一般是采用带隔离变压器的 DC‑DC 变换电路,而开关电源的主电路一般就是采用这种结构。

3)市电断电时,UPS 中的蓄电池通过直流升压电路为逆变器提供直流电压,该直流电压经逆变器再转换成交流电压,实现不间断的供电,其电路结构如图 20.1.2 所示。综合设计时,首先完成直流升压和半桥逆变等单元电路的设计,然后建立各单元的联合仿真模型,观察和分析仿真结果,判断是否满足设计的要求。

专题 20 测验

R20.1 双变换在线式 UPS 由_____、_____、_____、_____等部件组成,除此还有直接向负载提供市电的_____装置。

R20.2 对整流器_____的幅度进行抑制,使电流波形尽量接近_____,这一技术称为功率因数校正技术,英文缩写为_____。

R20.3 根据采用的具体方法不同,PFC 可以分成_____和_____功率因数校正两种。

R20.4 无源功率因数校正一般是通过在二极管整流电路中增加_____、_____等无源元件,对电路中的电流脉冲进行抑制,以降低电流_____含量,提高_____。这种方法的优点是简单、可靠,无须进行控制,但功率因数通常仅能校正至_____左右。

R20.5 有源功率因数校正一般是采用_____电路对输入电流的波形进行控制:使之成为与电源电压_____的正弦波,总谐波含量可以降低至_____以下,而功率因数能高达_____,彻底解决整流电路的谐波污染和功率因数低的问题,因此获得广泛应用。

R20.6 开关电源将 DC - DC 变换器输出的高频交流通过_____隔离后,整流得到所需直流电压。与传统的线性稳压电源相比,开关电源的优势在于_____、_____。

专题 20
习题

单元 5　交流电机驱动电源设计

● 学习目标

掌握三相桥式二极管整流电路的分析和设计方法。

掌握三相桥式逆变器的分析和设计方法。

了解交流电机驱动电源的结构和工作原理。

● 知识导图

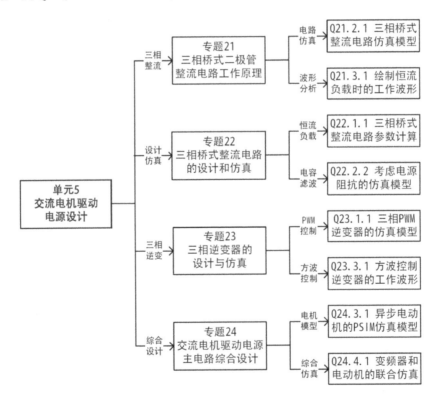

● 基础知识和基本技能

三相桥式二极管整流电路的分析方法。

实际的三相桥式整流电路的电路仿真。

三相桥式逆变器的结构和分析方法。

交流电机驱动电源的电路结构和工作原理。

• 工作任务

带滤波电容的三相二极管桥式整流电路的设计。

三相桥式逆变电路的设计。

交流电机驱动电源主电路综合设计。

单元 5 学习指南

变频器的主电路包含了多种电能变换的形式,是一种典型电力电子装置(详见附录11)。变频器主电路主要由整流和逆变两个电能变换环节组成,其中二极管整流和无源逆变的基本工作原理,已在单元 2 和单元 4 中学习了。单元 5 将以变频器的主电路设计为主线,介绍变频器中的三相二极管整流电路和三相逆变电路。

附录 11

根据交流电源的相数,二极管整流器可分为单相整流器和三相整流器(详见附录 7)。专题 7 中学习了单相整流器,在此基础上本单元将继续研究三相整流器。在工业应用中,三相整流电路较为常用。专题 21 将介绍理想三相二极管整流电路的工作原理,专题 22 将利用电路仿真分析实际的三相二极管整流电路的工作特点。

附录 7

根据输出交流的相数,逆变器可分为单相逆变器和三相逆变器(详见附录 9)。单元 4 中学习了单相逆变器,在此基础上本单元将继续研究三相逆变器。在工业应用中,三相逆变电路较为常用。专题 23 将介绍三相逆变电路的工作原理,专题 24 将对变频器主电路进行综合分析和设计。

单元 5 由 4 个专题组成,各专题的主要学习内容详见知识导图。学习指南之后是"单元 5 基础知识汇总表",帮助学生梳理和总结本单元所涉及的主要知识点。

附录 9

单元 5 基础知识汇总表

基础知识汇总表如表 U5.1～表 U5.2 所示。

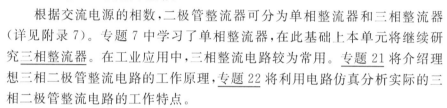

表 U5.1　恒流型负载下三相桥式整流电路的特点

比较项目	恒流型负载
电路图	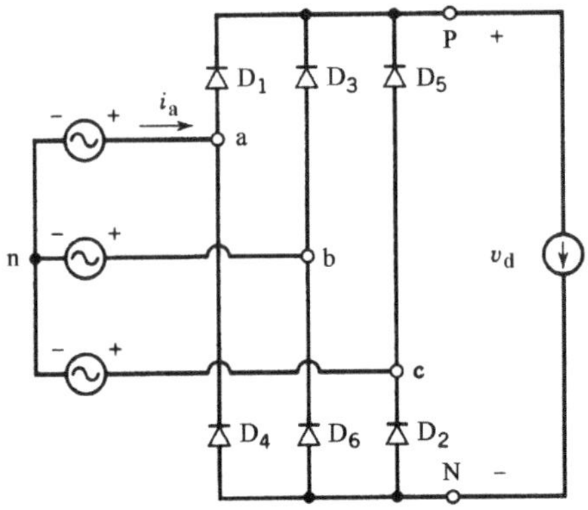
器件导通区间 输出电压波形 电源电流波形	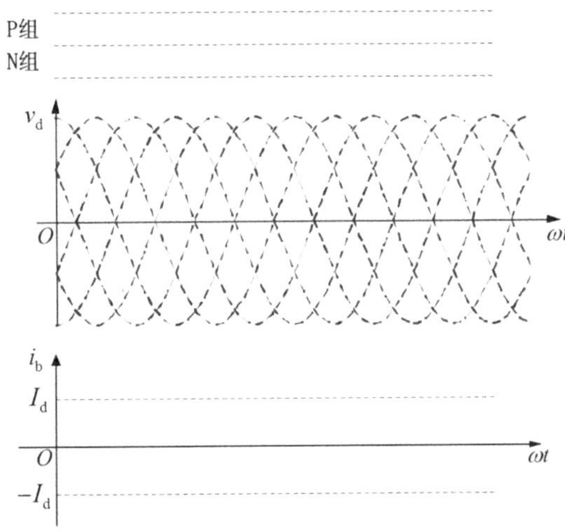
主要参数 计算公式	输出电压平均值：$V_{d0} =$　　　　　　（电源线电压为 V_{LL}） 电源电流有效值：$I_{s\_rms} =$　　　　　基波有效值：$I_{s1} =$ 二极管电流有效值：$I_{D\_rms} =$　　　最高反向电压：$V_{D\_peak} =$

表 U5.2　半桥逆变器和三相桥式逆变器的比较

比较项目	半桥逆变器	三相桥式逆变器
电路图	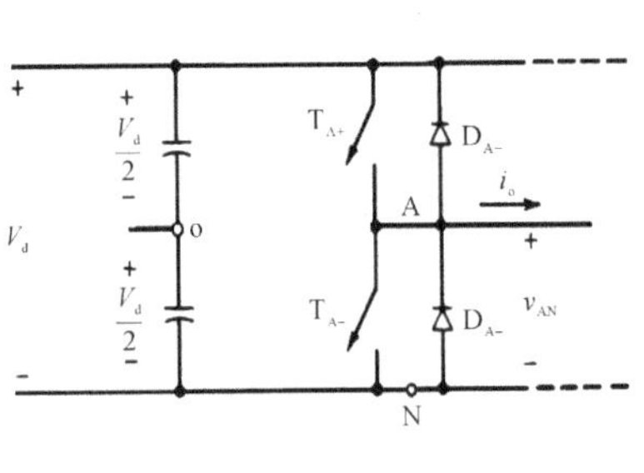	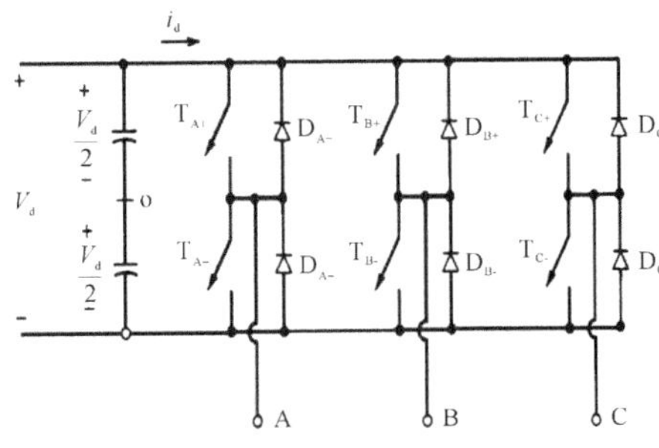

续表

比较项目	半桥逆变器	三相桥式逆变器
SPWM 控制方式	幅值调制比表达式：$m_a = \dfrac{\hat{V}_{con}}{\hat{V}_{tri}}$	频率调制比表达式：$m_f = \dfrac{f_s}{f_1}$
	调制信号表达式： $v_{con} = \hat{V}_{con}\sin(w_1 t)$，$w_1 = 2\pi f_1$	调制信号表达式： $v_{con,a} = \hat{V}_{con}\sin(w_1 t)$，$w_1 = 2\pi f_1$ $v_{con,b} =$ $v_{con,c} =$
	m_f 取为奇数	m_f 取为奇数且为 3 的倍数
	输出电压基波有效值(线性调制)： $(V_{Ao})_1 =$	输出线电压基波有效值(线性调制)： $(V_{LL})_1 = \sqrt{3}(V_{Ao})_1 =$
	输出电压是否存在 m_f 次谐波？	输出电压是否存在 m_f 次谐波？
方波控制方式	输出电压基波频率：$f_1 =$　　　　　　T 为输出电压的周期	
	输出电压基波有效值： $(V_{Ao})_1 =$	输出电压基波有效值： $(V_{LL})_1 = \sqrt{3}(V_{Ao})_1 =$
	输出电压最低次谐波频率： $f_h =$	输出电压最低次谐波频率： $f_h =$

专题 21　三相桥式二极管整流电路的工作原理

• 引　言

　　三相桥式整流电路的结构虽然比单相桥式电路复杂,但共阴组和共阳组中二极管换流规律与单相整流电路类似。三相桥式整流电路的分析步骤与单相桥式整流电路类似,首先确定器件的通断情况,然后画出工作波形,在此基础上求解数量关系。专题 21 中只分析三相桥式整流电路的工作波形,电路的参数计算将在专题 22 中学习。

• 学习目标

掌握理想化三相桥式二极管整流电路的工作原理。

• 知识导图

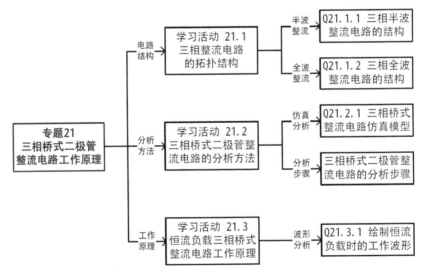

• 基础知识和基本技能

三相桥式二极管整流电路的拓扑结构。
三相桥式二极管整流电路的分析方法。

• 工作任务

分析理想化三相桥式二极管整流电路的工作波形。

学习活动 21.1　三相整流器的结构

　　三相整流器的一般性拓扑结构如图 21.1.1 所示：A、B、C 为变换器输入端口，P 和 N 为变换器输出端口，其内部由开关器件 $S_1 \sim S_6$ 组成了矩阵式变换器。矩阵式变换器的基本工作原理是：控制位于矩阵交叉点上开关的通断状态，以改变输出和输入之间的连接关系，对输入电源的波形进行合理重构，最终在输出端得到所需的波形（电能形式）。

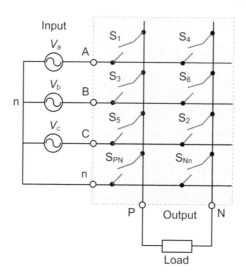

图 21.1.1　三相整流器的一般性拓扑结构

　　以图 21.1.1 中一般性拓扑结构为基础，设定下列条件，可以推演出三相整流电路的各种结构形式。

　　1）假设 V_a、V_b、V_c 为相位互差 120° 的三相交流电源。

　　2）输出电压为直流电压，参考方向以 P 端为正、N 端为负，使负载上获得直流电流。

　　3）三相电源处于平衡的供电状态。

21.1.1　三相半波整流电路的结构

　　首先通过例题推演三相半波整流电路的结构。

> **Q21.1.1**　三相整流器的一般性拓扑结构如图 21.1.1 所示，采用电源中线 n 且每相电源上只采用一只开关时，试推演三相整流电路的具体结构形式，并分析其特点。

解：

　　• 每相电源上只采用一只开关时，需要采用电源中线，以构成电流回路，可形成如图 21.1.2 所示的两种拓扑结构。

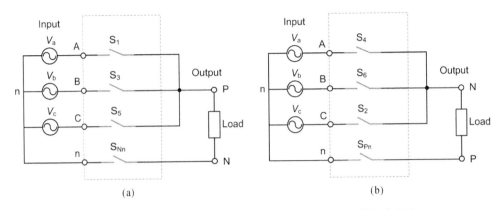

图 21.1.2 每相电源上只采用一只开关时三相整流器的拓扑结构

● 将图 21.1.2 中的中线开关短接，其他开关用二极管替换，则演变为三相半波二极管整流电路，如图 21.1.3 所示。

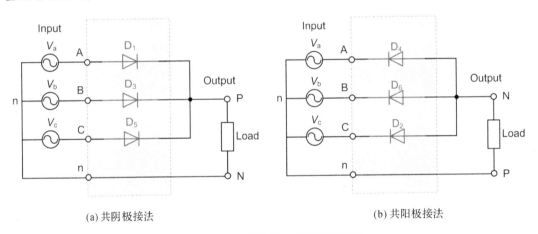

(a) 共阴极接法   (b) 共阳极接法

图 21.1.3 三相半波二极管整流电路

图 21.1.3 中的两种整流电路，只能利用电源电压的正半波或负半波，所以属于三相半波二极管整流电路，分为共阴极和共阳极两种接法。

1)以电源中性点 n 为电位参考点，共阴极接法时利用了三相电源的正半波，输出直流电压为正。

2)以电源中性点 n 为电位参考点，共阳极接法时利用了三相电源的负半波，输出直流电压为负。

与单相半波整流电路相似，三相半波整流电路的优点是使用的二极管较少，主要缺点是电源中只流过单向电流，对电源工作不利。为了克服上述缺点，每相电源可采用两个开关组成桥式整流器。

21.1.2　三相全波整流电路的结构

接下来还是通过例题推演三相全波（桥式）整流电路的结构。

> **Q21.1.2**　三相整流器的一般性拓扑结构如图 21.1.1 所示，不采用电源中线 n 且每相上均采用两只开关时，试推演三相整流电路的具体结构形式，并分析其特点。

解：

• 每相上采用两只开关时，这种结构相当于把图 21.1.3 中的两种半波整流器组合起来（负载串联），并去掉中线，如图 21.1.4 所示。

• 图 21.1.4 中的整流电路在电能变换过程中，通过两组二极管的换流，电源电压的正、负半波都得到了利用，所以称为全波整流电路。由于整流器中六个二极管所形成电路为桥式结构，所以这种电路习惯上也称为三相桥式二极管整流电路。

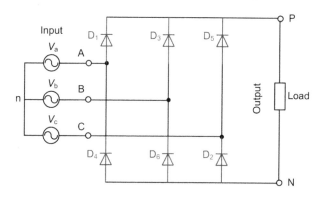

图 21.1.4　三相桥式二极管整流电路

△

学习活动 21.2　三相桥式二极管整流电路的分析方法

21.2.1　理想化三相桥式二极管整流电路的结构

实际的三相桥式二极管整流电路如图 21.2.1 所示，交流电源模型中包括电源内阻抗（以感抗为主），在直流输出端需要并联电容进行滤波。该电路解析计算比较复杂，可采用计算机仿真求解。为了便于分析，可忽略电源内阻抗，并简化整流器的负载形式，得到恒流型负载下理想化三相桥式二极管整流电路，如图 21.2.2 所示。

下面首先建立三相桥式二极管整流电路的仿真模型，通过仿真实验观察电路的工作波形，然后介绍整流电路的分析方法。

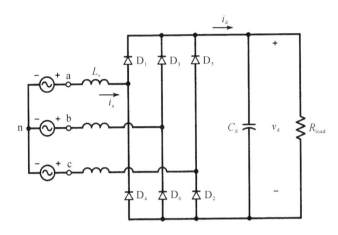

图 21.2.1　实际的三相二极管桥式整流电路

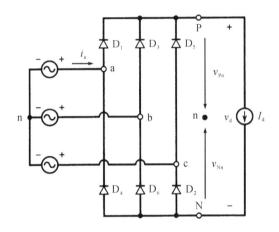

图 21.2.2　理想化的三相桥式二极管整流电路

21.2.2　理想化三相桥式二极管整流电路的仿真模型

下面建立整流电路的仿真模型,并通过仿真实验观察电路的工作波形。

> Q21.2.1　恒流负载时的理想化三相桥式二极管整流电路如图 21.2.2 所示,建立该电路的仿真模型,并观察仿真结果。

解:

1)建立三相桥式整流电路的仿真模型。

• 建立理想化三相二极管桥式整流电路的 PSIM 仿真模型,如图 21.2.3 所示,保存为仿真文件 Q21_2_1。

• 交流电源为三相正弦电压源 VSIN3(3-ph Sine),中性点接地,该元件可在库浏览器中找到。单端电压表 v_a、v_b、v_c 分别用于检测 a、b、c 各相电压,电流表 i_a 用于观测 a 相电流。

• 三相二极管整流桥 BD3(3-ph diode bridge)是三相二极管桥式整流器的集成模块,可在元件工具条上找到。单端电压表 v_{Pn} 和 v_{Nn} 分别用于观测共阴组和共阳组的输出电压。

• 负载为恒流源 I_d(DC Current Source),电压表 v_d 用于观测负载两端的电压。

2)设置仿真参数。

• 三相正弦电压源 VSIN3:线电压有效值 $V_{LL}=380\mathrm{V}$,频率为 50Hz。

• 电流源 I_d:$I_d=100\mathrm{A}$。

• 仿真控制器:Time Step=1E−005,Total Time=0.2,Print Time=0.0。

3)观测仿真波形。

• 运行仿真,观测交流电源相电压波形和线电压波形,如图 21.2.4 所示。

• 在仿真波形上观测线电压的相序和相位。

线电压的相序:v_{ab},_____。

线电压 v_{ab} 超前相电压 v_a 的电角度:_____。

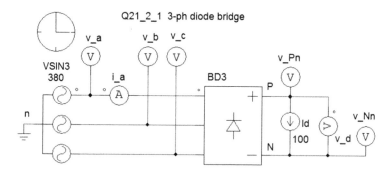

图 21.2.3　恒流负载时的理想化三相桥式二极管整流电路仿真模型

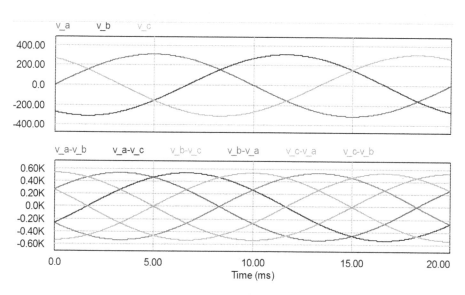

图 21.2.4　电源相电压和线电压的仿真波形

21.2.3　三相桥式整流电路的分析方法

三相桥式整流电路在结构上虽然比单相桥式整流电路要复杂，但共阴组或共阳组中二极管的换流规律是相同的。虽然三相桥式整流电路不需要电源中线，但可以利用交流电源中点 n 来分析共阴组或共阳组的输出电压，从而简化电路的分析过程。

在图 21.2.2 中，直流侧添加一个与电源中性点等电位的点 n，并画出直流输出端 P 和 N 对此参考点 n 的电位差，其中 v_{Pn} 相当于共阴组三相半波整流电路的输出电压，v_{Nn} 相当于共阳组三相半波整流电路的输出电压，则桥式整流电路的总输出电压为：

$$v_{\mathrm{PN}} = v_{\mathrm{Pn}} - v_{\mathrm{Nn}} \tag{21.2.1}$$

根据整流器中二极管换流的规律，以及式（21.2.1）中直流输出电压的叠加方法，就可以深入分析三相桥式整流电路的工作原理，其分析步骤大致如下：

1）首先画出三相交流电源中相电压和线电压的波形。

2）根据各相电压电位的变化，确定共阴组中三只二极管的换流规律，进而得出共阴组输出电压 v_{Pn} 的表达式，并在相电压波形上画出共阴组输出电压的波形。

3）同理，可确定共阳组中三只二极管的换流规律，以及共阳组输出电压 v_{Nn} 的表达式，然后画出共阳组输出电压的波形。

4）根据式（21.2.1）得出总的直流输出电压 v_{PN} 的表达式，并在线电压波形上画出桥式整流电路输出电压的波形。

5）根据二极管的导通情况，以及输出电流的波形，确定整流器输入电流的波形（即电源电流的波形）。

6）根据同组内二极管的换流情况，确定二极管上电压和电流的波形。

7）根据波形计算整流输出电压平均值、整流器功率因数、器件上最高电压和电流有效值等主要参数。参数计算将在专题 22 中讨论。

学习活动 21.3　恒流型负载三相桥式整流电路的工作原理

下面通过例题研究三相桥式二极管整流电路的工作原理。

> Q21.3.1　恒流型负载下理想化三相桥式二极管整流电路如图 21.2.2 所示，试采用 21.2 节中介绍的方法分析电路的工作原理，并通过仿真实验观察电路的工作波形。

解：

1）首先画出三相交流电源中相电压和线电压的波形，如图 21.3.1 所示。

● 相电压分别用 v_{a}、v_{b}、v_{c} 来表示，在图 21.3.1 中相电压波形上方标出相电压的相序。

● 根据相电压和线电压的关系，在图 21.3.1 中线电压波形上方标出线电压的相序，如 ab、ac。

2）分析共阴组的换流情况和输出电压。

● 恒流型负载时负载电流连续，则任何时刻共阴组和共阳组中各有一个二极管处于导通状态,以构成负载电流回路。在交流电源的一个电周期内,整流电路将经历若干个换流过程。换流过程是指通过器件开关状态的变化使变换器中电流通路发生改变的过程。

•根据一个电周期内三相交流电源中各相电位(参照中性点 n)的变化情况,以及共阴组二极管的换流规律(参见专题7),可以判断共阴组中各个二极管的导通情况。将共阴组二极管的<u>导通情况</u>,以及导通时共阴组<u>输出电压</u> v_{Pn} 的表达式,填入表21.3.1中。

•根据表21.3.1中共阴组输出电压 v_{Pn} 的表达式,在图21.3.1中相电压波形上画出共阴组输出电压的波形,并在相电压波形的上方标出共阴组(P组)各二极管的<u>导通区间</u>。

观察共阴组输出电压波形是由3个相电压波形的哪些部分组成:_____。

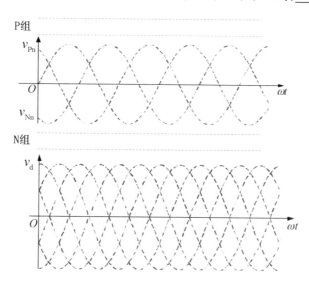

图 21.3.1 电源电压波形和直流输出电压波形

表 21.3.1 整流电路中共阴组的工作状态

各相电位关系	a 相电位最高	b 相电位最高	c 相电位最高
共阴组导通器件	D_1		
$v_{Pn} =$	v_a		

3)参照步骤2),分析共阳组的换流情况和输出电压。

•分析共阳组二极管的<u>导通情况</u>,以及共阳组输出电压 v_{Nn} 的表达式,填入表21.3.2中。

•根据表21.3.2中共阳组输出电压 v_{Nn} 的表达式,在图21.3.1中相电压波形上画出共阳组输出电压的波形,并在相电压波形的下方标出共阳组(N组)各二极管的<u>导通区间</u>。

观察共阳组输出电压波形是由3个相电压波形的哪些部分组成:_____。

表 21.3.2 整流电路中共阳组的工作状态

各相电位关系	c 相电位最低	a 相电位最低	b 相电位最低
共阳组导通器件	D_2		
$v_{Nn} =$	v_c		

•在上述分析基础上,总结恒流型负载下三相桥式整流器中二极管的<u>换流规律</u>。

在一个电周期中,二极管按照 $D_1 \rightarrow$ _____ 的顺序依次导通,每个器件导通的电角度为 _____,相邻器件的导通时刻相差 _____。器件的换流是在同组器件之间进行的,任意时刻共阴组和共阳组中各有一个二极管导通,整流器中二极管的序号是按照其导通的先后顺序来定义的。

4)分析桥式整流器的总输出电压。

· 根据图 21.3.1 中共阴(阳)组的二极管导通区间以及输出电压波形,将一个电周期中各组二极管的导通顺序以及各组的输出电压填入表 21.3.3 的第 1～2 行中。在此基础上,根据式(21.2.1)推出桥式整流器总输出电压 v_{PN} 的表达式,填入第 3 行中。

· 根据表 21.3.3 中总输出电压 v_{PN} 的表达式,在图 21.3.1 中线电压波形上画出桥式整流器总输出电压 v_{PN} 的波形。

观察总输出电压波形是由 6 个线电压波形的哪些部分组成: _____。

表 21.3.3　三相桥式二极管整流电路的工作状态

共阴组	D_1		D_3		D_5	
v_{Pn}	v_a		v_b		v_c	
共阳组	D_6	D_2		D_4		D_6
v_{Nn}	v_b	v_c		v_a		v_b
$v_{PN} = v_{Pn} - v_{Nn}$	v_{ab}					
i_a	I_d					
v_{D1}	0					
i_{D1}	I_d					

5)分析交流电源的电流波形。

· 分析 a 相电流 i_a 与负载电流 I_d 的关系,将 i_a 的表达式填入表 21.3.3 的第 4 行中。

提示:a 相电流 i_a 与连接到 a 相的二极管 D_1 和 D_4 的导通状态有关。D_1 导通时,负载电流 I_d 通过 a 相,电流方向与 i_a 的正方向相同,此时 $i_a = I_d$;D_4 导通时,负载电流 I_d 也通过 a 相,但电流方向与 i_a 的正方向相反,此时 $i_a = -I_d$。

· 在图 21.3.2 中标出二极管导通区间,并画出 a 相电流 i_a 的波形。

首先在图 21.3.2 中相电压波形上方标出相电压的相序,根据表 21.3.3 在相电压波形的上方和下方,分别标出共阴(阳)组二极管的导通区间。然后,根据表 21.3.3 中 a 相电流 i_a 的表达式,在图 21.3.2 中画出该电流的波形。

6)分析二极管上电压和电流的波形。

· 分析二极管电压(阳极为正)与交流电源电压的关系,将二极管 D_1 阳极电压 v_{D1} 的表达式填入表 21.3.3 的第 5 行中。

提示:D_1 阳极电压与共阴组中导通的器件有关。D_1 导通时,理想情况下压降为 0,此时 $v_{D1} = 0$;D_3 导通时,D_1 的阴极将承受 b 相电压,此时 $v_{D1} = v_{ab}$;D_5 导通时,D_1 的阴极将承受 c 相电压,此时 $v_{D1} = v_{ac}$。

· 分析二极管电流(导通时电流方向为正)与负载电流 I_d 的关系,将二极管 D_1 电流 i_{D1} 的表达式填入表 21.3.3 的第 6 行中。

- 在图 21.3.3 中标出二极管<u>导通区间</u>,并画出<u>二极管</u> D_1 电压和电流的波形。

首先在图 21.3.3 中相电压波形上方标出相电压的相序,在线电压波形上方标出线电压的相序。根据表 21.3.3 在相电压波形的上方和下方,分别标出共阴(阳)组二极管的导通区间。然后根据表 21.3.3 中二极管阳极电压 v_{D1} 的表达式,在线电压的波形上画出该电压的波形。根据二极管电流 i_{D1} 的表达式,在图 21.3.3 中画出该电流的波形。

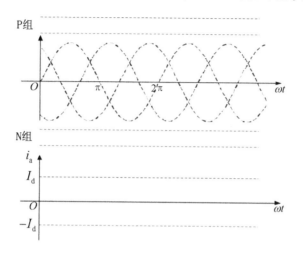

图 21.3.2　交流电源电压波形和 a 相电流波形

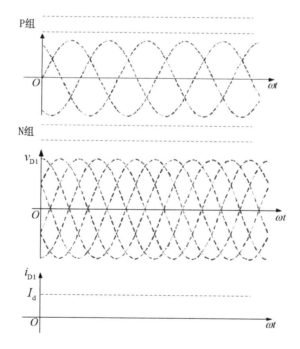

图 21.3.3　交流电源电压波形和 D_1 上电压、电流的波形

⊠课后思考题 AQ21.1:利用例 Q21.2.1 中三相桥式二极管整流电路的仿真模型,观测上述各步骤中绘制的波形,验证理论分析的正确性。

专题 21 小结

三相二极管整流电路分为三相半波和三相全波（桥式）两种形式，其中三相桥式整流电路可以看作是由共阴极和共阳极两个三相半波整流电路组合而成的。三相半波整流电路的优点是使用的二极管较少，主要缺点是电源中只流过单向电流，对电源工作不利。三相桥式整流电路克服了这个缺点，在大功率整流中较为常用。

实际的三相桥式二极管整流电路如图 21.2.1 所示，该电路解析计算比较复杂，下一个专题将采用电路仿真的方法进行研究。本专题为了便于分析，忽略电源内阻抗，并简化整流器的负载形式，得到恒流型负载下理想化三相桥式整流电路，如图 21.2.2 所示。

对于理想化三相桥式二极管整流电路，其分析步骤与单相二极管整流电路类似：根据二极管换流规律确定二极管的通断情况，分别得到共阴组和共阳组的输出电压，叠加之后可得到桥式整流器总的输出电压。恒流型负载下的三相桥式整流电路，一个电周期中 6 只二极管按照 $D_1 \sim D_6$ 的顺序依次导通，每个二极管导通的电角度为 $120°$，相邻二极管的导通时刻相差 $60°$。三相桥式整流器的输出电压为线电压的正向包络线，由 6 段线电压组成。

专题 21 测验

R21.1 在图 R21.2 中画出恒流型负载时理想化三相桥式二极管整流电路的结构图。

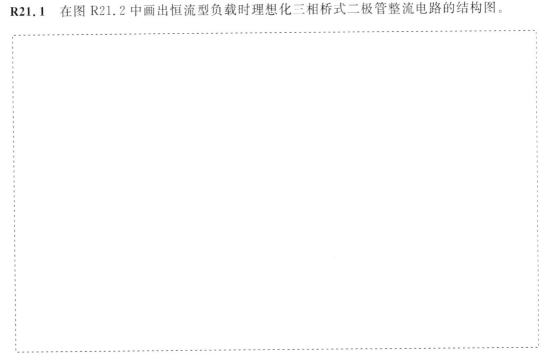

图 R21.1 理想化的三相二极管桥式整流电路(恒流型负载)

R21.2　在图 R21.2 中线电压波形上方标出线电压的相序,并画出上题中整流器输出电压的波形。然后在此基础上,画出各组中二极管的导通区间,以及 b 相电流的波形。

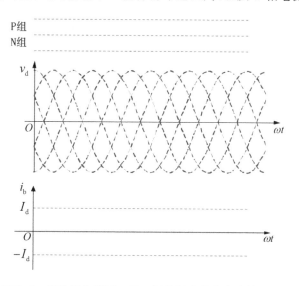

图 R21.2　恒流型负载下三相二极管桥式整流电路的工作波形

R21.3　恒流型负载时三相桥式整流器中二极管的导通规律是:按照_____的顺序依次导通;每个器件导通的电角度为_____;相邻器件的导通时刻相差_____。

R21.4　在图 R21.3 中画出一个电周期内,三相桥式二极管整流器六个导通阶段的电流通路。

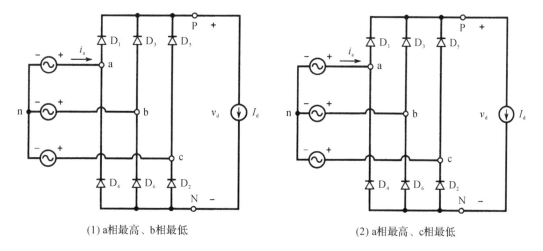

(1)a相最高、b相最低　　　　　　　(2)a相最高、c相最低

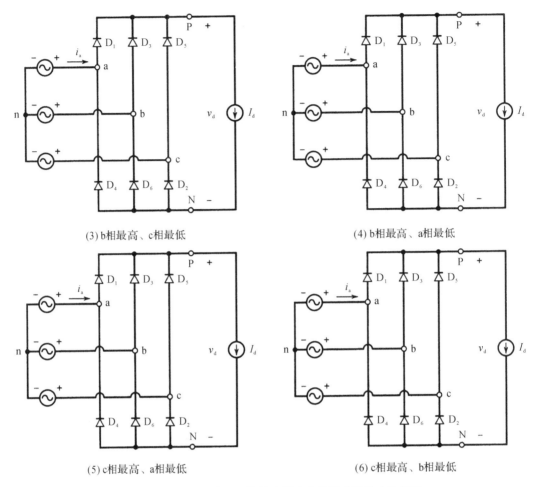

(3) b相最高、c相最低

(4) b相最高、a相最低

(5) c相最高、a相最低

(6) c相最高、b相最低

图 R21.3 三相桥式二极管整流器六个导通阶段的电流通路

专题 21
习题

专题 22　三相桥式二极管整流电路的设计和仿真

• 引　言

专题 21 分析了理想化三相桥式整流电路的工作原理,在此基础上本专题将首先计算该电路中的主要参数:整流输出电压平均值、整流器功率因数等。实际的整流电路,为了减小输出电压脉动率,一般会在输出端并联滤波电容。本专题还将利用仿真工具研究带电容滤波的三相桥式二极管整流电路的特点,并讨论突入电流等三相整流器的应用问题。

单元 2 中学习了单相二极管整流电路,单元 5 中学习了三相二极管整流电路,这两个部分结合起来,可形成较完整的二极管整流电路的知识体系。作为二极管整流电路的最后一个专题,本专题将对单相整流电路和三相整流电路进行比较。

• 学习目标

掌握理想化三相桥式二极管整流电路的参数计算方法。

了解带电容滤波的三相桥式二极管整流电路的工作特点。

• 知识导图

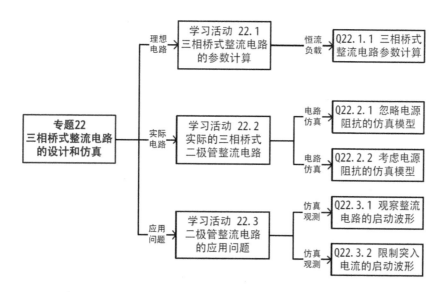

• 基础知识和基本技能

三相桥式二极管整流电路的参数计算。

实际三相桥式二极管整流电路的特点。

整流器的应用问题。

单相与三相桥式二极管整流器的比较。

- **工作任务**

带电容滤波的三相桥式二极管整流电路的设计与仿真。

学习活动 22.1　恒流型负载三相桥式整流电路的参数计算

恒流型负载下理想化三相桥式二极管整流电路如图 22.1.1 所示,专题 21 的例 Q21.3.1 分析了该整流电路的工作波形,以此为基础下面来计算该整流电路的主要参数。

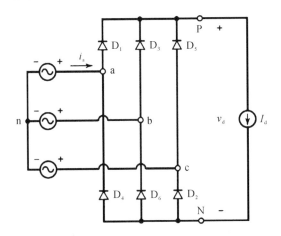

图 22.1.1　理想化三相桥式二极管整流电路

> Q22.1.1　在例 Q21.3.1 中工作波形的基础上,计算三相桥式二极管整流电路的主要参数:整流输出电压平均值、整流器功率因数、器件上最高电压和电流有效值等,并利用电路仿真验证理论计算的结果。

解:

1)计算整流器输出电压的平均值。

- 三相桥式二极管整流电路输出电压平均值 V_d 的计算方法如图 22.1.2 所示,整流输出电压由 6 段线电压组成,每段的电角度为 $60°$。当计算整流输出电压的平均值时,可选取 v_{ab} 段(阴影部分)计算其平均值即可。

- 将 $t=0$ 选在 v_{ab} 最大值处,推导整流输出电压平均值的表达式。

$$V_{d0} = \frac{1}{\pi/3}\int_{-\frac{\pi}{6}}^{\frac{\pi}{6}} \sqrt{2}V_{LL}\cos\omega t\, d(\omega t) = \frac{3\sqrt{2}}{\pi}\left[\sin\frac{\pi}{6} - \sin\left(-\frac{\pi}{6}\right)\right]V_{LL} = 1.35V_{LL}$$

$$(22.1.1)$$

式中,V_{d0} 为三相桥式二极管整流电路输出电压平均值;V_{LL} 为交流电源线电压的有效值。

- 运行专题 21 中仿真模型 Q21_2_1,观测整流输出电压的平均值。

观测整流输出电压的波形,读取其平均值:

$V_{\mathrm{d}} =$ _____ 。

将仿真条件 $V_{\mathrm{LL}} = 380\mathrm{V}$ 代入式(22.1.1),计算整流输出电压的平均值:

$V_{\mathrm{d0}} =$ _____ 。

判断仿真观测值与理论计算值是否一致:_____ 。

- 根据图 22.1.2,结合式(22.1.1)计算整流输出电压的脉动率。

$$\frac{\Delta v_{\mathrm{d}}}{V_{\mathrm{d0}}} = \frac{v_{\mathrm{d\_max}} - v_{\mathrm{d\_min}}}{V_{\mathrm{d0}}} = \frac{\sqrt{2}V_{\mathrm{LL}}(1 - \cos 30°)}{1.35V_{\mathrm{LL}}} = \frac{1.414 \times (1 - 0.866)}{1.35} = 14\% \quad (22.1.2)$$

- 运行仿真模型 Q21_2_1,观测整流输出电压的脉动率。

观测整流输出电压的波形,读取最大值、最小值和平均值,估算电压脉动率:

$(v_{\mathrm{d\_max}} - v_{\mathrm{d\_min}})/V_{\mathrm{d}} =$ _____ 。

判断电压脉动率的仿真估算值与式(22.1.2)中的理论计算值是否一致:_____ 。

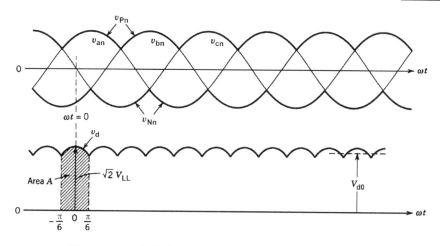

图 22.1.2　三相桥式二极管整流电路输出电压平均值的计算

2)计算整流器电源电流的畸变率和功率因数。

- 在三相桥式二极管整流电路的交流电源中,任意一相的相电流与对应相电压的关系如图 22.1.3(a)所示。图中相电流为 120° 交流方波,其幅值为负载电流幅值 I_{d},相电流 i_{s} 的基波 i_{s1} 与相电压 v_{s} 的相位相同。

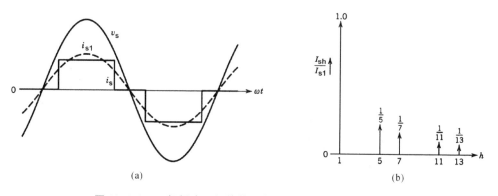

(a)　　　　　　　　　　　　　　(b)

图 22.1.3　三相桥式二极管整流电路的电源电流及其频谱图

- 根据图 22.1.3,推导相电流 i_s 的傅里叶级数表达式(参见专题 5 习题 P5.1)和相电流有效值 I_s 的表达式。

$$i_s = \sqrt{2}\frac{\sqrt{6}}{\pi}I_d \left(\sin\omega t - \frac{1}{5}\sin5\omega t - \frac{1}{7}\sin7\omega t + \frac{1}{11}\sin11\omega t + \frac{1}{13}\sin13\omega t - \cdots \right) \quad (22.1.3)$$

$$I_s = \sqrt{\frac{2}{3}}I_d \quad\quad (22.1.4)$$

- 运行仿真模型 Q21_2_1,观测整流器电源电流的有效值。

观测相电流 i_a 的波形,读取其有效值:

$I_{a_rms} = $ _____。

将仿真条件 $I_d = 100A$ 代入式(22.1.4),计算电源电流的有效值:

$I_s = \sqrt{2/3} \cdot I_d = $ _____。

判断电流有效值的仿真观测值与理论计算值是否一致:_____。

- 运行仿真模型 Q21_2_1,观测电源电流基波分量。

观测相电流 i_a 的频谱图,读取相电流的基波峰值并转换为有效值:

峰值 $(\hat{I}_a)_1 = $ _____,有效值 $(I_a)_1 = (\hat{I}_a)_1/\sqrt{2} = $ _____。

将仿真条件 $I_d = 100A$ 代入式(22.1.3),计算电源电流的基波有效值:

$I_{s1} = (\sqrt{6}/\pi)I_d = $ _____。

判断基波有效值的仿真观测值与理论计算值是否一致:_____。

- 根据上述分析,计算整流器电源电流的畸变率(参见专题 5)。

$$\text{THD} = \frac{I_H}{I_1} = \frac{\sqrt{I_s^2 - I_{s1}^2}}{I_{s1}} = \frac{\sqrt{\frac{2}{3}I_d^2 - \left(\frac{\sqrt{6}}{\pi}I_d\right)^2}}{\frac{\sqrt{6}}{\pi}I_d} = \sqrt{\frac{\pi^2}{9}-1} = 31.1\% \quad (22.1.5)$$

- 根据上述分析,计算整流电路的功率因数(参见专题 6)。

$$\text{PF} = \frac{I_{s1}}{I_s}\cos\gamma_1 = \frac{\frac{\sqrt{6}}{\pi}I_d}{\sqrt{\frac{2}{3}}I_d} \times 1 = \frac{3}{\pi} = 0.955 \quad (22.1.6)$$

3)计算二极管最高反向电压和最大电流有效值。

- 根据专题 21 的图 21.3.3,推导二极管最高反向电压的表达式。

$$V_{D\_peak} = -\sqrt{2}V_{LL} \quad\quad (22.1.7)$$

- 运行仿真模型 Q21_2_1,观测二极管的最高反向电压。

观测 $v_a - v_{Pn}$ 的波形(即整流桥中二极管 D_1 的电压波形),并读取反向电压的峰值:

$V_{D1_peak} = $ _____。

将仿真条件 $V_{LL} = 380V$ 代入式(22.1.7),计算最高反向电压的数值:

$V_{D\_peak} = -\sqrt{2}V_{LL}$ _____。

判断最高反向电压的仿真观测值与理论计算值是否一致:_____。

- 根据图 21.3.3,推导二极管电流有效值的表达式。

$$I_{D\_rms} = \sqrt{\frac{1}{3}} I_d \qquad\qquad (22.1.8)$$

- 运行仿真模型 Q21_2_1,观测二极管的电流有效值。

观测整流桥中二极管 D_1 的电流,并读取电流有效值。注:将整流桥属性中的 Current Flag_1 设置为 1,可观测到二极管 D_1 的电流波形。

$I_{D1_rms} = $ ＿＿＿＿＿＿＿＿＿＿＿＿＿。

将仿真条件 $I_d = 100A$ 代入式(22.1.8),计算二极管电流的有效值:

$I_{D_rms} = \sqrt{1/3} I_d = $ ＿＿＿＿＿＿＿＿＿＿＿。

判断电流有效值的仿真观测值与理论计算值是否一致:＿＿＿＿＿。

△

学习活动 22.2　实际的三相桥式二极管整流电路

实际的三相桥式二极管整流电路如图 22.2.1 所示,与理想化整流电路的主要区别在于:

1)交流电源模型中包括电源内阻抗 L_s(以感抗为主),电源电流会在内阻抗上产生压降,使用户连接点处电源电压发生畸变。

2)为了减小输出电压脉动率,一般采取在输出端并联滤波电容 C_d 的方法。输出端并联电容后,会使二极管导通时间变短,电源电流发生畸变。

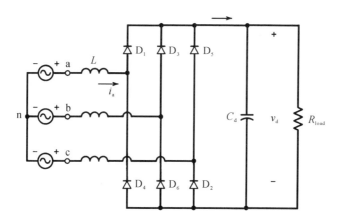

图 22.2.1　实际的三相二极管桥式整流电路

通常在设计时根据负载电阻 R 的情况,按照下式选择滤波电容 C 的值,可将输出电压脉动率限制在 20% 以下,并获得较高的输出电压。

$$RC \geqslant \frac{3 \sim 5}{6} T \qquad\qquad (22.2.1)$$

式中,T 为交流电源的周期。在下面的例题中,为了使输出电压脉动率降低到 10% 以下,可取 $RC \approx T$。

Q22.2.1 实际的三相二极管桥式整流电路如图22.2.1所示,忽略电源内阻抗,建立其 PSIM 仿真模型,观察和分析仿真结果。已知:三相交流电源线电压有效值为380V,频率为50Hz。要求:整流器输出功率为5kW,输出电压脉动率小于10%。

解:

1)建立电容滤波的三相桥式整流电路的仿真模型。

• 先不考虑电源内阻抗,建立电容滤波的三相二极管桥式整流电路的 PSIM 仿真模型,如图22.2.2所示,保存为仿真文件 Q22_2_1。

• 电源为三相交流电压源 VSIN3(3-ph Sine),中性点接地,该元件可在库浏览器中查找。单端电压表 v_a、v_b、v_c 分别用于检测 a、b、c 各相电压,电流表 i_a 用于观测 a 相电流。

• 三相二极管整流桥 BD3(3-ph Diode Bridge)是三相二极管桥式整流器的集成模块,可在元件工具条上找到。整流器输出端并联滤波电容 C_d,以降低输出电压的脉动率。

• 负载为电阻 R_d,电压表 v_d 用于观测负载两端的电压。

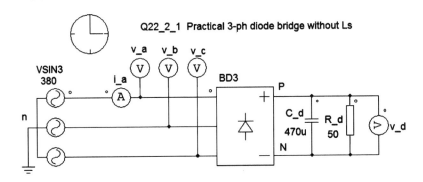

图 22.2.2 忽略电源内阻抗的三相桥式整流电路的仿真模型

2)设置仿真参数。

• 估算并设置整流器的负载电阻。

已知整流器输出电压平均值 V_d 和输出功率 P_o,可推导出负载电阻 R_d 的表达式:

$$R_d = \frac{V_d^2}{P_o} \tag{22.2.2}$$

已知整流器输出功率约为5kW,设输出电压平均值约为500V,代入式(22.2.2)估算负载电阻的取值:

$R_d \approx V_d^2/P_o = $ _____。

根据上述估算值设置仿真模型中负载电阻的参数:$R_d = 50\Omega$。

• 估算并设置整流器输出端的滤波电容。

要求输出电压脉动率<10%,将负载电阻的取值代入式(22.2.1),估算滤波电容的取值。

$R_d C_d \approx T \Rightarrow C_d \approx T/R_d = $ _____。

根据上述估算值设置仿真模型中滤波电容的参数:$C_d = 470\mu F$。注意:为了使电路较快进入稳态,滤波电容的初始电压设为520V。

• 三相交流电源 VSIN3 的参数:线电压有效值为380V,频率为50Hz。

• 仿真控制器参数:Time Step=1E−005,Total Time=1.02,Print Time=1。

3)观测并分析仿真结果。

• 运行仿真,观察电源线电压和整流器输出电压波形、a 相电源电流波形,如图 22.2.3 所示。

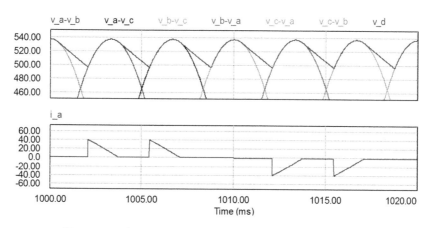

图 22.2.3 直流输出电压和电源电流波形(忽略电源内阻抗)

• 从仿真波形上,观测整流器输出电压 v_d 的脉动率:

$(v_{d_max} - v_{d_min})/V_d = $ _____。

根据仿真结果判断输出电压的实际脉动率是否满足设计要求:_____。

△

Q22.2.2 实际的三相二极管桥式整流电路如图 22.2.1 所示,考虑电源内阻抗,建立其 PSIM 仿真模型,观察和分析仿真结果。设计要求与 Q22.2.1 相同。

解:

1)建立三相整流电路的 PSIM 仿真模型。

• 考虑电源内阻抗,在仿真模型 Q22_2_1 的基础上添加交流电源的内阻抗,即三相电感 L_s(L3),建立实际的三相二极管桥式整流电路的 PSIM 仿真模型,如图 22.2.4 所示,保存为仿真文件 Q22_2_2。

• 设置仿真模型中三相电感 L_s 的电感量。

$L_s = 0.1\text{mH}$。

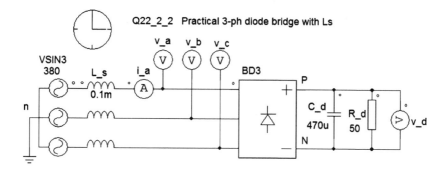

图 22.2.4 考虑电源内阻抗的三相桥式整流电路的仿真模型

2)观测并分析仿真结果。

• 运行仿真,观察电源线电压和整流输出电压波形、a相电源电流波形,如图22.2.5所示。

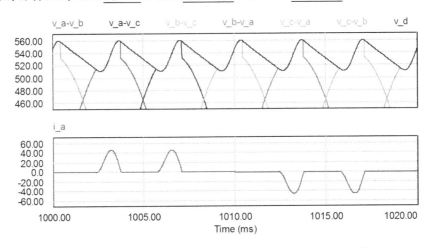

图 22.2.5 整流输出电压和电源电流波形(考虑略电源内阻抗)

• 比较图 22.2.5 与图 22.2.3,分析电源内阻抗的作用。

电源内阻抗的存在,使用户连接点处(即整流器连接电源处)电源电压发生_____,但电源电流的畸变程度_____。

⊠课后思考题 AQ22.1:根据上述仿真结果,分析整流器输入电压 v_{ab} 在哪个二极管导通时会发生波形畸变,以及产生波形畸变的原因。

△

学习活动 22.3 二极管整流电路的应用问题

22.3.1 启动时的突入电流和过电压问题

对于实际的带电容滤波的整流电路,以前的分析只考虑整流器的稳态工作状况。实际上,电源开关闭合瞬间,输出电压(即滤波电容上的电压)为零,突加在整流器输入端的交流电源电压会引起很大的充电电流(突入电流),且在电源漏抗和滤波电容构成的串联回路中谐振出过电压。

> Q22.3.1 在例 Q22.2.2 的基础上,将仿真模型中滤波电容的初始电压设为 0 V,观察电路启动过程中电源电流和输出电压的波形。

解:

1)修改仿真模型以利于观察整流电路的启动过程。

• 打开仿真模型 Q22_2_2,在电源的 b 相、c 相上分别添加电流表 i_b、i_c,以观测各相电流。修改后的仿真模型另存为仿真文件 Q22_3_1。

- 修改仿真参数。

滤波电容 C_d 的初始电压修改为:0V。

仿真控制器参数修改为:Time Step=1E−005,Total Time=0.04,Print Time=0。

2)观察电路启动过程中输出电压和各相电流的波形。

- 运行仿真,观察输出电压 v_d,以及各相电流 i_a、i_b、i_c 的波形,如图 22.3.1 所示。

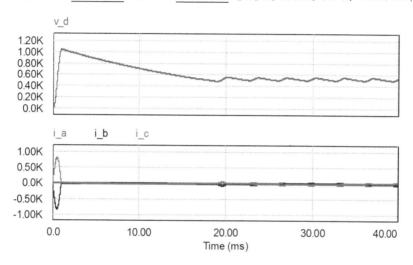

图 22.3.1 整流电路启动时输出电压和电源电流的波形

- 在仿真波形上,观测启动过程中输出电压的谐振峰值和突入电流的峰值。

观测输出电压的峰值:$v_{d \cdot max}$ = _____。

观测电源电流的峰值:$i_{s \cdot max}$ = _____。

⊠课后思考题 AQ22.2:根据上述仿真结果,分析启动过程中三相电源的哪两相中存在突入电流,并说明原因。

△

启动时限制突入电流的方法是:在直流侧串入限流电阻或电感以限制突入电流,当电路进入稳态后,需要通过旁路开关短路限流电阻,以减小损耗。

> Q22.3.2 在例 Q22.3.1 的基础上,在整流电路的直流侧串入限流电阻和旁路开关后,观察电路启动过程中电源电流和输出电压的波形。

解:

1)建立具有限流电阻的三相整流电路仿真模型。

- 打开仿真模型 Q22_3_1,在直流侧串入限流电阻 R_{lim} 和旁路开关 S_{by}(Bi-directional Switch),建立具有限流电阻的三相整流电路的 PSIM 仿真模型,如图 22.3.2 所示,保存为仿真文件 Q22_3_2。

- 在图 22.3.2 中,阶跃信号源 $VSTEP_1$(Step)通过开关控制器提供旁路开关的控制信号,使旁路开关在电路启动 0.02s 后闭合。

- 设置仿真参数。

限流电阻的参数:$R_{\text{lim}}=5\Omega$。

阶跃信号源 VSTEP$_1$ 的参数:$V_{\text{step}}=1,T_{\text{step}}=0.02$。

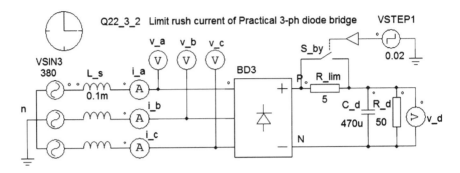

图 22.3.2 加入限流电阻的三相桥式整流电路的仿真模型

2)观察电路启动过程中输出电压和 b 相电流的波形。

- 运行仿真,观察输出电压 v_{d},以及 b 相电流 i_{b} 的波形,如图 22.3.3 所示。

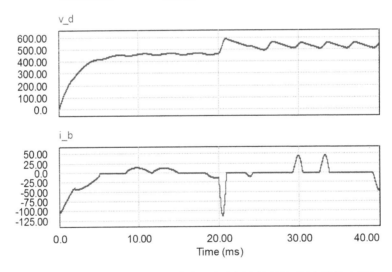

图 22.3.3 整流电路启动时输出电压和电源电流的波形(有限流电阻)

- 在仿真波形上,观测启动过程中输出电压的峰值和电源电流的峰值。

观测输出电压的峰值:$v_{\text{d}\cdot\text{max}}=$ _____。

观测电源电流的峰值:$i_{\text{s}\cdot\text{max}}=$ _____。

- 将图 22.3.3 与图 22.3.1 相比较,说明限流电阻的作用。

22.3.2　线电流谐波和功率因数补偿问题

整流器的交流侧输入电流是非正弦的,且畸变很严重。由于线电流中含有大量谐波,导致功率因数较差。随着电力电子装置的增加,整流器发挥着越来越重要的作用。众多整流器产生的大量谐波电流注入电网后,给电力系统及其他用电设备带来很多不利的影响。谐波标准及功率因数补偿措施等相关技术内容请参考其他教材。

22.3.3　三相整流电路与单相整流电路的比较

理想的整流电路输出电压的脉动很大,为了减小输出电压脉动率,一般采取在输出端并联电容的方法。带电容滤波的三相桥式二极管整流电路,与专题 8 中介绍的带电容滤波的单相桥式整流电路相比,三相桥式整流电路具有以下优点:

1)三相桥式整流器输入电流畸变较小。

2)三相桥式整流器功率因数更高。

3)三相桥式整流器输出电压脉动更小,频率更高,所需滤波电容较小。

4)负载变化时,三相桥式整流器输出电压平均值的变化范围小于 5%,远小于单相整流器输出电压的变化范围。

结论:在大功率系统中,建议采用三相桥式整流器。

专题 22 小结

理想化的三相桥式二极管整流电路(恒流型负载)如图 22.1.1 所示,其输出电压由 6 段线电压组成,如图 22.1.2 所示。整流输出电压的平均值为线电压的 1.35 倍,如式(22.1.1)所示。

实际的三相桥式二极管整流电路如图 22.2.1 所示,交流电源模型中包括电源内阻抗和输出端并联的滤波电容。输出端并联电容后,会使电源电流波形发生畸变。畸变的电流通过电源的内阻抗时,会使用户连接点处电源电压发生畸变。带电容滤波的三相桥式二极管整流电路,通常在设计时根据负载电阻的情况,按照式(22.2.1)选择滤波电容的值,可限制输出电压脉动率并获得较高的输出电压。

对于实际的带电容滤波的整流电路,电源开关闭合瞬间,突加在整流器输入端的交流电源电压会引起很大的充电电流(突入电流),应在直流侧串入限流电阻或电感以限制突入电流。整流器的交流侧输入电流是非正弦的,且畸变很严重。由于线电流中含有大量谐波,导致功率因数较差。功率因数补偿是整流器设计中的一项关键技术。

与单相桥式整流电路相比,三相桥式整流电路输入电流畸变较小、功率因数更高;输出电压脉动小,频率高,所需滤波电容较小。在大功率系统中,建议采用三相桥式整流器。

专题 22 测验

R22.1 对于理想化的三相桥式二极管整流电路,当三相交流电源的线电压有效值为 380V 时:

  1)其输出电压平均值:$V_d =$ _____。

  2)二极管上最高反向电压:$V_{D\_peak} =$ _____。

R22.2 实际的三相桥式二极管整流电路与理想化整流电路的主要区别在于:

  1)实际的交流电源模型中包括电源内阻抗,在电源的内阻抗上会产生_____,使得用户连接点处电源电压发生_____。

  2)为了减小输出电压脉动率,一般采取在输出端并联_____的方法。输出端并联该元件后,会使二极管导通时间_____,电源电流波形发生_____。

R22.3 对于实际的带电容滤波的整流电路,电源开关闭合瞬间,突加在整流器输入端的交流电源电压,会引起很大的_____电流,且在电源漏抗和滤波电容构成的串联回路中谐振出_____电压。解决该问题的方法是:在直流侧串入限流电阻或电感以限制_____电流,当电路进入稳态后,需要通过_____短路限流电阻,以减小损耗。

R22.4 对于实际的带电容滤波的整流电路,整流器的交流侧输入电流是_____的,且_____很严重。由于线电流中含有大量_____,导致功率因数较差。

R22.5 与带电容滤波的单相桥式整流电路相比,三相桥式整流电路具有以下优点:输入电流畸变_____,功率因数_____,输出电压脉动_____、频率_____,所需滤波电容较_____。负载变化时三相整流器直流平均电压变化范围小于_____。在_____系统中,建议采用三相桥式整流器。

专题 22
习题

专题 23　三相逆变器的设计与仿真

• **承上启下**

　　三相桥式逆变器的结构虽然比单相桥式逆变器复杂,但逆变器的基本结构单元和控制方法是类似的。半桥逆变器是各种逆变器拓扑结构的基础,本专题将把半桥逆变器的控制和分析方法推广到三相桥式逆变器。

• **学习目标**

　　掌握三相桥式逆变器的分析和设计方法。

• **知识导图**

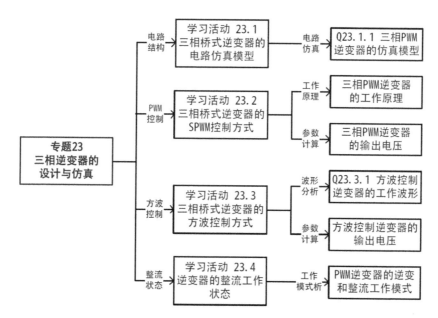

• **基础知识和基本技能**

　　三相桥式逆变器的结构和控制方式。

　　三相桥式逆变器的 PSIM 仿真。

　　逆变器的整流工作状态。

• **工作任务**

　　三相桥式逆变器的分析与设计。

学习活动 23.1　三相桥式逆变器的电路仿真模型

在三相输出的不间断交流电源和交流电机驱动器中,需要采用三相逆变器为三相负载供电。通常采用的<u>三相桥式逆变器</u>由三个桥臂(A、B、C)组成,从各桥臂中点处输出三相交流电,如图 23.1.1 所示。

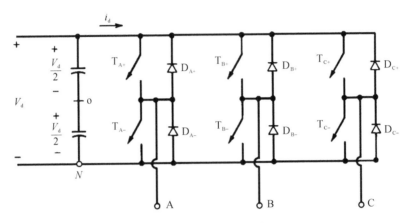

图 23.1.1　三相桥式逆变器

在三相桥式逆变器中,每个桥臂的控制和分析方法与半桥逆变器相同(详见专题 17),各桥臂通过协调控制,使输出电压基波的相位互差 120°。对于三相 PWM 逆变器,为了获得平衡的三相输出电压,每个桥臂分别由一个正弦控制信号来调制,三个控制信号互差 120°。

在三相桥式逆变器中,每个桥臂的输出电压,例如 v_{AN}(桥臂中点 A 相对于直流电源负端 N 的电压),仅由直流电源电压 V_d 和开关状态决定。由于在每个时刻,每个桥臂的两个开关中总有一个开关是闭合的,所以输出电压与负载电流无关。因此,在理想的开关情况下(忽略实际电路中需要设置的死区时间),三相逆变器总的输出电压与负载电流的方向无关。

下面建立三相 PWM 逆变器的 PSIM 仿真模型,通过仿真实验观察逆变器的工作特点。

> Q23.1.1　三相桥式逆变器如图 23.1.1 所示,采用 SPWM 控制方式,建立其电路仿真模型,并观察仿真结果。

解:

1)建立三相 PWM 逆变器的 PSIM 仿真模型。

• 建立三相桥式逆变器和三相脉宽调制电路的联合<u>仿真</u>模型,如图 23.1.2所示,保存为仿真文件 Q23_1_1。

Q23_1_1
建模步骤

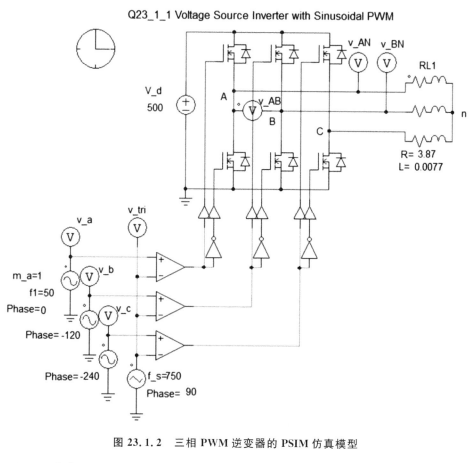

图 23.1.2 三相 PWM 逆变器的 PSIM 仿真模型

2）设置仿真参数。

• 合理设置电路元件参数和仿真控制参数。

3）幅值调制比 $m_a=8$ 时，观测仿真结果。

• 合理设置仿真模型中三相正弦控制信号的峰值。

Peak Amplitude＝_____。

• 运行仿真，观测三相 PWM 逆变器的工作波形，如图 23.1.3 所示，试分析其特点。

逆变器各桥臂输出相电压的脉冲宽度按照_____规律变化，B 桥臂相电压 v_{BN} 的相位比 A 桥臂相电压 v_{AN} 滞后_____电角度。

• 观测逆变器输出线电压 v_{AB} 的频谱图，如图 23.1.4 所示，并读取线电压的基波峰值。

线电压 v_{AB} 的基波峰值：$(\hat{V}_{AB})_1=$_____。

4）幅值调制比 $m_a=1$ 时，观测仿真结果。

• 合理设置仿真模型中三相正弦控制信号的峰值。

Peak Amplitude＝_____。

• 运行仿真，观测逆变器输出线电压 V_{AB} 的频谱图，并读取线电压的基波峰值。

线电压 v_{AB} 的基波峰值：$(\hat{V}_{AB})_1=$_____。

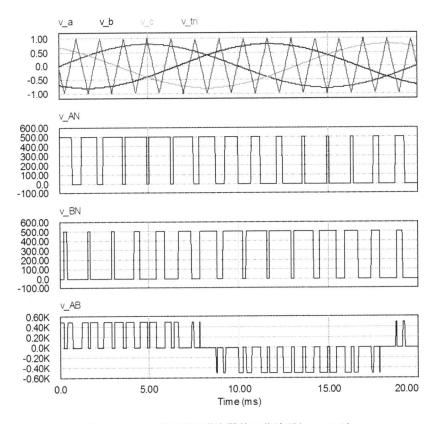

图 23.1.3　三相 PWM 逆变器的工作波形($m_a = 0.8$)

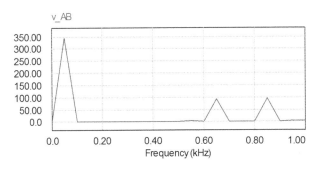

图 23.1.4　逆变器输出线电压的频谱图($m_a = 0.8$)

学习活动 23.2　三相桥式逆变器的 SPWM 控制方式

23.2.1　三相桥式 PWM 逆变器的工作原理

与单相逆变器类似,利用恒定输入电压的三相 PWM 逆变器,也是采用脉宽调制的方式控制输出电压的基波幅值和频率。图 23.1.1 中三相桥式 PWM 逆变器,为了获得平衡的三相输出电压,三个桥臂分别由三个互差 120°的正弦控制信号与同一个三角波相比较,以生成各桥臂的开关控制信号,如图 23.2.1(a)所示($m_a = 0.8, m_f = 15$)。

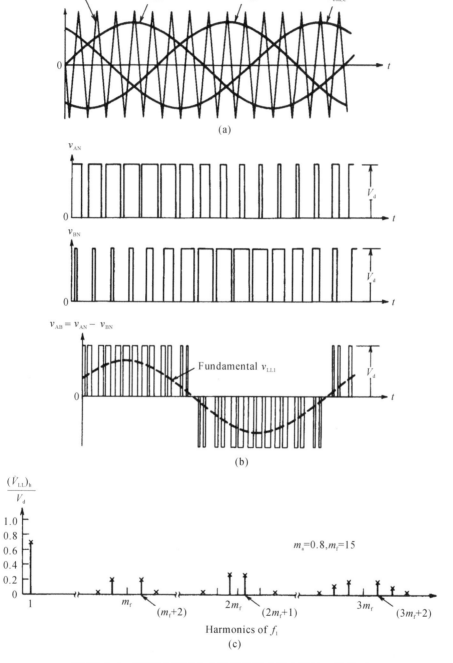

图 23.2.1　SPWM 控制方式下三相桥式逆变器的工作波形

三相桥式 PWM 逆变器的工作原理如下:

1)在图 23.2.1(a)中,A 桥臂的控制信号 $v_{con,A}$ 与三角波 v_{tri} 相比较,按式(23.2.1)的规

则产生 A 桥臂器件的开关控制信号;根据器件的开关状态,可得出 A 桥臂的输出电压 v_{AN}(桥臂中点 A 相对于直流电源负端 N 的电压)。

$$\text{if } v_{con.A} > v_{tri}, \text{then } T_{A+} \text{ on}, T_{A-} \text{ off} \quad \Rightarrow \quad v_{AN} = V_d$$
$$\text{if } v_{con.A} < v_{tri}, \text{then } T_{A-} \text{ on}, T_{A+} \text{ off} \quad \Rightarrow \quad v_{AN} = 0 \tag{23.2.1}$$

2)根据上述分析,可画出 A 桥臂输出电压 v_{AN} 的波形,如图 23.2.1(b)所示。同理,根据 B 桥臂的控制信号(比 A 桥臂的控制信号滞后 120°),画出 B 桥臂输出电压 v_{BN} 的波形。可见,各个桥臂的输出电压均为 SPWM 调制波,与各桥臂的调制信号相位相同,脉冲宽度按照正弦规律变化。

3)三相逆变器两个桥臂之间的输出电压为线电压,其中 A、B 两桥臂之间的线电压 v_{AB} 可按照式(23.2.2)计算。将图 23.2.1(b)中电压波形 v_{AN} 与 v_{BN} 相减,即可画出线电压 v_{AB} 的波形。由于电压波形 v_{AN} 和 v_{BN} 的直流分量相同,在线电压中相互抵消,所以线电压无直流分量。由于 3 个桥臂输出电压的基波互差 120°,可推断出三相逆变器输出的 6 个线电压的基波依次相差 60°。

$$v_{AB} = v_{AN} - v_{BN} \tag{23.2.2}$$

4)三相逆变器输出线电压的频谱如图 23.2.1(c)所示,半桥臂逆变器输出电压的频谱图如图 23.2.2 所示(参见专题 18),两者既有相似之处,也有不同的地方。相似之处在于:输出电压的谐波呈现边(频)带特征,以开关频率及其倍数频率为中心,向两侧分布。不同之处在于:三相逆变器输出线电压(频谱)中消除了中心频率处的谐波,即不存在 m_f 次谐波,及其整数倍的谐波。

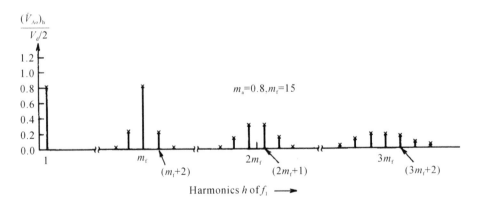

图 23.2.2 半桥逆变器输出电压的频谱图

Q23.2.1 单相 PWM 逆变器输出电压中存在 m_f 次谐波,而三相 PWM 逆变器输出线电压中不存在 m_f 次谐波,试分析导致上述区别的原因。

解:

• 根据 SPWM 调制的原理,如果载波比 m_f 取为奇数,则三相逆变器输出 A 桥臂输出电压 v_{AN} 的波形是奇对称的,其傅里叶级数中只包含奇数次频率的正弦项,如式(23.2.3)所示。

$$v_{\mathrm{AN}}(\theta) = \overline{V}_{\mathrm{AN}} + \sum_{n=1}^{\infty}(b_n \sin n\theta) \qquad \theta = \omega t \tag{23.2.3}$$

式中，$\overline{V}_{\mathrm{AN}}$ 为电压 v_{AN} 的直流分量（即平均值）。三相逆变器 B 桥臂输出电压 v_{BN} 与 v_{AN} 的形状相同，只是基波相位滞后了 $2\pi/3$，则 v_{BN} 的傅里叶级数可表示为：

$$v_{\mathrm{BN}}(\theta) = v_{\mathrm{AN}}(\theta - 2\pi/3) = \overline{V}_{\mathrm{BN}} + \sum_{n=1}^{\infty}b_n \sin n(\theta - 2\pi/3) \qquad \theta = \omega t \tag{23.2.4}$$

- 仅考虑 m_{f} 次谐波，比较式(23.2.3)和式(23.2.4)：相电压 v_{AN} 和 v_{BN} 中存在的 m_{f} 次谐波之间的相位差为$(m_{\mathrm{f}} \cdot 2\pi/3)$。如果载波比 m_{f} 不仅取为奇数，而且是 3 的整数倍，则这两个相电压中 m_{f} 次谐波的相位差为 2π 的整数倍，即相位相同。两个相电压中的 m_{f} 次谐波幅值、相位均相同，则在计算线电压 v_{AB} 时相互抵消，所以线电压中不存在 m_{f} 次谐波，同理也不存在其整数倍的谐波。

△

综上所述，对于三相 PWM 逆变器，在同步调制时，要求载波比 m_{f} 取为奇数，且为 3 的整数倍。这样选取载波比可消除线电压的 m_{f} 次谐波，有效降低主导谐波的幅值。

23.2.2　三相 PWM 逆变器的输出电压

1. 线性调制 $(m_{\mathrm{a}} \leqslant 1)$ 工作模式

线性调制时 $m_{\mathrm{a}} \leqslant 1$，三相 PWM 逆变器输出线电压的基波有效值与幅值调制比 m_{a} 呈线性关系，见图 23.2.3 中 $m_{\mathrm{a}} \leqslant 1$ 的部分。图 23.2.3 中，纵轴为线电压基波有效值 $(V_{\mathrm{LL}})_1$ 与直流电源电压 V_{d} 的比值，横轴为幅值调制比 m_{a}。

根据半桥逆变器输出电压基波分量（峰值）的表达式(18.2.4)，可推出线性调制时半桥逆变器输出电压的基波有效值为：

$$(V_{\mathrm{AN}})_1 = \frac{1}{\sqrt{2}}\left(m_{\mathrm{a}}\frac{V_{\mathrm{d}}}{2}\right) \qquad m_{\mathrm{a}} \leqslant 1 \tag{23.2.5}$$

三相桥式逆变器输出线电压的基波有效值 $(V_{\mathrm{LL}})_1$ 为半桥逆变器的 $\sqrt{3}$ 倍，线性调制时可表示为：

$$(V_{\mathrm{LL}})_1 = \sqrt{3}(V_{\mathrm{AN}})_1 = \frac{\sqrt{3}}{\sqrt{2}}\left(m_{\mathrm{a}}\frac{V_{\mathrm{d}}}{2}\right) \approx 0.612 m_{\mathrm{a}} V_{\mathrm{d}} \qquad m_{\mathrm{a}} \leqslant 1 \tag{23.2.6}$$

2. 过调制 $(m_{\mathrm{a}} > 1)$ 工作模式

过调制时 $m_{\mathrm{a}} > 1$，脉宽调制电路中调制波的峰值将超过载波的峰值。与线性调制不同，过调制时三相 PWM 逆变器输出线电压的基波有效值与 m_{a} 不是线性关系，见图 23.2.3 中 $m_{\mathrm{a}} > 1$ 的部分。当 m_{a} 足够大时$(m_{\mathrm{a}} > 3.24)$，PWM 逆变器将退化为方波逆变器。根据过调制时半桥逆变器输出电压基波分量（峰值）的表达式(19.3.2)，可推出过调制时半桥逆变器输出电压基波有效值的变化范围是：

$$\frac{1}{\sqrt{2}} \cdot \frac{V_{\mathrm{d}}}{2} < (V_{\mathrm{AN}})_1 < \frac{1}{\sqrt{2}} \cdot \frac{4}{\pi} \cdot \frac{V_{\mathrm{d}}}{2} \tag{23.2.7}$$

三相桥式逆变器输出线电压的基波有效值 $(V_{\mathrm{LL}})_1$ 为半桥逆变器的 $\sqrt{3}$ 倍，过调制时其变化范围可表示为：

$$(V_{\mathrm{LL}})_1 = \sqrt{3}(V_{\mathrm{AN}})_1 \Rightarrow \frac{\sqrt{3}}{\sqrt{2}} \cdot \frac{V_{\mathrm{d}}}{2} < (V_{\mathrm{LL}})_1 < \frac{\sqrt{3}}{\sqrt{2}} \cdot \frac{4}{\pi} \cdot \frac{V_{\mathrm{d}}}{2} \quad 或 \quad 0.612V_{\mathrm{d}} < (V_{\mathrm{LL}})_1 < 0.78V_{\mathrm{d}}$$

$$(23.2.8)$$

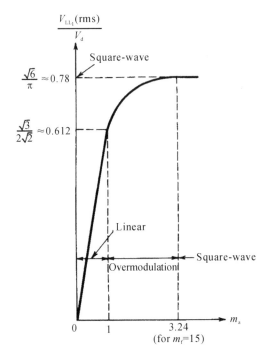

图 23.2.3　三相逆变器输出电压与幅值调制比的关系

Q23.2.2　三相桥式 PWM 逆变器如图 23.1.1 所示,设直流输入电压 $V_{\mathrm{d}}=500\mathrm{V}$,计算逆变器输出线电压的基波分量,并利用例 Q23.1.1 中仿真模型进行验证。

解:

• 幅值调制比 $m_{\mathrm{a}}=0.8$ 时,计算逆变器输出线电压的基波有效值。

将 $m_{\mathrm{a}}=0.8$ 代入式(23.2.6),计算逆变器输出线电压的基波有效值:

$(V_{\mathrm{LL}})_1 = 0.612 m_{\mathrm{a}} V_{\mathrm{d}} = $ _____。

打开仿真模型 Q23_1_1,将幅值调制比设置为 0.8,运行仿真,观测逆变器输出线电压的基波峰值,并转换为有效值。

峰值:$(\hat{V}_{\mathrm{AB}})_1 = $ _____,有效值:$(V_{\mathrm{AB}})_1 = $ _____。

判断基波有效值的仿真观测值与理论计算值是否一致:_____。

• 在线性调制模式下,计算逆变器输出线电压基波的最大有效值。

根据式(23.2.6)可以推断出,$m_{\mathrm{a}}=1$ 时逆变器输出线电压的基波有效值最大:

$(V_{\mathrm{LL}})_{1 \cdot \max} = 0.612 V_{\mathrm{d}} = $ _____。

打开仿真模型 Q23_1_1,将幅值调制比设置为 1,运行仿真,观测逆变器输出线电压的基波峰值,并转换为有效值。

峰值:$(\hat{V}_{\mathrm{AB}})_1 = $ _____,有效值:$(V_{\mathrm{AB}})_1 = $ _____。

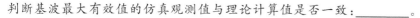

判断基波最大有效值的仿真观测值与理论计算值是否一致：_____。

• 在过调制模式下，计算逆变器输出线电压基波的最大有效值。

根据式（23.2.8）可知过调制模式下逆变器输出线电压基波的最大有效值：

$(V_{LL})_{1 \cdot \max} = 0.78V_d = $ _____。

打开仿真模型 Q23_1_1，将幅值调制比设置为 5，此时 PWM 逆变器已退化为方波控制方式。运行仿真，观测逆变器输出线电压的基波峰值，并转换为有效值。

峰值：$(\hat{V}_{AB})_1 = $ _____，有效值：$(V_{AB})_1 = $ _____。

判断基波最大有效值的仿真观测值与理论计算值是否一致：_____。

• 如果该逆变器被用来驱动三相感应电动机，以实现变频调速，试合理选择调制模式。

设该交流电动机额定电压为 380V，额定频率为 50Hz，额定转速为 1450rpm。当逆变器输出线电压有效值＜_____ 时，采用线性调制，以减少输出电压中的谐波含量；当逆变器输出线电压有效值＞_____ 时，采用过调制，以提高逆变器的输出电压。

⊠课后思考题 AQ23.1：假设例 Q23.1.1 中，要求逆变器输出线电压基波有效值为 380V，试通过仿真实验确定 SPWM 调制电路的幅值调制比 m_a。

△

学习活动 23.3　三相桥式逆变器的方波控制方式

如果直流输入电压是可控的，图 23.1.1 中的三相逆变器也可工作于方波控制方式。或者是当 m_a 足够大时，PWM 控制方式将退化为方波控制方式。三相桥式逆变器的方波控制方法如下：在输出电压的一个周期内，各桥臂中两个开关为互补工作方式，每个开关闭合 180°（占空比为 0.5），各桥臂驱动信号相差 120°。

> **Q23.3.1　三相桥式逆变器如图 23.1.1 所示，采用方波控制方式，试绘制其工作波形。**

解：

1）绘制方波控制方式下三相桥式逆变器的工作波形。

• 在图 23.3.1 中绘制各桥臂输出的相电压的波形。

图 23.3.1 中波形图 v_{AN} 为 A 桥臂输出电压的波形。在输出电压的一个周期内，$(0\sim\pi)$ 区间上 T_{A+} 闭合，输出电压为电源电压 v_{AN}；$(\pi\sim2\pi)$ 区间上 T_{A-} 闭合，输出电压为电源电压 0。B 桥臂驱动信号和输出电压比 A 桥臂滞后 $2/3\pi$，根据该相位关系，在图 23.3.1 中画出 B 桥臂输出电压 v_{BN} 的波形，并标出 B 桥臂开关器件的闭合区间。C 桥臂驱动信号和输出电压比 B 桥臂滞后 $2/3\pi$，根据该相位关系，画出 C 桥臂输出电压 v_{CN} 的电压波形，并标出 C 桥臂开关器件的闭合区间。

• 根据相电压波形绘制线电压波形。

由于 $v_{AB} = v_{AN} - v_{BN}$，把相电压 v_{AN} 和 v_{BN} 的波形相减，即可画出 A、B 两桥臂之间输出线电压 v_{AB} 的波形。同理，由于 $v_{AC} = v_{AN} - v_{CN}$，把相电压 v_{AN} 和 v_{CN} 的波形相减，即可画出线电压 v_{AC} 的波形。

2)分析方波控制方式下三相桥式逆变器的工作特点。

任意时刻有_____个开关同时闭合，逆变器输出线电压为正负对称的_____方波，线电压 v_{ac} 滞后于 v_{ab} 的电角度为_____。°

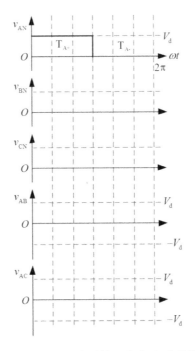

图 23.3.1　三相逆变器的工作波形(方波控制)

△

在方波控制方式下，逆变器本身不能控制输出电压的幅值，因此直流输入电压必须可控(用来控制输出电压的基波幅值)。根据半桥逆变器输出电压基波峰值的表达式(19.4.1)，可推出方波控制方式下半桥逆变器输出电压的基波有效值为：

$$(V_{AN})_1 = \frac{1}{\sqrt{2}} \cdot \frac{4}{\pi} \cdot \frac{V_d}{2} \tag{23.3.1}$$

三相桥式逆变器输出<u>线电压的基波有效值</u>$(V_{LL})_1$ 为半桥逆变器的 $\sqrt{3}$ 倍，方波控制方式下可表示为：

$$(V_{LL})_1 = \sqrt{3}(V_{AN})_1 = \frac{\sqrt{3}}{\sqrt{2}} \cdot \frac{4}{\pi} \cdot \frac{V_d}{2} = 0.78V_d \tag{23.3.2}$$

在方波控制方式下，三相桥式逆变器输出线电压的频谱分析如图 23.3.2 所示，线电压中包含 $6n\pm1$ 次谐波，谐波的幅值与谐波次数成反比，谐波有效值的表达式为：

$$(V_{LL})_h = \frac{(V_{LL})_1}{h} \qquad h = 6n\pm1 \qquad n = 1,2,3,\cdots \tag{23.3.3}$$

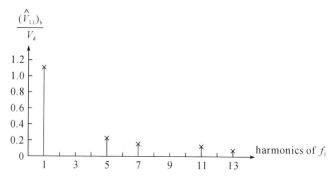

图 23.3.2　三相逆变器输出电压的频谱图（方波控制）

Q23.3.2　三相方波逆变器，每个桥臂输出相电压中最低次谐波是多少次？两个桥臂之间输出线电压中最低次谐波是多少次？如不相同，试解释其原因？

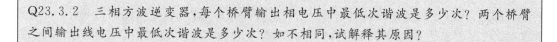

⊠课后思考题 AQ23.2：课后完成本例题。

△

学习活动 23.4　逆变器的整流工作状态

专题 17 中对开关型逆变器的工作状态进行了分析，当负载为阻感性负载时，在输出电流的一个周期内，逆变器将轮流工作于 4 个象限：有时工作于逆变状态，有时工作于整流状态，并可在两种模式之间平滑地转换。如果一个周期中，总的电能传输方向是从直流到交流，则认为变换器主要工作于逆变状态；反之，主要工作于整流状态。

以交流电机驱动为例：当由开关型变换器驱动的感应电动机处于电动状态时，变换器将主要工作于逆变状态。当感应电动机处于制动状态时，变换器将主要工作于整流状态。主要工作于整流状态的逆变器，称为 PWM 整流器，这是一种高功率因数、低谐波的整流器，用于改进电力电子设备与电网之间的接口。

假设三相逆变器的负载为感应电动机，三相平衡且处于稳态，则可利用单相模型来研究。下面以三相逆变器中 A 相为例说明变换器工作模式的转换方式，其电路如图 23.4.1(a) 所示。分析时只考虑基波，忽略开关频率的谐波。

1. 逆变工作模式

感应电动机处于电动状态时,变换器工作于逆变模式,相量关系如图 23.4.1(b)所示。变换器 A 桥臂输出电压相量 V_{An},比 A 相负载中电机的反电势相量 E_A 超前相位角 δ。A 相电流的有功分量 $(I_A)_P$ 与 E_A 的相位一致,变换器输出的有功功率为正,因此工作于逆变模式。

2. 整流工作模式

感应电动机处于制动状态时,变换器工作于整流模式,相量关系如图 23.4.1(c)所示。变换器 A 桥臂输出电压相量 V_{An},比 A 相负载中电机的反电势相量 E_A 滞后相位角 δ。A 相电流的有功分量 $(I_A)_P$ 与 E_A 的相位相反,变换器输出的有功功率为负,因此工作于整流模式。

实际上,通过控制逆变器输出电压 V_{An} 的幅值和相位,就可以控制输出电流 I_A 的幅值和相位,从而控制输出功率的大小和方向,根据负载的需要实现变换器工作模式的合理转换。

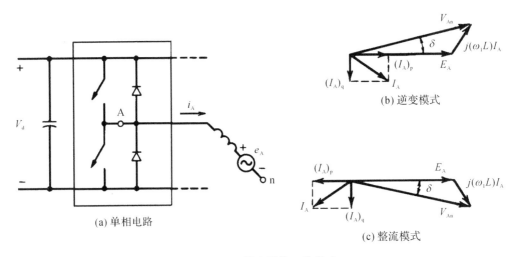

图 23.4.1　逆变器的工作模式

专题 23 小结

三相桥式逆变器由三个桥臂(A、B、C)组成,从各桥臂中点处输出三相交流电,如图 23.1.1 所示。三相逆变器中,每个桥臂的控制和分析方法与半桥逆变器相同,各桥臂通过协调控制,使输出电压基波的相位互差 120°。

对于三相 PWM 逆变器,为了获得平衡的三相输出电压,每个桥臂分别由一个正弦控制信号来调制(与同一个三角波相比较),三个控制信号互差 120°。同步调制时,要求 m_f 取为奇数,且为 3 的整数倍,则相电压中的 m_f 次谐波,在线电压中将被消除。

线性调制时 $(m_a \leqslant 1)$,三相 PWM 逆变器输出电压的基波幅值与 m_a 呈线性关系;过调制时 $(m_a > 1)$,基波电压的幅值与 m_a 不是线性关系,如图 23.2.3 所示。三相桥式逆变器输出线电压的基波有效值为相电压的 $\sqrt{3}$ 倍,相电压即为半桥逆变器的输出电压。

当 m_a 足够大时,PWM 逆变器将退化为方波逆变器。三相方波逆变器,在输出电压的一个周期内,各桥臂中两个开关为互补工作方式,每个开关闭合 $180°$,各桥臂驱动信号相差 $120°$。

主要工作于整流状态的逆变器,称为PWM 整流器,这是一种高功率因数、低谐波的整流器,用于改进电力电子设备与电网之间的接口。

专题 23 测验

R23.1　三相桥式逆变器由_____桥臂组成,从各桥臂_____处输出三相交流电。各桥臂通过协调控制,使输出电压基波的相位互差_____。

R23.2　三相 PWM 逆变器,为了获得平衡的三相输出电压,每个桥臂分别由一个_____控制信号来调制(与同一个三角波相比较),三个控制信号互差_____。

R23.3　对于三相 PWM 逆变器,在同步调制时,要求 m_f 取为_____数,且为_____的整数倍,则相电压中存在的一些主导谐波(_____次谐波),在_____电压中将被消除。

R23.4　在直流电源电压和幅值调制比相同的情况下(线性调制),三相桥式逆变器输出电压的基波有效值为半桥逆变器输出电压的_____倍,为单相桥式逆变器输出电压的_____倍。

R23.5　在直流电源电压相同的情况下,过调制时三相桥式逆变器最高输出电压的基波有效值为线性调制时最高输出电压的_____倍。

R23.6　三相桥式逆变器用来驱动三相感应电动机,以实现变频调速。为了有效地抑制输出电压中的谐波,在电机转速较低时,可采用_____调制方式,此时输出电压中最低次谐波的频率在_____频率附近。而当电机转速较高时,为了提高逆变器的输出电压,可采用_____调制方式,此时输出电压中将存在_____频率附近的谐波。

R23.7　方波控制的三相桥式逆变器,在输出电压的一个周期内,各桥臂中两个开关为互补工作方式,每个开关闭合_____、断开_____;各桥臂驱动信号相差_____。

R23.8　当三相逆变器驱动的感应电动机处于制动状态时,变换器将工作于_____状态。主要工作于_____状态的逆变器,称为 PWM 整流器,这是一种_____功率因数、_____谐波的整流器,用于改进电力电子设备与_____之间的接口。

专题 23
习题

专题 24　交流电机驱动电源主电路综合设计

● 承上启下

前面 3 个专题学习了三相整流器和三相逆变器，作为单元 5 的总结，本专题将在前 3 个专题的基础上介绍交流电机驱动电源（变频器）主电路的综合设计。本专题将首先回顾交流感应电动机变频调速的基本原理，介绍变频器的主要种类和结构。然后介绍异步电动机的 PSIM 仿真模型，最后与 PWM – VSI 变频器结合起来，建立变频调速系统的完整仿真模型，并通过仿真实验观察系统的工作特点。

● 学习目标

掌握交流电机驱动电源主电路的结构和工作原理。

● 知识导图

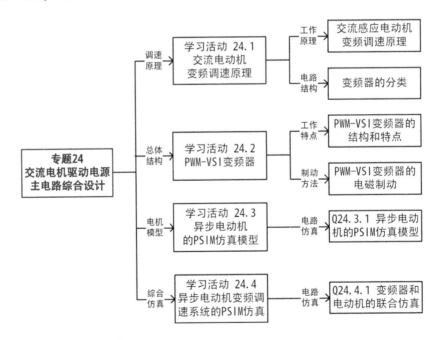

● 基础知识和基本技能

变频调速原理。

PWM – VSI 变频器的结构。

异步电动机的 PSIM 仿真模型。

• 工作任务

利用电路仿真研究异步电动机变频调速系统的工作特点。

学习活动 24.1　交流电动机变频调速原理

24.1.1　交流感应电机的变频调速

交流感应电机定子同步转速 n_0 为：

$$n_0 = 60 \cdot \frac{f}{P} \tag{24.1.1}$$

式中，f 为交流电源的频率；P 为电机的极对数。

转子的转速 n 为：

$$n = n_0(1-s) \tag{24.1.2}$$

式中，s 为转差率。

交流感应电机有很多种调速方式，其中变频调速方式最为优越。通过改变施加在定子上的交流电压的频率 f，改变交流电机转速的方式，称为<u>变频调速</u>。为交流电机提供可变频率交流电源的变流器，称为<u>变频器</u>。

在额定频率以下调速时，为保证电机气隙磁通恒定，要求式（24.1.3）成立。

$$\frac{E_a}{f} = \text{const} \Rightarrow \frac{V_s}{f} \approx \text{const} \tag{24.1.3}$$

式中，E_a 为电机反电势；V_s 为电机定子电压；f 为交流电源的频率。

当 E_a 较高时，忽略定子电阻和漏感压降，可近似认为：$V_s \approx E_a$。式（24.1.3）表明，在额定频率以下调速时，改变频率的同时也需要调节电压，使两者的比值保持不变，所以称作<u>恒压频比</u>控制方式。低频时，定子电阻和漏感压降所占的分量比较显著，不能再忽略。需要把定子电压抬高一些，以补偿定子阻抗压降。通常在控制软件中备有不同斜率的补偿特性，以供用户选择。综上所述，额定频率以下调速时应采用恒压频比控制方式，如图 24.1.1 所示。图 24.1.1 中横轴为交流电源的频率，f_{1N} 为交流电机的额定频率；纵轴为交流电源的电压，U_{sN} 为交流电机的额定电压。图 24.1.1 中，a 为无补偿的特性，b 为带定子电压补偿的特性。

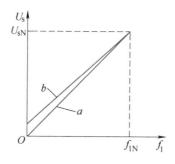

图 24.1.1　恒压频比控制特性

额定频率(基频)以下调速时,异步电动机的机械特性如图24.1.2所示,其特点如下:

1)在恒压频比的条件下把频率向下调节时,机械特性基本上是平行下移的。

2)临界转矩随着频率的降低而减小。频率较低时,电动机带载能力减弱,采用低频定子压降补偿,适当地提高电压,可以增强带载能力。

3)在基频以下,由于磁通恒定,允许输出转矩也恒定,属于"恒转矩调速"方式。

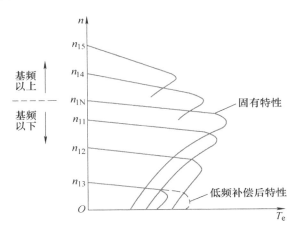

图 24.1.2　异步电动机变压变频调速机械特性

24.1.2　变频器的分类

变频器是一种典型的电力电子装置,根据其主电路结构形式的不同,可分为两大类。

1)间接变频电路:先把交流变换成直流,再把直流逆变成可调频率的交流的变流电路。又称交-直-交变频器,其结构如图24.1.3(a)所示。

2)直接变频电路:把电网频率的交流电直接变成可调频率的交流电的变流电路。又称交-交变频器,或周波变换器,其结构如图24.1.3(b)所示。

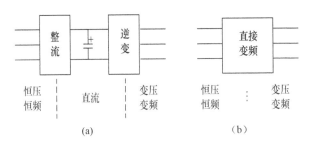

图 24.1.3　变频器结构

交-交变频器仅应用在极高功率水平的场合;交-直-交变频器应用最广泛。根据整流器和逆变器的特点,交-直-交变频器可分为以下三类,如图24.1.4所示。

1)前端为二极管整流器,后端为PWM电压源逆变器(PWM-VSI),如图24.1.4(a)所示。这种结构在中小功率交流电机驱动中最为常用。

2)前端为晶闸管整流器,后端为方波电压源逆变器,如图24.1.4(b)所示。这种结构一般应用于大功率交流电机驱动系统中。

3)前端为晶闸管整流器,后端为电流源逆变器(CSI),如图 24.1.4(c)所示。这种结构一般应用于大功率交流电机驱动系统中,且逆变器中采用半控型开关器件。

在中小功率交流电机驱动中,最常采用第 1 种结构形式,即采用 PWM 控制的电压源型逆变器。本专题只介绍该形式变频器的主电路设计。

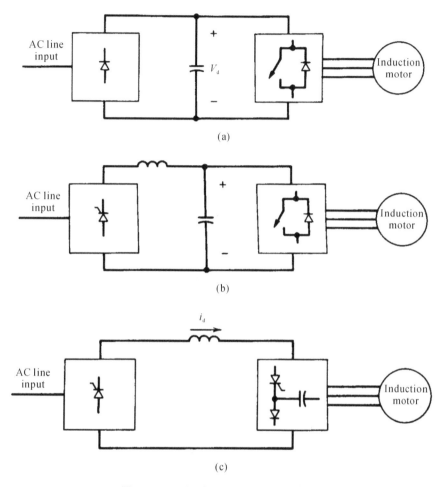

图 24.1.4　交-直-交变频器的电路结构

学习活动 24.2　PWM-VSI 变频器

24.2.1　PWM-VSI 变频器的结构和特点

PWM-VSI 变频器,其主电路结构如图 24.2.1 所示,其主要特点如下:

1)PWM 逆变器可控制输出电压的基波幅值,以实现电压和频率的协调控制,所以恒定的直流电源可由二极管整流器获得。

2）PWM 逆变器输出电压中的谐波频率很高，电机电流脉动很小。

3）输入功率因数与负载关系很小。

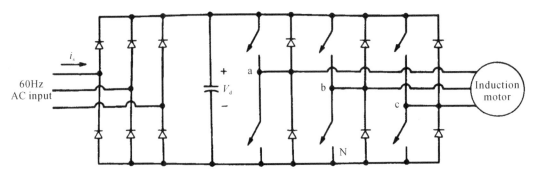

图 24.2.1　PWM－VSI 变频器的主电路

24.2.2　电磁制动

电动机在电磁制动状态时，需要将电机回馈到直流侧电容上的能量消耗或转化，以避免电容上电压过高。一般采取以下两种方法。

1）如图 24.2.2(a)所示，电容电压过高时，接入与电容并联的制动电阻，消耗回馈的电能，这种方式也称为能耗制动。

2）如图 24.2.2(b)所示，将变频器前端的二极管整流器改为 4 象限开关型变换器，将制动时产生的电能回馈到电网，这种方式也称为回馈制动。专题 23 中介绍的三相 PWM 整流器就是一种常用的 4 象限开关型变换器，如图 24.2.3 所示。

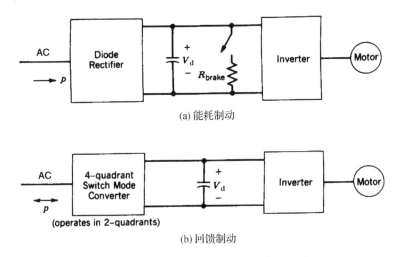

(a) 能耗制动

(b) 回馈制动

图 24.2.2　PWM－VSI 变频器的电磁制动

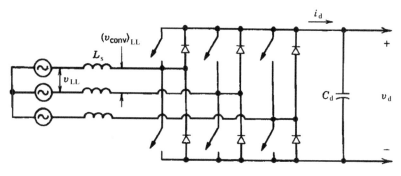

图 24.2.3 三相 PWM 整流器

学习活动 24.3 异步电动机的 PSIM 仿真模型

下面建立理想交流电源供电下,异步电动机的 PSIM 仿真模型,以观察异步电动机的工作特点,并为下一节中建立交流调速系统的完整仿真模型奠定基础。

Q24.3.1 建立三相异步电动机的 PSIM 仿真模型,并观察电机的工作特点。

解:

1)建立仿真模型。

• 建立三相异步电动机的仿真模型,如图 24.3.1 所示,保存为仿真文件Q24_3_1。

Q24_3_1
建模步骤

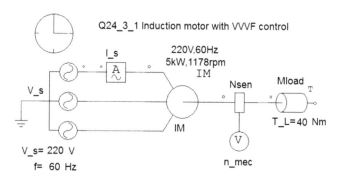

图 24.3.1 三相异步电动机的 PSIM 仿真模型

2)设置仿真参数。

• 设置电路元件参数和仿真控制参数。

3)观测仿真结果。

• 运行仿真,观察异步电动机的启动过程,如图 24.3.2 所示。

• 在仿真控制器中,勾选"Free Run",再次运行仿真,观测稳态时电机的运行数据。

观测电机电流:$I_s =$ ＿＿＿＿＿＿ A。

观测电机转速：$n_{\mathrm{mec}}=$ _____ rpm。

忽略电机的内部损耗，根据电机输入的有功功率估算电机输出的机械功率：

$$P_{\mathrm{o1}}=\sqrt{3}V_{\mathrm{s}}I_{\mathrm{s}}\cos\varphi= \underline{\hspace{3cm}}。$$

根据电机的角速度和负载转矩 T_{L} 计算电机实际输出的机械功率：

$$P_{\mathrm{o2}}=T_{\mathrm{e}}\omega\approx T_{\mathrm{L}}\omega= \underline{\hspace{3cm}}。$$

试比较实际输出的机械功率与估算输出功率之间的关系。

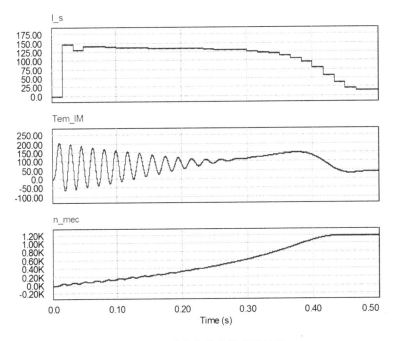

图 24.3.2 感应电动机的启动过程

4）利用仿真实验测绘电机的机械特性。

• 根据表 24.3.1 中空载转速条件，合理设置仿真参数，利用仿真实验观测电机在不同负载转矩时的转速，然后根据实验数据绘制电机的机械特性曲线。下面首先介绍确定试验电源电压和频率的方法。

首先利用式（24.1.1），根据空载转速的要求确定试验电源的频率 f：

$$n_0=60\cdot\frac{f}{P}\Rightarrow f=\frac{n_0\cdot P}{60} \tag{24.3.1}$$

然后利用式（24.1.3），根据试验电源的频率 f 确定试验电源的电压 V_{s}：

$$\frac{V_{\mathrm{s}}}{f}=\frac{V_{\mathrm{s\ rated}}}{f_{\mathrm{r}}}=\frac{220}{60}\Rightarrow V_{\mathrm{s}}=\frac{220}{60}f \tag{24.3.2}$$

• 空载转速 $n_0=1200$ 时，确定试验电源的参数，并利用仿真实验测绘机械特性曲线。

将 $n_0=1200$ 代入式（24.3.1），计算此时试验电源的频率：

$f=n_0\cdot P/60=\underline{\hspace{5cm}}。$

将试验电源的频率代入式（24.3.2），计算此时试验电源的电压：

$V_{\mathrm{s}}=220\cdot(f/60)=\underline{\hspace{5cm}}。$

将上面确定的试验电源电压/频率填入表 24.3.1 的第 2 行中。在仿真模型中，根据该条件设置交流电源 V_s 的参数。然后根据表 24.3.1 中负载转矩 T_L 的条件，设置恒转矩负载 Mload 的参数。

在仿真控制器中，勾选"Free Run"，以观测稳态时电机的运行数据。运行仿真，观测不同负载转矩下电机的稳态转速 n 并估算转差 $\Delta n = n_0 - n$，填入表 24.3.1 的第 2 行中。根据上述实验数据，在图 24.3.3 中绘制空载转速 $n_0 = 1200$ 时的机械特性曲线。

• 当空载转速 $n_0 = 900$ 时，确定试验电源的参数，并利用仿真实验测绘机械特性曲线。

将 $n_0 = 900$ 代入式(24.3.1)，计算此时试验电源的频率：

$$f = n_0 \cdot P/60 = \underline{\hspace{6cm}}。$$

将试验电源的频率代入式(24.3.2)，计算此时试验电源的电压：

$$V_s = 220 \cdot (f/60) = \underline{\hspace{6cm}}。$$

将上面确定的试验电源电压/频率填入表 24.3.1 的第 3 行中。在仿真模型中，根据该条件设置交流电源 V_s 的参数。然后根据表 24.3.1 中负载转矩 T_L 的条件，设置恒转矩负载 Mload 的参数。

运行仿真，观测不同负载转矩下电机的稳态转速 n 并估算转差 $\Delta n = n_0 - n$，填入表 24.3.1 的第 3 行中。根据上述实验数据，在图 24.3.3 中绘制空载转速 $n_0 = 900$ 时的机械特性曲线。

表 24.3.1　电机机械特性的测试

空载转速(n_0)	电源电压/频率 (V_s/f)	不同负载转矩时的转速(n)/转差($\Delta n = n_0 - n$)		
		$T_L = 0$	$T_L = 20$	$T_L = 40$
1200	220/60	1200/0		
900				

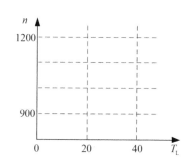

图 24.3.3　感应电动机的机械特性

• 根据表 24.3.1 中的观测数据，以及图 24.3.3 中的机械特性曲线，观察负载转矩 T_L 与转差 Δn 的关系，并建立两者之间的近似关系式。

观察发现：转矩与转差基本上是正比关系，且两条特性曲线基本平行。因此可根据本题的条件，推导负载转矩 T_L 与转差 Δn 的近似关系式：

$$\frac{T_L}{T_{L\_rated}} = \frac{n_0 - n}{n_{0r} - n_r} \Rightarrow n_0 - n = \frac{T_L}{T_{L\_rated}}(n_{0r} - n_r) = \frac{T_L}{40} \times 22 \tag{24.3.3}$$

式中，n_0 为某一条特性曲线所对应的空载转速，在该特性曲线上，负载转矩 T_L 对应的转速为 n；n_{0r} 为额定参数对应的空载转速，在该特性曲线上，额定负载转矩 T_{L_rated} 对应的转速即为额定转速 n_r。本例中电机的额定参数为：$T_{L\_rated}=40,n_{0r}=1200,n_r=1178$。

⊠课后思考题 AQ24.1：通过仿真实验观察到电磁转矩与转差近似为正比关系，试根据感应电动机的电磁转矩公式（参见电机学教材），从理论上论证该观测结果的正确性。

试采用本例中电机仿真模型的参数，根据电机转矩与电机等效电路参数的近似关系式（参见电机学教材），计算转差率 $s=22/1200$ 时，电磁转矩的近似值，并与仿真观测值相比较。

△

学习活动 24.4 异步电动机变频调速系统的 PSIM 仿真

下面通过仿真实验观察变频调速系统的工作特点。

Q24.4.1 建立 PWM-VSI 变频器和异步电动机的联合仿真模型，并观察系统的工作特点。

解：

1）建立仿真模型。

• 将三相整流器的仿真模型 Q22_2_1，三相逆变器的仿真模型 Q23_1_1，以及异步电动机的仿真模型 Q24_3_1 结合起来，建立变频调速系统的联合仿真模型，如图 24.4.1 所示，保存为仿真文件 Q24_4_1。

• 在主电路中,三相桥式整流器 $BD3_1$ 的输入端接三相正弦电压源 $VSIN3_1$,输出端<u>串入电感</u> L_1,形成 LC 滤波电路以改善整流电路的功率因数。整流器为三相桥式逆变电路提供直流电压 V_d,逆变器为三相异步电动机提供变压变频的交流供电。

• 在控制电路中,用<u>三相正弦电压源</u> $VSIN3_2$(3-ph Sine)产生脉宽调制电路的控制信号。

2)设置仿真参数。

• 设幅值调制比 $m_a=0.8$,基波频率 $f_1=60Hz$,载波比 $m_f=15$,确定脉宽调制电路的参数。注:三相正弦电压源 $VSIN3_2$ 的电压参数为线电压有效值,需要根据幅值调制比确定单相控制电压的有效值,再将其转化为三相控制电压的线电压有效值。

正弦控制信号 $VSIN3_2$ 的线电压有效值:$\sqrt{3} \cdot (m_a/\sqrt{2})=$ _____。

正弦控制信号 $VSIN3_2$ 的频率:$f_1=$ _____。

载波信号 V_{tri} 的频率:$f_s=m_f \cdot f_1=$ _____。

根据上述计算结果,合理设置脉宽调制电路中相关元件的参数。

• 为了观测正弦控制信号在一个周期内的稳态工作波形,合理设置仿真控制器的参数。Time Step=1E−005,Total Time=0.5166,Print Time=0.5。

正弦控制信号的周期为 $T=1/f_1=0.0166s$,从 0.5s 开始显示一个周期的稳态波形。

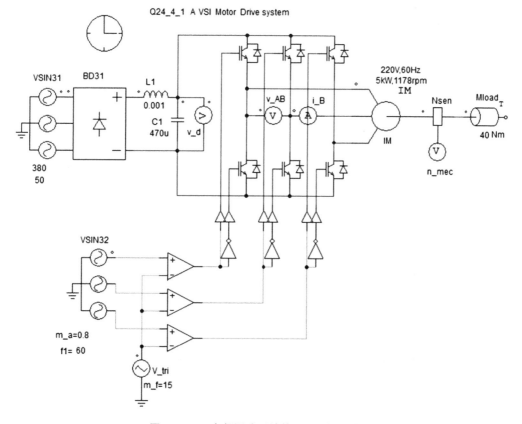

图 24.4.1　变频调速系统的 PSIM 仿真模型

3)观察仿真结果。

• 运行仿真,观察整流器输出电压 v_d、逆变器输出电压 v_{AB} 和输出电流 i_B 的波形,如图 24.4.2所示。

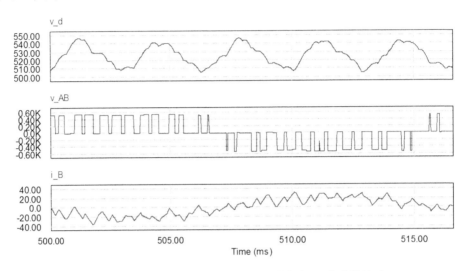

图 24.4.2 整流器输出电压和逆变器输出电压、电流的波形

• 在仿真波形基础上,观测整流器和逆变器的输出电压。

观测整流器输出电压平均值:$V_d =$ _____。

观测逆变器输出电压基波有效值:$(V_{AB})_1 =$ _____。

利用式(23.2.6)计算逆变器输出电压基波有效值:$(V_{LL})_1 = 0.612 m_a V_d =$ _____。

判断逆变器输出电压的仿真观测值与理论计算值是否一致:_____。

4)修改仿真条件,再次观察仿真结果。

• 为使逆变器输出电压基波有效值 $(V_{LL})_1 = 220V$,确定幅值调制比 m_a 的取值。

为满足输出电压的要求,利用式(23.2.6)计算幅值调制比 m_a:

$(V_{LL})_1 = 0.612 m_a V_d \Rightarrow m_a = (V_{LL})_1 / (0.612 V_d) =$ _____。

根据幅值调制比确定仿真模型中正弦控制信号 $VSIN3_2$ 的线电压有效值:

$\sqrt{3} \cdot (m_a / \sqrt{2}) =$ _____。

根据上述计算结果,合理设置脉宽调制电路中相关元件的参数。

• 运行仿真,观测逆变器输出电压和电机转速。

观测逆变器输出电压基波有效值:$(V_{AB})_1 =$ _____。

判断输出电压的仿真观测值与期望值是否一致:_____。

观测电机转速:$n_{mec} =$ _____。

判断电机转速的仿真观测值与期望值是否一致:_____。

5)为使电机在额定负载下转速为 $n = 1000$rpm,确定控制参数的合理取值。

• 采用同步调制方式,估计控制参数 m_a、f_1 和 f_s 的合理取值。

根据式(24.3.3)计算电机同步转速 n_0。

$T_L = 40 \Rightarrow n_0 - n = 22 \Rightarrow n_0 =$ _____。

根据式(24.3.1)计算电机的试验电源频率 f,即 PWM 逆变器正弦控制信号频率 f_1。

$f_1 = f = P \cdot n_0 / 60 = $ _____。

采用同步调制方式时,计算脉宽调制电路的载波频率 f_s。

$f_s = m_f f_1 = $ _____。

根据式(24.3.2)计算电机试验电源的线电压有效值 V_s,即逆变器输出电压的基波有效值 $(V_{LL})_1$。

$(V_{LL})_1 = V_s = 220 \cdot (f/60) = $ _____。

根据上述计算结果,估算幅值调制比 m_a 的合理取值。

$m_a = (V_{LL})_1 / (0.612 V_d) = $ _____。

⊠ 课后思考题 AQ24.2:根据步骤 5)中的计算结果,合理设置仿真参数,观测仿真结果。

- 设置脉宽调制电路的仿真参数。

正弦控制信号 $VSIN3_2$:线电压有效值＝_____,频率＝_____。

三角波 V_{tri}:频率＝_____。

- 运行仿真,观测稳态时的电机转速。

观测电机转速:$n_{mec} = $ _____。

判断电机转速的仿真观测值与期望值是否一致:_____。

$\triangle$

专题 24 小结

通过改变施加在定子上的交流电压的频率 f,改变交流电机转速的方式,称为变频调速。为交流电机提供可变频率交流电源的变流器,称为变频器。变频器根据其主电路结构形式的不同,可分为直接变频电路(也称交-交变频器)和间接变频电路(也称交-直-交变频器)。交-交变频器仅应用在极高功率水平的场合;交-直-交变频器应用最广泛。

在中小功率交流电机驱动中,最常采用的是PWM控制的电压源型逆变器(也称 PWM - VSI),如图 24.2.1 所示。其中SPWM逆变器可控制输出电压的基波幅值,可实现电压和频率的协调控制;而且 SPWM 逆变器输出电压中的谐波频率很高,电机电流脉动很小。为了实现回馈制动,可将变频器前端的二极管整流器改为 PWM 整流器。

将三相整流器的仿真模型、三相逆变器的仿真模型以及异步电动机的仿真模型结合起来,可建立变频调速系统联合的仿真模型,如图 24.4.1 所示。在脉宽调制电路中,确定控制参数的基本步骤是:首先根据同步转速确定电机的电源频率,即控制信号的频率;然后根据同步调制的载波比要求,确定载波的频率;最后根据压频比不变的要求,确定逆变器输出线电压的有效值,并确定幅值调制比。

专题 24 测验

R24.1 某三相交流感应电动机,额定电压为 380V(50Hz),额定转速为 1470rpm。该电机的极对数为_____,空载转速为_____,额定转速时转差率 $s = $ _____。

R24.2 交流感应电机有很多种调速方式,其中_____调速方式最为优越。这种调速方式通过改变施加在定子上的交流电压的_____,改变交流电机的转速。

R24.3 异步电机采用变频调速时,为保证电机气隙磁通恒定,在基频以下调速时,改变频率的同时也需要调节_____,使两者的比值保持不变,所以称作恒_____比控制方式。

R24.4 基频以下调速时,异步电动机的机械特性有以下主要特点:

1)在恒压频比的条件下把频率向下调节时,机械特性基本上是_____下移的。

2)临界转矩随着频率的降低而_____。频率较低时,电动机_____能力减弱,需要适当地提高_____,可以增强带载能力。

3)由于磁通恒定,允许_____也恒定,属于"恒_____调速"方式。

R24.5 _____变频器是一种直接变频电路:把电网频率的交流电直接变成可调频率的交流电的变流电路。该类型的变频器仅应用在_____场合。_____变频器是一种间接变频电路:先把交流变换成直流,再把直流逆变成交流。_____变频器应用最广泛。

R24.6 在中小功率交流电机驱动中,经常采用 PWM-VSI 变频器。这是一种前端为二极管整流器,后面是_____的交-直-交变频器。

R24.7 根据异步电动机变频调速系统仿真参数的计算步骤,填写表 R24.1。

表 R24.1　异步电动机变频调速系统仿真参数的计算步骤

步　骤	计算公式
根据电机工作条件:转矩 T_L、转速 n,计算空载转速 n_0	$\dfrac{T_L}{T_{L\_rated}} = \dfrac{n_0 - n}{n_{0r} - n_r} \Rightarrow n_0 =$
根据空载转速 n_0,计算电机电源频率 f,并确定 PWM 逆变器中,脉宽调制电路的调制频率 f_1,以及载波频率 f_s	$n_0 = 60 \cdot \dfrac{f}{P} \Rightarrow f =$ $f_1 = f, f_s = m_f \cdot f_1$
根据电源频率 f,计算电机电源电压 V_s 的有效值,并确定 PWM 逆变器中,脉宽调制电路的幅值调制比 m_a	$\dfrac{V_s}{f} = \dfrac{V_{s\_rated}}{f_r} = \dfrac{220}{60} \Rightarrow V_s =$ $(V_{LL})_1 = V_s, m_a =$

专题 24
习题

单元 6　大功率 UPS 主电路设计

- 学习目标

掌握单相晶闸管整流器的分析和设计方法。

掌握三相晶闸管整流器的分析和设计方法。

- 知识导图

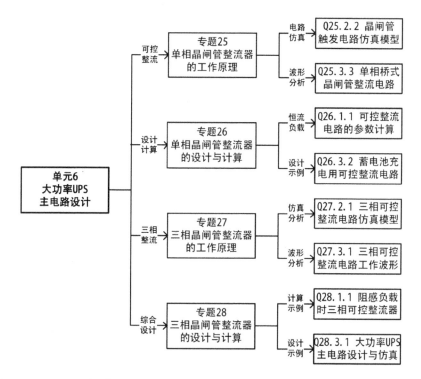

- 基础知识和基本技能

晶闸管变流器的相位控制方法。

晶闸管触发电路的组成。

单相桥式晶闸管整流电路的工作原理。

三相桥式晶闸管整流电路的工作原理。

- 工作任务

蓄电池充电用可控整流电路的设计。

大功率 UPS 主电路的综合设计。

单元 6 学习指南

整流器是实现整流的变换器,多由电力二极管或晶闸管组成(详见附录 7)。专题 7 和专题 8 学习了二极管整流器,其输出直流电压不可控。不可控的原因:二极管是不控型开关。如果想使输出电压可控,可采用以下方法:

1)用可控开关代替二极管。可控开关包括:SCR、GTO、P. MOSFET、IGBT 等等。

附录 7

2)采取可控整流的控制方式:相位控制(相控)和脉冲宽度调制(PWM)。

本单元将学习由晶闸管构成的相控变流器(整流器)。晶闸管相控整流器主要应用在大功率场合,如大功率 UPS、直流电机驱动等。大功率 UPS 的主电路结构参见附录 10,其中蓄电池充电电路为晶闸管整流器。本单元将围绕大功率 UPS 主电路的设计,介绍晶闸管整流器。根据交流电源的相数,晶闸管整流器可分为单相整流器和三相整流器。

附录 10

专题 25～26 主要介绍单相桥式晶闸管整流电路,首先介绍晶闸管变流电路的基本控制方法,即相位控制方式;然后分析单相桥式晶闸管整流电路的工作波形,并进行参数计算。

专题 27～28 主要介绍三相桥式晶闸管整流电路,首先介绍该整流电路的分析方法;然后分析三相桥式晶闸管整流电路的工作波形,并进行参数计算;最后介绍可控整流电路在大功率 UPS 中的应用。

单元 6 由 4 个专题组成,各专题的主要学习内容详见知识导图。学习指南之后是"单元 6 基础知识汇总表",帮助学生梳理和总结本单元所涉及的主要知识点。

单元 6 基础知识汇总表

基础知识汇总表如表 U6.1～表 U6.2 所示。

表 U6.1　单相桥式晶闸管整流电路的特点

主要知识点	知识点描述
电路图 (恒流型负载)	i_s T_1 T_3 v_s v_d I_d T_4 T_2

主要知识点	知识点描述
$\alpha=60°$时 器件触发脉冲 器件导通区间 输出电压波形 电源电流波形	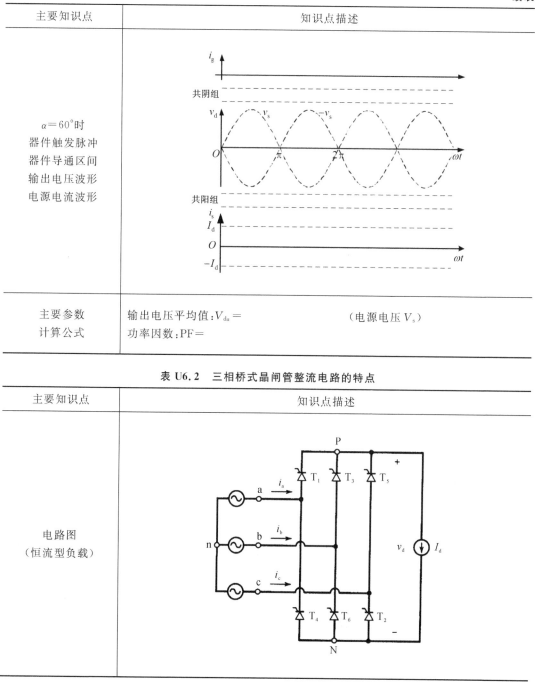
主要参数 计算公式	输出电压平均值:$V_{d\alpha}=$　　　　　　　　（电源电压 V_s） 功率因数:PF=

表 U6.2　三相桥式晶闸管整流电路的特点

主要知识点	知识点描述
电路图 （恒流型负载）	

续表

主要知识点	知识点描述
$\alpha = 60°$时 器件触发脉冲 输出电压波形 电源电流波形	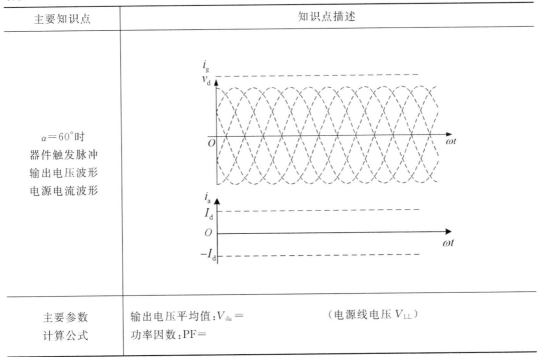
主要参数 计算公式	输出电压平均值：$V_{d\alpha} =$ （电源线电压 V_{LL}） 功率因数：PF =

专题 25 单相晶闸管整流器的工作原理

· 引 言

常用的晶闸管整流器有单相桥式晶闸管整流器和三相桥式晶闸管整流器。晶闸管整流器的电路结构与二极管整流器相同,开关器件换为晶闸管,直流输出电压平均值可控。作为可控整流技术的基础,本专题将介绍单相晶闸管整流器。首先以单相半波整流电路为例,说明晶闸管变流器的控制方法,然后分析单相桥式晶闸管整流电路的工作原理。

· 学习目标

掌握单相晶闸管可控整流电路的分析方法。

· 知识导图

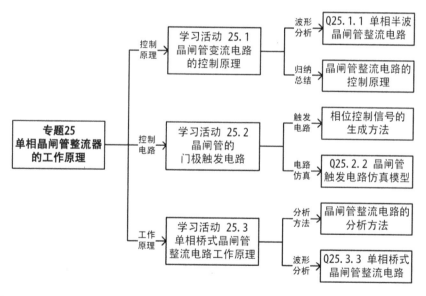

· 基础知识和基本技能

晶闸管变流器的相位控制原理。

相位控制信号的生成方法。

单相晶闸管可控整流电路的分析方法。

· 工作任务

单相晶闸管可控整流电路的波形分析。

学习活动 25.1　晶闸管变流电路的控制原理

25.1.1　晶闸管的基本特性

首先回顾单元 1 中学习过的晶闸管的特性，图 25.1.1 为晶闸管的电气符号和伏安特性。

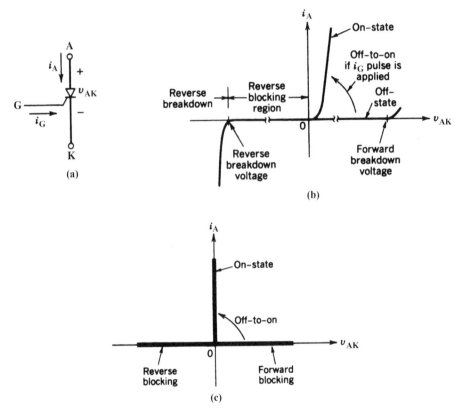

图 25.1.1　晶闸管的特性

晶闸管的主要开关特性如下：

1）承受反向电压时，不论门极是否有触发电流，晶闸管都不会导通（处于反向阻断状态）。

2）承受正向电压时，如果未曾触发，则处于正向阻断状态；如果在门极施加触发电流，则晶闸管开通（由正向阻断转换为导通状态）。导通后可自锁保持而不需要门极电流。

3）晶闸管一旦导通，门极就失去控制作用，需要在阳极施加反压才能关断。

晶闸管具有单向导电性，且可以控制开通的时刻，是一种理想的可控整流器件。

25.1.2　单相半波晶闸管整流电路的工作原理

首先,以最简单的单相半波晶闸管整流电路为例,分析晶闸管变流电路的控制原理。单相半波晶闸管整流电路如图 25.1.2 所示,将单相半波二极管整流电路中的二极管换作晶闸管即可。在图 25.1.2 中,单相交流电源的电压有效值为 v_s,负载为电阻 R,整流输出电压为 v_d。

首先通过下例分析单相半波晶闸管整流电路的工作过程和控制方法。

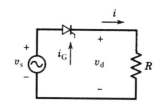

图 25.1.2　单相半波晶闸管整流电路
（电阻性负载）

Q25.1.1　单相半波晶闸管整流电路如图 25.1.2 所示,分析其工作过程以及调节输出电压平均值的方法。

解:

1)分析晶闸管整流电路的工作过程。

• 当晶闸管承受正向阳极电压时,施加触发脉冲才能够导通。所以在交流电源的一个周期内,向晶闸管施加触发脉冲的有效区间(电角度)为:$[0° \sim 180°]$。

• 假设在电角度 $\omega t = 90°$ 时向晶闸管施加触发脉冲,如图 25.1.3 所示。在图 25.1.3 中,v_s 为交流电源的电压波形,i_g 为晶闸管触发脉冲(电流)的波形。在交流电源电压的正半周内,定义触发脉冲之前为阶段 1,之后为阶段 3,触发时刻为阶段 2;电源电压的负半周为阶段 4。

• 根据图 25.1.3 中 4 个阶段的划分,分析各阶段中晶闸管的状态,并将此时晶闸管阳极电压 v_{AK} 和整流器输出电压 v_d 的表达式填入表 25.1.1 中。

• 根据表 25.1.1,在图 25.1.3 中画出晶闸管阳极电压 v_{AK} 以及整流输出电压 v_d 的波形,并标出晶闸管的导通区间。

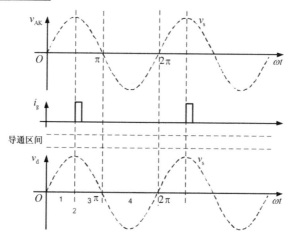

图 25.1.3　单相半波晶闸管整流电路的工作波形

表 25.1.1 单相半波晶闸管整流电路的工作过程

阶　段	电角度范围	晶闸管状态	阳极电压	输出电压
1	$\omega t \in [0°\sim90°]$	正向阻断	$v_{AK}=v_s>0$	$v_d=0$
2	$\omega t=90°$	触发导通	$v_{AK}=$	$v_d=$
3	$\omega t \in [90°\sim180°]$	正向导通	$v_{AK}=$	$v_d=$
4	$\omega t \in [180°\sim360°]$	反向截止	$v_{AK}=$	$v_d=$

2）分析晶闸管整流器调节输出电压平均值的方法。

分析如图 25.1.3 所示的工作过程可知：在交流电源的每个周期中，改变施加触发脉冲的时刻（相位），即可调节晶闸管整流器输出电压的平均值。

△

25.1.3　晶闸管整流电路的控制原理

根据例 Q25.1.1 的分析，可以概括出晶闸管变流电路的控制方式：晶闸管变流电路是通过控制器件导通的时刻（相位）来改变输出功率（电压、电流）的，这种控制方式称为相位控制方式（简称相控方式）。相控方式的基本要素如下：

1）自然换流点。定义为当门极电流连续施加时（或当作二极管时），晶闸管开始导通的时刻；或晶闸管开始承受正向阳极电压的时刻。从这个时刻开始，施加触发脉冲才起作用。

2）触发延迟角 α。定义为从自然换流点开始，到施加触发脉冲时刻所延迟的电角度（简称触发角）。

3）导通角 θ。定义为晶闸管在一个电周期内导通的电角度。

4）移相（控制）范围。定义为控制整流输出平均电压 $V_{d\alpha}$ 从最大到最小变化时，触发角 α 的有效变化范围。

5）控制关系。即触发角 α 与整流输出平均电压 $V_{d\alpha}$ 的关系。

由于晶闸管整流器可以控制输出电压的幅值，习惯上也称可控整流电路。下面仍以单相半波晶闸管整流电路为例，说明相控方式下整流器输出电压平均值的计算方法。

> Q25.1.2　在例 Q25.1.1 的基础上，计算单相半波晶闸管整流电路输出电压的平均值。

解：

- 根据例 Q25.1.1 中单相半波晶闸管整流电路的工作过程，确定其控制参数的取值。

自然换流点的相位：$\omega t=$ ＿＿＿＿＿。

晶闸管的触发角：$\alpha=$ ＿＿＿＿＿。

晶闸管的导通角：$\theta=$ ＿＿＿＿＿。

注：上述参量均用交流电源一个周期的电角度表示，范围：$0°\sim360°$。

- 根据图 25.1.3 中整流输出电压的波形，推导输出电压平均值 $V_{d\alpha}$ 的计算公式。

$$V_{d\alpha}=\frac{1}{2\pi}\int_{\alpha}^{\pi}\sqrt{2}V_s\sin\omega t\,d(\omega t)=\frac{1}{2\pi}\left(-\sqrt{2}V_s\cos\omega t\,\Big|_{\alpha}^{\pi}\right)$$

(25.1.1)

$$=\frac{-\sqrt{2}V_s}{2\pi}(\cos\pi-\cos\alpha)=\frac{\sqrt{2}V_s}{\pi}\cdot\frac{1+\cos\alpha}{2}=0.45V_s\cdot\frac{1+\cos\alpha}{2}$$

式中,$V_{d\alpha}$ 为触发角为 α 时晶闸管整流电路输出电压平均值;V_s 为交流电源电压有效值。

• 确定晶闸管整流电路的<u>移相(控制)范围</u>。

根据式(25.1.1),确定使 $V_{d\alpha}$ 为最大和最小时触发角 α 的取值:

$$\begin{cases} \alpha = 0° & \Rightarrow V_{d\alpha} = V_{dmax} = 0.45V_s \\ \alpha = 180° & \Rightarrow V_{d\alpha} = V_{dmin} = 0 \end{cases} \tag{25.1.2}$$

因此,该单相半波晶闸管整流电路的移相(控制)范围为:$0°\sim180°$。

△

学习活动 25.2 晶闸管的门极触发电路

25.2.1 晶闸管的门极触发电路

给晶闸管门极施加触发脉冲的电路,称为<u>门极触发电路</u>。下面以晶闸管的门极触发电路为例,说明相位控制信号的生成方法。晶闸管的门极触发电路的原理性结构如图 25.2.1 所示,其工作原理如下:

1)通过同步变压器从交流电源获得正弦的同步电压信号 v_{syn}。

2)锯齿波发生器将正弦的同步电压信号 v_{syn} 转化为单调的锯齿波同步电压信号 v_{st}。

3)控制信号 v_{con} 与锯齿波同步信号 v_{st} 相比较,在交点处产生触发脉冲,作用于晶闸管的门极上,控制晶闸管导通的时刻。此部分电路也称移相控制电路。

4)改变控制信号 v_{con} 的幅值就可以调节触发角 α 的大小,从而改变输出电压的平均值。

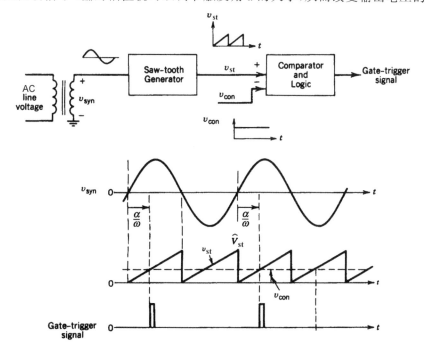

图 25.2.1 晶闸管的门极触发电路

根据图 25.2.1 中触发电路的工作波形,可以推导出触发角的控制关系为:

$$\alpha = 180° \cdot \frac{v_{\mathrm{con}}}{\hat{V}_{\mathrm{st}}} \qquad (25.2.1)$$

式中,α 为触发延迟角;v_{con} 为控制信号的幅值;$\hat{V}_{\mathrm{st}}$ 为锯齿波同步电压的峰值。

> **Q25.2.1**　晶闸管的门极触发电路如图 25.2.1 所示,设锯齿波同步信号的峰值为 1,要产生如图 25.1.3 所示的触发脉冲,试确定控制信号的幅值。

解:

- 根据式(25.2.1)可推导出控制信号的关系式为:

$$v_{\mathrm{con}} = \frac{\alpha}{180°} \cdot \hat{V}_{\mathrm{st}} \qquad (25.2.2)$$

- 图 25.1.3 中触发脉冲的触发角 $\alpha = 90°$,依题中假设锯齿波峰值 $\hat{V}_{\mathrm{st}} = 1$,将这些条件代入式(25.2.2),计算触发电路中控制信号的幅值。

$$v_{\mathrm{con}} = \underline{\hspace{6cm}}。$$

△

25.2.2　晶闸管触发电路的仿真模型

下面以单相半波晶闸管整流电路为例,介绍建立晶闸管触发电路仿真模型的方法。

> **Q25.2.2**　建立单相半波晶闸管整流电路的仿真模型,观测并分析仿真结果。

解:

1)建立单相半波晶闸管整流电路的仿真模型。

- 建立单相半波晶闸管整流电路及其触发电路的联合仿真模型,如图 25.2.2 所示,保存为仿真文件 Q25_2_2。

Q25_2_2
建模步骤

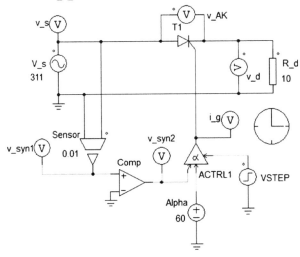

图 25.2.2　单相半波晶闸管整流电路的仿真模型

2)设置仿真参数。

• 合理设置电路元件参数和仿真控制参数。

3)观测并分析仿真结果。

• 当触发角 $\alpha = 60°$ 时,观测整流器的工作波形。

运行仿真,观测晶闸管阳极电压 v_{AK}、同步信号 v_{syn1} 和 $2 \times v_{syn2}$、输出电压 v_d 和触发脉冲 $200 \times i_g$ 的波形,如图 25.2.3 所示。

判断图 25.2.3 中的仿真波形与图 25.1.3 中理论分析画出的波形是否一致:_____。

• 当触发角 $\alpha = 0°$ 时,观测整流器输出电压平均值。

将直流电压源 Alpha 的幅值设置为 0,运行仿真,观测整流输出电压平均值 v_d,填入表 25.2.1的第 2 行。

将 $\alpha = 0°$ 代入式(25.1.1),计算整流输出电压平均值 $V_{d\alpha}$,填入表 25.2.1 的第 2 行。

判断输出电压的仿真观测值与理论计算值是否一致:_____。

• 当触发角 $\alpha = 60°$ 时,观测整流器输出电压平均值。

将直流电压源 Alpha 的幅值设置为 60,运行仿真,观测整流输出电压平均值 v_d,填入表 25.2.1的第 3 行。

将 $\alpha = 60°$ 代入式(25.1.1),计算整流输出电压平均值 $V_{d\alpha}$,填入表 25.2.1 的第 3 行。

判断输出电压的仿真观测值与理论计算值是否一致:_____。

• 当触发角 $\alpha = 90°$ 时,观测整流器输出电压平均值。

将直流电压源 Alpha 的幅值设置为 90,运行仿真,观测整流输出电压平均值 v_d,填入表 25.2.1的第 4 行。

将 $\alpha = 90°$ 代入式(25.1.1),计算整流输出电压平均值 $V_{d\alpha}$,填入表 25.2.1 的第 4 行。

判断输出电压的仿真观测值与理论计算值是否一致:_____。

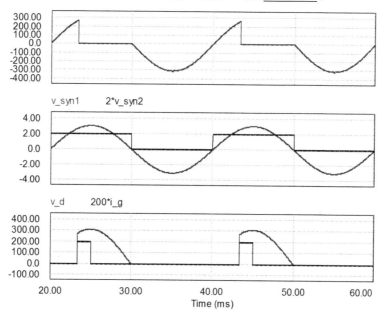

图 25.2.3 单相半波晶闸管整流电路的仿真波形

表 25.2.1　在不同触发角下整流输出电压的平均值

触发角	理论计算值(有计算过程)	仿真观测值
$\alpha = 0°$	$V_{d\alpha} =$	$V_d =$
$\alpha = 60°$	$V_{d\alpha} =$	$V_d =$
$\alpha = 90°$	$V_{d\alpha} =$	$V_d =$

△

学习活动 25.3　单相桥式晶闸管整流电路的工作原理

25.3.1　单相桥式晶闸管整流电路的分析方法

为了便于分析,可忽略电源内阻抗,并简化整流器的负载形式,得到理想化的单相桥式晶闸管整流电路,如图 25.3.1 所示,假设负载为恒流型负载。

晶闸管整流电路的一般分析步骤如下:

1)在交流电源的一个电周期内,确定各组晶闸管的自然换流点。

2)从各组晶闸管的自然换流点开始,延迟 α 角,向各组器件施加触发脉冲。然后分析换流的过程,即触发之后哪组器件由导通变为阻断、哪组器件由阻断变为导通。

3)根据晶闸管的导通情况,将一个周期分为若干区间,分析每个区间电流的通路并画出电路的工作波形。

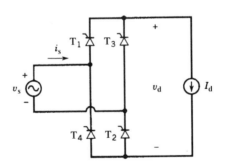

图 25.3.1　理想的单相桥式晶闸管整流电路

Q25.3.1　理想的单相桥式晶闸管整流电路如图 25.3.1 所示,根据是否一起通断,将整流器件(晶闸管)分组,并确定每组器件的自然换流点。

解:

1)分析单相桥式二极管整流电路的工作波形。

• 为了进行整流器件分组及确定自然换流点,首先将整流电路中的晶闸管换成二极管。

• 对于单相桥式二极管整流电路(参见专题7),在图 25.3.2 中标出共阴/阳组中二极管的导通区间,然后画出整流电路输出电压 v_d 的波形。

2)根据通断情况对器件进行分组。

• 通过对单相桥式二极管整流电路的分析可知,整流器中四个二极管可分成两组:
二极管_____ 一起通断,二极管_____ 一起通断。

• 同理,单相桥式晶闸管整流电路中的四个晶闸管也应分成两组:
晶闸管_____ 一起通断,晶闸管_____ 一起通断。

3)确定各组器件的自然换流点。

• 自然换流点定义为当晶闸管换成二极管时,二极管开始导通的时刻。

• 对单相桥式二极管整流电路的分析可知,这两组晶闸管的自然换流点(用电角度表示)分别为:

T_1,T_2 的自然换流点:$\omega t =$_____;T_3,T_4 的自然换流点:$\omega t =$_____。

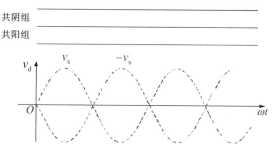

图 25.3.2　单相桥式二极管整流电路的工作波形

$\triangle$

25.3.2　单相桥式晶闸管整流电路的仿真模型

下面首先建立单相桥式晶闸管整流电路的仿真模型,然后通过仿真实验观察整流电路的工作波形。

> Q25.3.2　单相桥式晶闸管整流电路如图 25.3.1 所示,建立其仿真模型并观察仿真结果。

解:

1)建立单相桥式晶闸管整流电路的仿真模型。

• 建立单相桥式可控整流电路和触发电路的联合仿真模型,如图 25.3.3 所示,保存为仿真文件 Q25_3_2。

2)设置仿真参数。

• 合理设置电路元件参数和仿真控制参数。

3)观察并分析仿真结果。

Q25_3_2
建模步骤

• 当触发角 $\alpha = 90°$ 时,运行仿真,观察 T_1/T_2 触发电路的工作波形,以及 T_3/T_4 触发电路的工作波形,分别将同步信号与触发脉冲画在一个图中,如图 25.3.4 所示。

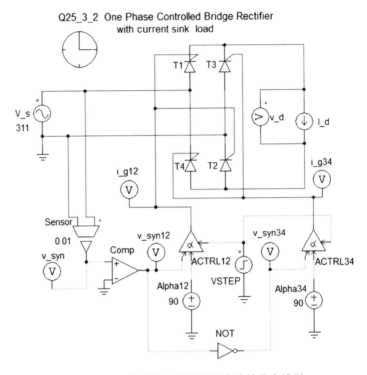

图 25.3.3 单相桥式可控整流电路的仿真模型

• 判断图 25.3.4 中各组晶闸管的同步信号和触发脉冲的相位是否正确。

T_1/T_2 触发电路同步信号 v_{syn12} 上升沿的电角度为：_____，与 T_1/T_2 自然换流点的相位是否相同？T_1/T_2 触发脉冲 i_{g12} 上升沿的电角度为：_____，与预设值是否一致？

T_3/T_4 触发电路同步信号 v_{syn34} 上升沿的电角度为：_____，与 T_3/T_4 自然换流点的相位是否相同？T_3/T_4 触发脉冲 i_{g34} 上升沿的电角度为：_____，与预设值是否一致？

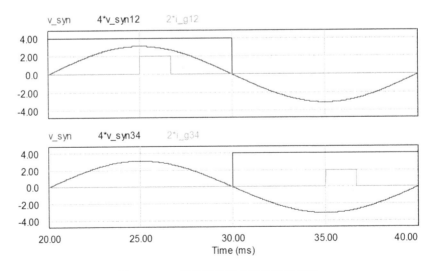

图 25.3.4 晶闸管触发电路的工作波形

25.3.3   单相桥式晶闸管整流电路的波形分析

下面分析单相桥式晶闸管整流电路的工作波形,并通过仿真实验加以验证。

> Q25.3.3   单相桥式晶闸管整流电路如图 25.3.1 所示,分析该电路的工作过程,并画出其工作波形。

解:

1)标注各组晶闸管的触发脉冲,并据此划分工作阶段。

- 各组晶闸管从自然换流点开始,延迟电角度 α 施加触发脉冲,如图 25.3.5 中波形图 i_g 所示,图中 $T_{1,2}$ 和 $T_{3,4}$ 分别为两组晶闸管的触发脉冲。注:在晶闸管 $T_{1,2}$ 的自然换流点 $\omega t = 0°$ 之后延迟电角度 α,施加触发脉冲。在晶闸管 $T_{3,4}$ 的自然换流点 $\omega t = 180°$ 之后延迟电角度 α,施加触发脉冲。

- 根据触发脉冲的位置,将交流电源的一个周期划分为 6 个工作阶段,如图 25.3.5 所示。

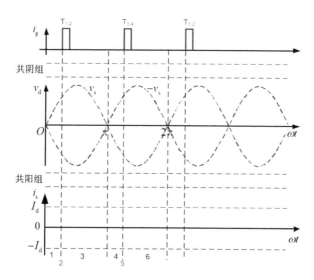

图 25.3.5   单相桥式晶闸管整流电路的工作波形

2)分析各阶段中电路的工作状态。

- 在每个阶段中分析电路工作状态的基本步骤如下:首先根据之前的触发情况,确定各组晶闸管的通断状态,对于阶段 2 和阶段 5 则是确定换流的过程。然后画出本阶段中负载电流的通路,最后确定整流器输出电压的表达式。注意:由于整流电路的负载是恒流型负载,则任何工作阶段(阶段 2 和阶段 5 除外)中都有两只晶闸管导通构成负载电流的通路。

- 由于阶段 1 之前的触发状态尚不清楚,先从阶段 2 开始分析,最后再来研究阶段 1。阶段 2,触发 $T_{1,2}$。电源电压 $v_s > 0$,$T_{1,2}$ 承受正向阳极电压且门极有触发脉冲,因而触发导通。此阶段中两组晶闸管的换流过程如表 25.3.1 中第 3 行所示。注:由于阶段 1 中 $T_{3,4}$ 已经导通,则在阶段 2 中 $T_{1,2}$ 触发导通后,使 $T_{3,4}$ 承受反向阳极电压而关断,完成第一次换流,

负载电流从 $T_{3,4}$ 转移到 $T_{1,2}$。

• 阶段 3，电源电压 $v_s > 0$，器件通断状态不变。将此阶段中电源电压实际极性、电流通路以及 $T_{3,4}$ 阳极电压的实际极性画在图 25.3.6(b) 中。然后根据电流通路确定输出电压和电源电流的表达式，此阶段中电路的工作状态如表 25.3.1 中第 4 行所示。

• 阶段 4，电源电压 $v_s < 0$，器件通断状态不变，但晶闸管 $T_{3,4}$ 阳极电压 $v_{AK3,4} > 0$。$T_{3,4}$ 虽然已承受正向阳极电压，但未触发，所以不能导通。将电源电压实际极性、电流通路以及 $T_{3,4}$ 阳极电压的实际极性画在图 25.3.6(c) 中。然后根据电流通路确定输出电压和电源电流的表达式，并将上述分析结果填入表 25.3.1 的第 5 行中。

• 阶段 5，触发 $T_{3,4}$，两组晶闸管进行换流。$T_{3,4}$ 承受正向阳极电压且门极有触发脉冲，因而触发导通。$T_{3,4}$ 导通后，使 $T_{1,2}$ 承受反向阳极电压而关断。负载电流通路从 $T_{1,2}$ 转移到 $T_{3,4}$。此阶段中两组晶闸管的换流过程如表 25.3.1 中第 6 行所示。

• 阶段 6，电源电压 $v_s < 0$，器件通断状态不变。将电源电压实际极性、电流通路以及 $T_{1,2}$ 阳极电压的实际极性画在图 25.3.6(d) 中。然后根据电流通路确定输出电压和电源电流的表达式，并将上述分析结果填入表 25.3.1 的第 7 行中。

• 阶段 1，电源电压 $v_s > 0$，器件通断状态不变（与阶段 6 相同），但晶闸管 $T_{1,2}$ 阳极电压 $v_{AK1,2} > 0$。$T_{1,2}$ 虽然承受正向阳极电压，但未触发，所以不能导通。将电源电压实际极性、电流通路以及 $T_{1,2}$ 阳极电压的实际极性画在图 25.3.6(a) 中。然后根据电流通路确定输出电压和电源电流的表达式，并将上述分析结果填入表 25.3.1 的第 2 行中。

⊠课后思考题 AQ25.1：试分析阶段 4 中电源电压变负后，$T_{1,2}$ 仍然维持导通的原因。

表 25.3.1　单相桥式晶闸管整流电路的工作过程

阶段	电角度范围	电源电压极性	$T_{1,2}$ 状态 阳极电压极性	$T_{3,4}$ 状态 阳极电压极性	输出电压 电源电流
1	$0 < \omega t < \alpha$	$v_s > 0$			
2	$\omega t = \alpha$ 触发 $T_{1,2}$	$v_s > 0$	触发导通	开始关断	$T_3 \to T_1$ $T_4 \to T_2$
3	$\alpha < \omega t < \pi$	$v_s > 0$	保持导通	保持阻断 $v_{AK3,4} < 0$	$v_d = v_s$ $i_s = I_d$
4	$\pi < \omega t < \pi + \alpha$	$v_s < 0$			
5	$\omega t = \pi + \alpha$ 触发 $T_{3,4}$	$v_s < 0$	开始关断	触发导通	$T_1 \to T_3$ $T_2 \to T_4$
6	$\pi + \alpha < \omega t < 2\pi$	$v_s < 0$			

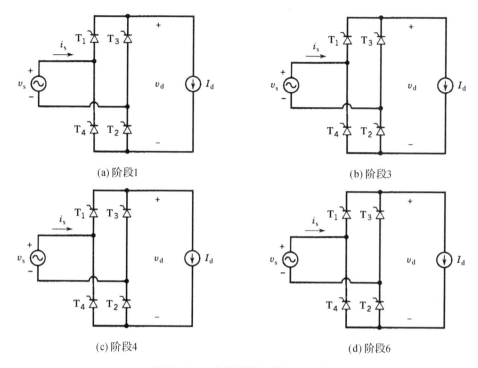

(a) 阶段1　　　　　　　　　　　　　(b) 阶段3

(c) 阶段4　　　　　　　　　　　　　(d) 阶段6

图 25.3.6　各阶段的负载电流通路

3）根据表 25.3.1，归纳出一个电周期中输出电压 v_d 和电源电流 i_s 的表达式。

$$v_d = \begin{cases} v_s & \alpha < \omega t < \pi + \alpha \\ -v_s & \pi + \alpha < \omega t < 2\pi + \alpha \end{cases} \quad (25.3.1)$$

$$i_s = \begin{cases} I_d & \alpha < \omega t < \pi + \alpha \\ -I_d & \pi + \alpha < \omega t < 2\pi + \alpha \end{cases} \quad (25.3.2)$$

4）根据上述分析，在图 25.3.5 中画出晶闸管整流电路的工作波形。

· 根据触发脉冲的相位和换流规律，标出共阴组和共阳组中各晶闸管的<u>导通区间</u>。换流总是在同组的晶闸管之间进行：某晶闸管触发导通后，之前导通的晶闸管将承受反压关断。因此某晶闸管的导通区间位于该晶闸管的触发脉冲到同组下一只晶闸管的触发脉冲之间。

· 根据表 25.3.1，在图 25.3.5 的波形图 v_d 中画出<u>输出电压</u>的波形，在波形图 i_s 中画出<u>电源电流</u>的波形。

⊠课后思考题 AQ25.2：利用例 Q25.3.2 中的仿真模型，当 $\alpha=45°$，$I_d=10\text{A}$ 时，观测晶闸管整流电路的仿真波形，并与图 25.3.5 中理论分析得出的波形相比较。

△

专题 25 小结

晶闸管整流器是一种可控整流器,直流输出电压平均值可控。晶闸管整流器的电路结构与二极管整流器相同,只是将开关器件换为晶闸管。晶闸管整流器采用相位控制的方式来调节输出电压的平均值。通过控制器件导通的时刻(相位)来改变输出功率(电压、电流)的控制方式称为相位控制方式,简称相控方式。相控方式的基本要素包括自然换流点、触发延迟角、导通角和移相(控制)范围等。

给晶闸管门极施加触发脉冲的电路,称为门极触发电路。晶闸管门极触发电路的原理性结构如图 25.2.1 所示,主要由锯齿波同步信号、触发脉冲移相控制等电路组成。改变控制信号 v_{con} 的幅值就可调节晶闸管触发角 α 的大小,从而改变整流器输出电压的平均值。触发电路的控制关系如式(25.2.1)所示。

理想的单相桥式晶闸管整流电路如图 25.3.1 所示,绘制其工作波形的基本方法如下:

1)在交流电源的一个电周期内,确定各组晶闸管自然换流点的位置。延迟 α 角后,画出各组器件触发脉冲的位置。

2)分析换流过程,确定每次触发之后哪组晶闸管导通(另一组则阻断)。由于负载电流是连续的,触发导通的晶闸管将一直保持导通状态直到下一个换流时刻。

3)根据晶闸管的导通情况,将一个周期分为若干阶段,画出每个阶段负载电流的通路,分析电路中的电压、电流关系即可画出工作波形。

下一专题将继续研究单相桥式晶闸管整流电路,推导其主要参数的计算公式。

专题 25 测验

R25.1 晶闸管变流电路是通过控制器件_____的时刻(相位)来改变输出功率(电压、电流),这种控制方式称为_____控制方式。

R25.2 晶闸管变流电路相控方式的基本要素如下:

1)门极电流连续施加时,晶闸管开始导通的时刻(相位),定义为_____。

2)从自然换流点开始,到施加触发脉冲时刻所延迟的电角度,定义为_____。

3)晶闸管在一个电周期内导通的电角度,定义为_____。

4)移相(控制)范围定义为:控制整流输出平均电压从_____到_____变化时,触发角的有效变化范围。

R25.3 晶闸管的门极触发电路的原理性结构如图 25.2.1 所示,其工作原理如下:

1)通过_____从交流电源获得正弦的同步电压信号 v_{syn}。

2)信号发生器将正弦的同步电压信号转化为单调的_____同步电压信号 v_{st}。

3)_____信号 v_{con} 与_____同步信号 v_{st} 相比较,在交点处产生_____,作用于晶闸管的门极上,控制晶闸管_____的时刻,即晶闸管的_____角。

4)改变_____信号幅值就可以调节_____角的大小,从而改变输出电压的平均值。

R25.4　单相半波晶闸管整流电路如图 25.1.2 所示，当触发角 $\alpha=30°$ 时，在图 R25.1 中画出触发脉冲 i_g 的位置、晶闸管的导通区间、晶闸管阳极电压 v_{AK} 和整流输出电压 v_d 的波形。

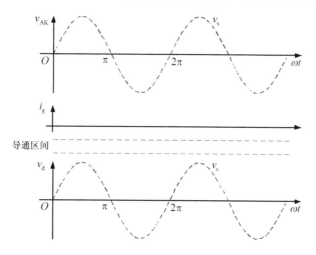

图 **R25.1**　单相半波晶闸管整流电路的工作波形

专题 25
习题

专题 26　单相晶闸管整流器的设计与计算

• **承上启下**

专题 25 学习了晶闸管整流器的控制原理,并分析了单相桥式晶闸管整流器的工作过程。在此基础上,本专题将继续研究单相桥式晶闸管整流电路的参数计算,并研究负载性质对晶闸管整流电路工作过程的影响,最后以蓄电池充电器为例,说明实用的单相晶闸管整流器的设计方法。

• **学习目标**

掌握单相晶闸管整流电路的设计与计算方法。

• **知识导图**

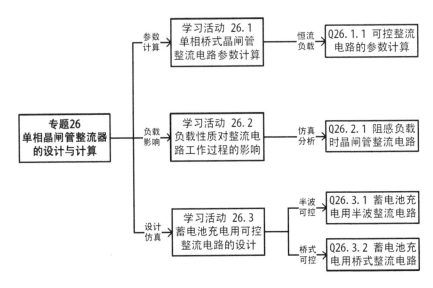

• **基础知识和基本技能**

单相桥式可控整流器的参数计算。

负载性质对整流电路工作过程的影响。

可控整流器中续流二极管的作用。

• **工作任务**

蓄电池充电用单相可控整流电路的设计。

学习活动 26.1 单相桥式晶闸管整流电路的参数计算

恒流型负载时单相桥式晶闸管整流电路如图 26.1.1 所示,专题 25 的例 Q25.3.3 中分析了该电路的工作过程,下面来计算该电路的主要参数。

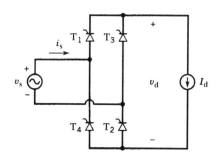

图 26.1.1 理想化单相桥式晶闸管整流电路(恒流型负载)

> Q26.1.1 在例 Q25.3.3 的基础上,计算单相桥式晶闸管整流电路的主要参数,并利用例 Q25.3.2 中的仿真模型验证理论计算的结果。设:负载电流 $I_d = 100A$,工频交流电源电压有效值 $V_s = 220V$。

解:

1)计算整流器输出电压平均值。

• 单相桥式晶闸管整流电路输出电压 v_d 的波形如图 26.1.2 所示,输出电压平均值的计算方法为:

$$V_{d_\alpha} = \frac{1}{\pi}\int_\alpha^{\pi+\alpha} \sqrt{2}V_s \sin\omega t \, d(\omega t) = -\frac{\sqrt{2}}{\pi}V_s \big[\cos(\pi+\alpha) - \cos\alpha\big] = \frac{2\sqrt{2}}{\pi}V_s\cos\alpha$$

$$(26.1.1)$$

为了便于计算,整流输出电压平均值 V_{d_α} 的计算公式可简化为:

$$V_{d_\alpha} = 0.9V_s\cos\alpha = V_{d0}\cos\alpha \qquad V_{d0} = 0.9V_s \qquad (26.1.2)$$

式中,V_s 为交流电源电压有效值;α 为触发角;V_{d0} 为单相桥式二极管整流器输出电压平均值。

• 当 $V_s = 220V$,$\alpha = 60°$ 时,计算整流器输出电压平均值。

将已知条件代入式(26.1.2)计算整流输出电压的平均值。

$V_{d_\alpha} = 0.9V_s\cos\alpha =$ _____

打开仿真模型 Q25_3_2,触发角设置为 $\alpha = 60°$,观测整流输出电压平均值。

$V_d =$ _____。

判断输出电压平均值的仿真观测值与理论计算值是否一致:_____。

2)根据式(26.1.2)分析整流器移相(控制)范围。

• 当触发延迟角 $0° < \alpha < 90°$ 时,输出电压 $V_d > 0$,此时电能从交流侧传输到直流侧,变换器工作于整流状态。当触发延迟角 $90° < \alpha < 180°$ 时,输出电压 $V_{\rm d} < 0$,此时电能从直流侧传输到交流侧,变换器工作于逆变状态。逆变工作状态的分析可参考有关教材。

• 可见,单相桥式晶闸管整流电路既可工作于整流状态,也可工作于逆变状态,因此将其称为单相桥式晶闸管变流电路更为恰当,该电路的移相(控制)范围如图 26.1.3 所示。图 26.1.3 中,横轴为触发角 α,纵轴为 $V_{\rm d\alpha}$ 与 $V_{\rm d0}$ 的比值(参见式(26.1.2)),整流输出电压平均值与触发角之间是余弦函数关系。

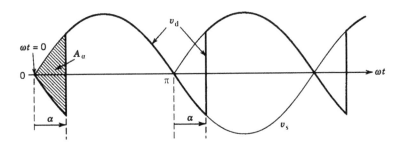

图 26.1.2　单相桥式晶闸管整流电路输出电压的波形

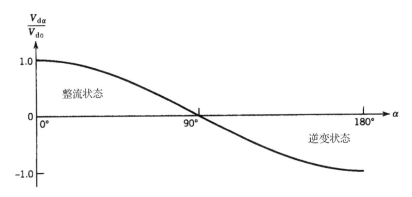

图 26.1.3　单相桥式晶闸管变流电路的移相(控制)范围

3)计算整流器功率因数。

• 单相桥式晶闸管整流电路中交流电源的电流波形如图 26.1.4 所示。电源电流 $i_{\rm s}$ 为方波(幅值为 $I_{\rm d}$),滞后于电源电压 $v_{\rm s}$ 的相角即为触发角 α。电源电流的基波分量用虚线表示,其有效值为 $I_{\rm s1}$,滞后于电源电压的相角也是 α。

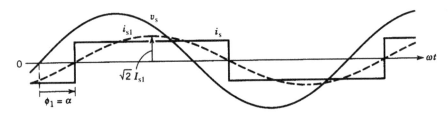

图 26.1.4　单相桥式晶闸管整流电路电源电流的波形

• 根据电源电流 $i_{\rm s}$ 的波形,写出其傅里叶级数表达式:

$$i_{\rm s}(\omega t) = \sqrt{2}\,I_{\rm s1}\sin(\omega t - \alpha) + \sqrt{2}\,I_{\rm s3}\sin[3(\omega t - \alpha)] + \cdots \tag{26.1.3}$$

$$I_{s1} = \frac{2\sqrt{2}}{\pi} I_d \qquad I_{sh} = \frac{I_{s1}}{h} \qquad (h\ 为奇数)$$

- 在傅里叶级数表达式基础上,计算电源电流的畸变率:

$$\text{THD}_i = \frac{I_H}{I_1} = \frac{\sqrt{I_s^2 - I_{s1}^2}}{I_{s1}} = 48.43\% \qquad I_s = I_d \qquad (26.1.4)$$

- 在傅里叶级数表达式基础上,计算整流器的功率因数:

$$\text{PF} = \frac{I_{s1}}{I_s}\cos\alpha = 0.9\cos\alpha \qquad (26.1.5)$$

可见,随着 α 的增加,晶闸管整流器的功率因数会下降。

$\triangle$

随着二极管整流器重要性的不断提高,相控变流器主要应用在大功率场合(以三相变流器为主)。相控变流器会向电网注入大量谐波,而且当晶闸管整流器输出电压平均值 $V_{d\alpha}$ 很小时(α 较大),电源电流基波的相移较大,功率因数将变得很差。

学习活动 26.2　负载性质对整流电路工作过程的影响

前面在分析晶闸管整流电路时,假设负载为恒流型负载,在负载电流连续时,晶闸管的换流过程比较简单,且输出电压平均值的表达式与负载无关。但是,实际整流电路的负载形式是十分多样的,可以用图 26.2.1 表示负载的一般形式,包括电阻、电感和反电势。

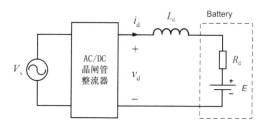

图 26.2.1　负载的一般形式

下面通过电路仿真,观察并分析负载性质对晶闸管整流电路工作特性的影响。

> Q26.2.1　建立单相半波晶闸管整流电路的仿真模型,观察不同负载形式下,晶闸管整流电路的工作特点。

解:

1)建立阻感-反电势负载时的整流电路的仿真模型。

- 打开例 Q25.2.2 中建立的仿真模型,在负载支路中添加电感 L_d 和电压源 E,建立阻感-反电势负载时单相半波晶闸管整流电路的仿真模型,如图 26.2.2 所示,保存为仿真文件 Q26_2_1。

- 在仿真模型中将触发角设置为 $\alpha=90°$,负载支路中各元件的参数待定。

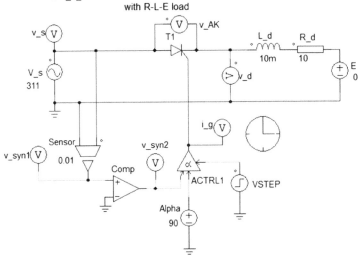

图 26.2.2　单相半波晶闸管整流电路(阻感-反电势负载)

2)观察不同负载形式下整流电路的工作波形。

• 当 $L_d=0\mathrm{mH}, R_d=10\Omega, E=0\mathrm{V}$ 时,设置负载支路中各元件的参数,运行仿真。观测电阻负载时整流输出电压 v_d 和负载电流 i_R 的工作波形,如图 26.2.3 所示。

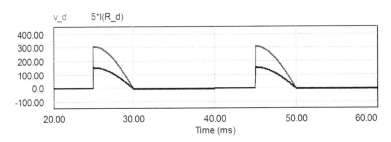

图 26.2.3　电阻负载时单相半波晶闸管整流电路的仿真波形

电阻负载时整流输出电压与负载电流波形的形状相似。

• 当 $L_d=10\mathrm{mH}, R_d=10\Omega, E=0\mathrm{V}$ 时,设置负载支路中各元件的参数,运行仿真。观测阻感负载时整流输出电压 v_d 和负载电流 i_R 的工作波形,如图 26.2.4 所示。

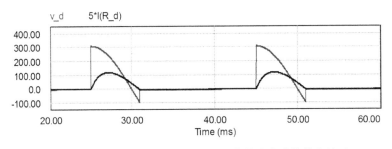

图 26.2.4　阻感负载时单相半波晶闸管整流电路的仿真波形

与电阻负载时相比,阻感负载时晶闸管导通时间延长,整流输出电压出现负值。

• 当 $L_d=0\mathrm{mH}, R_d=10\Omega, E=100\mathrm{V}$ 时,设置负载支路中各元件的参数,运行仿真。观

测反电势负载时整流输出电压 v_d 和负载电流 i_R 的工作波形,如图 26.2.5 所示。

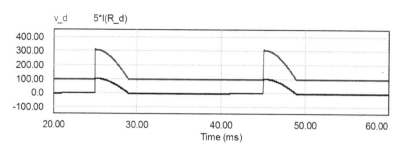

图 26.2.5　电阻-反电势负载时单相半波晶闸管整流电路的仿真波形

与电阻负载时相比,<u>反电势负载</u>时晶闸管导通时间缩短,整流输出电压平均值提高。

3)观测不同负载形式下晶闸管导通角和整流输出电压平均值。

• 晶闸管中负载电流的持续时间即为晶闸管的导通时间。在晶闸管电流波形上,观测晶闸管导通开始的时刻和结束的时刻,然后按照式(26.2.1)估算晶闸管的导通角。

$$\theta = \frac{t_2 - t_1}{20} \times 360° = (t_2 - t_1) \times 18° \qquad (26.2.1)$$

式中,t_1 为导通开始的时刻,单位为 ms;t_2 为导通结束的时刻,单位为 ms。

• 在步骤2)的基础上,观测不同负载形式下晶闸管电流(即负载电流)的波形,然后根据式(26.2.1)计算晶闸管的<u>导通角</u>,填入表 26.2.1 的第 2 列中。

• 在步骤2)的基础上,观测不同负载形式下整流<u>输出电压</u>平均值,填入表 26.2.1 第 3 列中。

表 26.2.1　不同负载形式下单相半波晶闸管整流电路的工作特点

负载形式	晶闸管导通角	输出电压平均值
电阻(R)	$\theta = (30-25) \times 18 = 90°$	$V_d = 49.3V$
阻感(R-L)	$\theta =$	$V_d =$
反电势(R-E)	$\theta =$	$V_d =$

• 根据表 26.2.1 中的观测数据,分析负载性质对晶闸管整流电路<u>工作特性</u>的影响。

与电阻负载时相比,阻感负载时晶闸管导通角_____,输出电压平均值_____。

与电阻负载时相比,反电势负载时晶闸管导通角_____,输出电压平均值_____。

☒课后思考题 AQ26.1:与电阻负载时相比,阻感负载和反电势负载时,晶闸管电路的工作特性发生了上述变化,试解释产生这种变化的原因。

_____

• 阻感负载时由于电感的储能作用,电源电压过零变负之后,电感释放_____,维持负载电流,使晶闸管继续导通,导通角_____。电源电压过零变负之后,输出电压为_____,使得输出电压平均值_____。

• 反电势负载时由于负载中存在反电势,电源电压低于_____时,晶闸管就会提前_____,导通角将会_____。晶闸管关断时,输出电压为_____电压,使得输出电压平均值_____。

学习活动 26.3　蓄电池充电用可控整流电路的设计

蓄电池充电是可控整流电路的典型应用之一。作为整流器的负载,蓄电池可用电阻-反电势的模型来表示;由于可控整流器输出电压是脉动的,为了降低输出电流的脉动,可在负载回路中串联电感(平波电抗器),总的负载模型如图 26.2.1 所示。蓄电池充电用的单相可控整流器,可以采用两种电路形式:单相半波晶闸管整流器或单相桥式晶闸管整流器。下面分别采用这两种整流器设计蓄电池充电电路。

26.3.1　带续流二极管的单相半波晶闸管整流器

在例 Q26.2.1 中,由于负载中电感的储能作用,电源电压过零变负之后,电感释放储能,维持负载电流,使晶闸管继续导通,则输出电压出现波形为负的部分。为了提高输出电压的平均值,可在负载两端并联续流二极管。下面通过电路仿真,分析续流二极管的作用。

> Q26.3.1　采用带续流二极管的单相半波晶闸管整流器,建立蓄电池充电电路的仿真模型,观测并分析仿真结果。设:$V_s = 220\text{V}$,$L_d = 0.5\text{H}$,$R_d = 1\Omega$,$E = 72\text{V}$。

解:

1)建立带续流二极管的单相半波晶闸管整流电路的仿真模型。

• 打开例 Q26.2.1 中建立的仿真模型,在负载两端反并联二极管 FWD,建立带续流二极管的单相半波晶闸管整流器的仿真模型,如图 26.3.1 所示,保存为仿真文件 Q26_3_1。

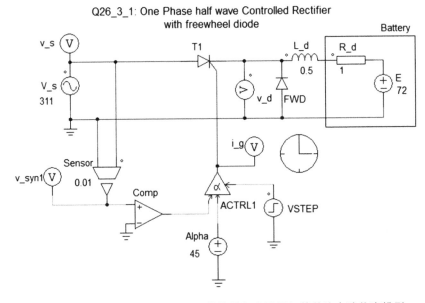

图 26.3.1　负载上反并联续流二极管的单相半波晶闸管整流电路仿真模型

- 设置负载支路中各元件的参数：$L_d = 0.5\text{H}$，$R_d = 1\Omega$，$E = 72\text{V}$。
- 预设晶闸管的触发角：$\alpha = 45°$。
- 合理设置仿真控制器的参数，以观测电路进入稳态后的仿真波形。

Time Step＝1E－006，Total Time＝2.04，Print Time＝2，Print Step＝10。

2)假设负载电流连续,分析整流电路的工作过程。

- 设触发角 $\alpha = 45°$,在图 26.3.2 的 i_g 波形图中,画出触发脉冲的位置。
- 晶闸管 T_1 触发后处于导通状态。电源电压过零变负时,续流二极管 FWD 导通,使 T_1 承受反电压而关断,负载电流通过 FWD 续流,输出电压为零。下一个周期再向晶闸管施加触发脉冲时,晶闸管 T_1 导通,使续流二极管 FWD 承受反电压而关断。根据上述分析,在 i_g 波形图下方,标出共阴组器件(T_1 和 FWD)的导通区间。
- 根据器件的导通区间,在图 26.3.2 的 v_d 波形图中,画出整流输出电压的波形。

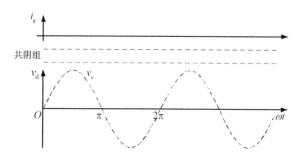

图 26.3.2　带续流二极管的单相半波晶闸管整流电路的工作波形

3)观测仿真结果。

- 运行仿真,观测输出电压 v_d 和负载电流 i_R 的波形,以及晶闸管电流 i_{T1}、二极管电流 i_{FWD} 的波形,如图 26.3.3 所示。

由于平波电抗器 L_d 的滤波作用,负载电流平直连续,可近似按照恒流型负载来分析和计算。判断图 26.3.3 中的仿真波形与图 26.3.2 中理论分析得出的波形是否一致：_____。

- 在输出电压波形上观测输出电压的平均值。

观测输出电压平均值：$V_d =$ _____。

负载电流连续时,带续流二极管的整流电路的输出电压波形,与电阻负载时单相半波晶闸管整流电路相同,所以输出电压平均值的表达式与式(25.1.1)相同,即：

$$V_{d\alpha} = 0.45V_s \cdot \frac{1+\cos\alpha}{2} \tag{26.3.1}$$

将仿真模型中的相关参数代入式(26.3.1),计算整流输出电压的平均值：

$V_{d\alpha} =$ _____。

判断输出电压的仿真观测值与理论计算值是否一致：_____。

- 在输出电流波形上观测输出电流的平均值。

观测输出电流平均值：$I_R =$ _____。

输出电流平均值可按照式(26.3.2)计算：

$$I_d = \frac{V_{d\alpha} - E}{R_d} \tag{26.3.2}$$

将仿真模型中的相关参数代入式(26.3.2),计算整流输出电流的平均值:

$I_d =$ _____。

判断输出电流的仿真观测值与理论计算值是否一致:_____。

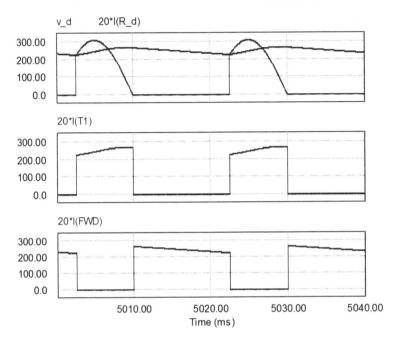

图 26.3.3 带续流二极管的单相半波晶闸管整流电路的工作波形

4)要求蓄电池的充电电流平均值为 10A,试确定触发角的取值。

• 首先根据充电电流的要求和仿真模型的参数,计算期望的整流输出电压平均值。

$V_{d\alpha} = I_d R_d + E =$ _____。

• 然后根据式(26.3.1),计算触发角的合理取值。

$\cos\alpha = (2V_{d\alpha}/0.45V_s) - 1 =$ _____ $\Rightarrow \alpha \approx$ _____。

• 将仿真模型中的触发角设定为上述计算值,观测输出电压和输出电流的波形。

观测输出电压平均值:$V_d =$ _____。

观测输出电流平均值:$I_R =$ _____。

判断上述仿真观测值与期望值是否一致:_____。

△

26.3.2 单相桥式晶闸管整流器

半波整流器中电源电流为单方向,容易造成电源变压器直流磁化,所以半波整流器只适用于小功率的场合。桥式整流器则克服了上述缺点,可输出较大的功率。下面采用单相桥式晶闸管整流器重新设计蓄电池充电电路。

> **Q26.3.2 采用单相桥式晶闸管整流器,建立蓄电池充电电路的仿真模型,观测并分析仿真结果。设:$V_s = 220V$,$L_d = 0.65H$,$R_d = 1\Omega$,$E = 72V$。**

解：

　　1）建立仿真模型。

　　· 建立蓄电池充电电路的<u>仿真模型</u>，如图 26.3.4 所示，保存为仿真文件 Q26_3_2。

Q26_3_2
建模步骤

　　2）设置仿真参数。

　　· 合理设置电路元件参数和仿真控制参数。

　　3）确定平波电抗器 L_d 的电感量。

　　· 为了保证负载电流连续，可按照式（26.3.3）计算<u>平波电抗器的最小电感量</u> L_{min}。

$$L_{min}=\frac{2\sqrt{2}V_s}{\pi\omega I_{dmin}}=2.87\times10^{-3}\times\frac{V_s}{I_{dmin}} \tag{26.3.3}$$

式中，I_{dmin} 为最小负载电流的平均值。

　　· 设 $I_{dmin}=1A$，代入式（26.3.3）计算<u>保证负载电流连续的最小电感量</u>。

　　$L_{min}=$ _____。

　　按照上述计算值，设置仿真模型中平波电抗器 L_d 的电感量。

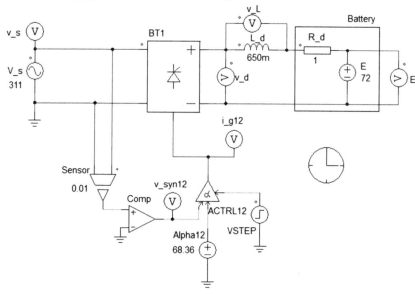

Q26_3_2　One Phase Controlled Bridge Rectifier with R-L-E load

图 26.3.4　单相桥式晶闸管整流器的仿真模型（R－L－E 负载）

　　4）确定触发角的变化范围。

　　· 已知蓄电池充电电流平均值的变化范围是 1～10A。按照步骤 3）确定的电感量可保证负载电流平直连续，因此可近似按照恒流型负载的情况进行分析和计算。首先根据充电电流 I_d 计算蓄电池所需的充电电压 $V_{d\alpha}$，进而根据式（26.1.2）计算触发角 α。

　　· 当充电电流平均值 $I_{d1}=10A$ 时，计算此时晶闸管的最小<u>触发角</u> α_1。

　　$V_{d\alpha1}=I_{d1}R_d+E=$ _____ $\Rightarrow \cos\alpha_1=V_{d\alpha1}/(0.9V_s)=$ _____ $\Rightarrow \alpha_1\approx$ _____。

　　· 当充电电流平均值 $I_{d2}=1A$ 时，计算此时晶闸管的最大<u>触发角</u> α_2。

　　$V_{d\alpha2}=I_{d2}R_d+E=$ _____ $\Rightarrow \cos\alpha_2=V_{d\alpha2}/(0.9V_s)=$ _____ $\Rightarrow \alpha_2\approx$ _____。

5）负载电流连续时，观测整流电路的工作特点。

• 将仿真模型中的触发角设置为<u>最大触发角</u> α_2，运行仿真，观察输出电压和负载电流的波形，如图 26.3.5 所示。在仿真波形上，观测负载电流的<u>脉动率</u>。

观测负载电流的最大值：$i_{d\_max} =$ _____。

观测负载电流的最小值：$i_{d\_min} =$ _____。

观测负载电流的平均值：$I_d =$ _____。

根据观测值计算负载电流的脉动率：$r_i = (i_{d\_max} - i_{d\_min})/I_d =$ _____。

触发角最大时负载电流最小，判断此时负载电流是否连续：_____。

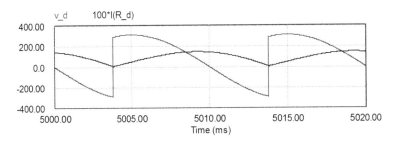

图 26.3.5　最大触发角时桥式晶闸管整流电路的工作波形（$L_d = 0.65H$）

• 将触发角设置为<u>最小触发角</u> α_1，运行仿真，观测<u>输出电压</u>和<u>输出电流</u>的波形。

观测输出电压平均值：$V_d =$ _____。

观测输出电流平均值：$I_R =$ _____。

判断最小触发角时输出电压和输出电流的仿真观测值与期望值是否一致：_____。

• 将触发角设置为<u>最大触发角</u> α_2，运行仿真，观测<u>输出电压</u>和<u>输出电流</u>的波形。

观测输出电压平均值：$V_d =$ _____。

观测输出电流平均值：$I_R =$ _____。

判断最大触发角时输出电压和输出电流的仿真观测值与期望值是否一致：_____。

6）负载电流断续时，观测整流电路的工作特点。

• 步骤 3）中选取的平波电抗器，可以保证在最小负载电流时，电感电流保持连续。只要负载电流连续，晶闸管的换流规律就与恒流负载时相同。负载电流较小时，减小平波电抗器的电感量，可观测到负载电流断续的情况。

• 将仿真模型中的触发角设置为<u>最大触发角</u> α_2，并将平波电抗器的<u>电感量</u>设置为 100mH。运行仿真，观察此时<u>输出电压</u>和<u>负载电流</u>的波形，如图 26.3.6 所示。此时负载电

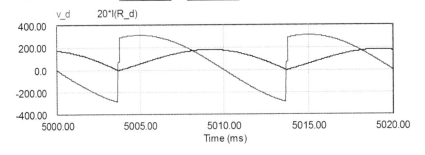

图 26.3.6　最大触发角时桥式晶闸管整流电路的工作波形（$L_d = 0.1H$）

流出现了断续的情况,即有一段时间电流恒为 0。

负载电流断续时 $i_d=0$,之前导通的晶闸管将关断,输出电压 $v_d=E$,与电流连续时相比,输出电压平均值将略有提高。

7)观察电感(平波电抗器)的作用。

• 将仿真模型中的触发角设置为<u>最小触发角</u> α_1,运行仿真,观察<u>电源电压</u> v_s、<u>电感电压</u> v_L 和<u>负载电势</u> E 的波形,如图 26.3.7 所示。

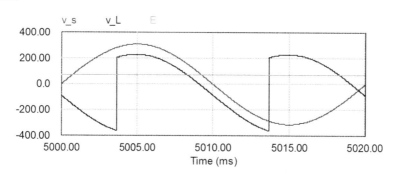

图 26.3.7　电源电压 V_s、电感电压 v_L 和负载电势 E 的波形

• 结合上述波形,分析电源电压变负时,电感在维持<u>晶闸管导通</u>时所起的作用。

忽略电阻上的压降,已导通晶闸管的阳极电压可近似表示为:$v_{AK} \approx (v_s - v_L - E)/2$。电源电压为负时,负载电流下降,电感的感应电势 v_L 极性为负,使晶闸管阳极电压仍为正极性,因而继续保持导通状态。

$\triangle$

专题 26 小结

<u>单相桥式晶闸管变流器</u>如图 26.1.1 所示,恒流型负载时输出电压平均值如式(26.1.2)所示。当触发角 $0° < \alpha < 90°$ 时,输出电压为正,变换器工作于整流状态;当触发角 $90° < \alpha < 180°$ 时,输出电压为负,变换器工作于逆变状态。整流电路的功率因如式(26.1.5)所示,随着触发角 α 的增加,整流器的功率因数会下降,并向电网注入大量谐波,这是晶闸管整流器的一个主要缺点。

实际整流电路的<u>负载形式</u>是十分多样的,如电阻、电感和反电势。负载性质会影响变流器的换流过程,进而影响输出电压的平均值。在实际应用中,往往在负载中串入<u>平波电抗器</u>,使负载电流平直连续,此时可按照恒流型负载来分析,输出电压平均值与负载无关。

单相晶闸管整流器,主要有单相半波和单相桥式两种形式。阻感负载时,可在负载两端并联<u>续流二极管</u>,以提高输出电压的平均值。半波可控整流器中电源电流为单方向,容易造成电源变压器直流磁化,所以只适用于小功率的场合。桥式可控整流器则克服了上述缺点,应用更为广泛。

专题 26 测验

R26.1 填写表 R26.1,比较各种单相晶闸管整流电路的结构和工作特点。

表 R26.1 各种单相晶闸管整流电路的结构和工作特点

整流电路名称	整流电路结构图	输出电压波形和平均值表达式
单相半波 (电阻负载)		
单相半波 (恒流负载 反并联 续流二极管)		$V_{d\alpha} =$
单相桥式 (电阻负载)		
单相桥式 (恒流负载 反并联 续流二极管) 或单相半桥		$V_{d\alpha} =$
单相桥式 (恒流负载)		$V_{d\alpha} =$

专题 27 三相晶闸管整流器的工作原理

● 承上启下

三相可控整流电路输出功率大,三相电源平衡,在工业中得到广泛应用。三相可控整流电路有半波、桥式等多种形式,本专题将重点讨论三相桥式晶闸管整流电路。在分析方法上,三相桥式晶闸管整流电路与三相桥式二极管整流电路有很多相似之处。本专题将首先回顾三相桥式二极管整流电路的工作原理,在此基础上结合晶闸管整流器的相控方式,推演出三相桥式晶闸管整流电路的分析方法;然后运用上述方法,分析三相桥式晶闸管整流电路的工作原理并对该电路进行仿真研究。

● 学习目标

掌握三相桥式晶闸管整流电路的工作原理。

● 知识导图

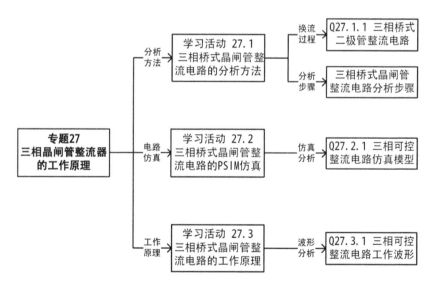

● 基础知识和基本技能

三相桥式晶闸管整流电路的分析方法。

三相桥式晶闸管整流电路的仿真模型。

● 工作任务

分析三相桥式晶闸管整流电路的工作波形。

学习活动 27.1 三相桥式晶闸管整流电路的分析方法

27.1.1 三相桥式二极管整流电路的分析方法

专题 21 中学习了三相桥式二极管整流电路,下面简要地回顾该电路的分析方法,作为研究三相桥式晶闸管整流电路的基础。理想的三相桥式二极管整流电路如图 27.1.1 所示。

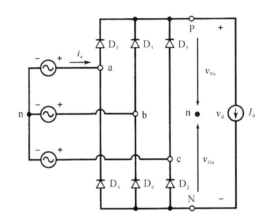

图 27.1.1　理想的三相桥式二极管整流电路(恒流型负载)

在图 27.1.1 中,以交流电源中性点 n 为参考,v_{Pn} 相当于共阴组三相半波整流电路的输出电压,v_{Nn} 相当于共阳组三相半波整流电路的输出电压,则桥式整流电路的输出电压为:

$$v_{\mathrm{PN}} = v_{\mathrm{Pn}} - v_{\mathrm{Nn}} \tag{27.1.1}$$

三相桥式二极管整流器的分析方法为:根据电源电压波形中各相电位的变化情况,将一个电周期划分为 6 个区间,确定每个区间中共阴组和共阳组中导通的二极管,分析得出共阴组和共阳组的输出电压,叠加之后得到桥式整流电路总的输出电压。

> Q27.1.1　恒流型负载下三相桥式二极管整流电路如图 27.1.1 所示,分析其工作过程。

解:

- 在图 27.1.2 中相电压波形上方标出各相电压的相序。

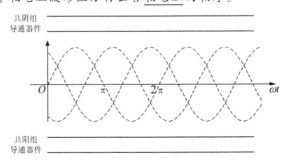

图 27.1.2　电源相电压波形和二极管的导通区间

● 负载电流连续时,根据各相电位的高低变化以及二极管换流的规律,在图 27.1.2 中分别画出共阴/阳组中二极管的导通区间。

● 根据二极管的导通情况,将一个电周期划分为 6 个区间,在图 27.1.3 中画出每个区间上负载电流的通路,并在整流器输出端标注该区间上输出电压的表达式,例如 $v_d = v_{ab}$。

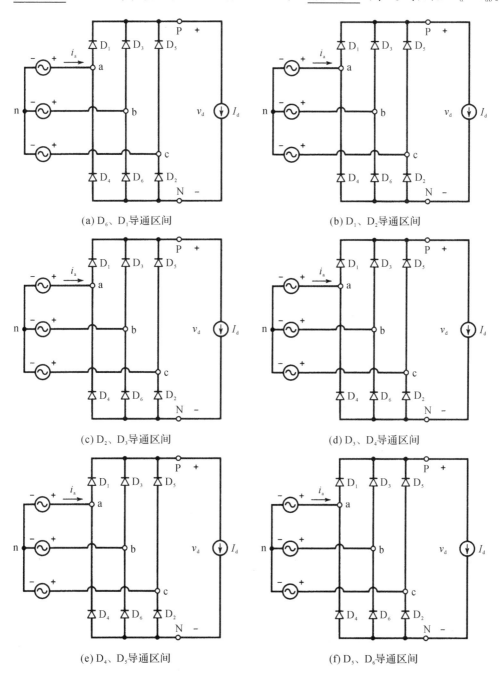

(a) D_6、D_1导通区间　　　　　　　　(b) D_1、D_2导通区间

(c) D_2、D_3导通区间　　　　　　　　(d) D_3、D_4导通区间

(e) D_4、D_5导通区间　　　　　　　　(f) D_5、D_6导通区间

图 27.1.3　每个区间上负载电路电流的通路

- 在图 27.1.4 中线电压波形上方标出各线电压的相序。
- 根据上述分析结果,将共阴/阳组中二极管的<u>导通区间</u>以及整流器<u>输出电压</u>的表达式,标注在图 27.1.4 中。
- 最后在图 27.1.4 中线电压波形上画出<u>输出电压</u>波形。

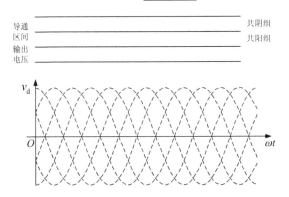

图 27.1.4　三相桥式二极管整流电路输出电压的波形

27.1.2　三相桥式晶闸管整流电路的分析方法

将图 27.1.1 中三相桥式二极管整流电路中的二极管替换为晶闸管,则变为三相桥式晶闸管整流电路,如图 27.1.5 所示。

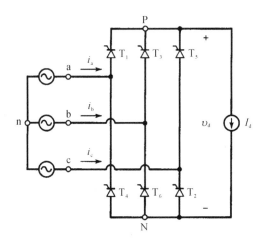

图 27.1.5　理想的三相桥式晶闸管整流电路(恒流型负载)

晶闸管整流电路可采用相位控制(即调节触发角)的方式调节输出电压的平均值。三相桥式晶闸管相控整流电路的<u>分析步骤</u>如下。

1)确定晶闸管的触发顺序。根据对二极管整流电路的分析,可知一个周期中晶闸管的触发顺序与二极管的导通顺序相同,即

$$T_1 \rightarrow T_2 \rightarrow T_3 \rightarrow T_4 \rightarrow T_5 \rightarrow T_6 \qquad (27.1.2)$$

2）确定晶闸管的触发间隔。与二极管的换流间隔相同，每隔 60° 触发一个晶闸管。负载电流连续的情况下，每个晶闸管的导通角为 120°。

3）确定晶闸管的自然换流点。各个晶闸管的自然换流点就是对应二极管的导通时刻，观察图 27.1.4 可知，六个二极管 $D_1 \sim D_6$ 的导通时刻依次为线电压正向包络线的 6 个交点，所以对于晶闸管整流电路，六个晶闸管 $T_1 \sim T_6$ 的自然换流点依次为线电压正向包络线的 6 个交点。其中，晶闸管 T_1 的自然换流点位于线电压正向包络线的第 1 个交点（即 v_{cb} 与 v_{ab} 的交点），其他晶闸管的自然换流点按照触发顺序依次滞后 60°。

4）确定同组晶闸管的换流过程。在共阴组或共阳组中，当某一个晶闸管触发导通之后，同组先前导通的晶闸管将关断，完成一个换流过程。换流的结果是：每个区间上，共阴组和共阳组中各有一个器件导通，构成电流通路。

5）根据导通的器件确定负载电流通路。根据器件触发导通和换流的情况，将一个电周期划分为 6 个区间。确定每个区间上负载电流的通路后，在线电压波形上可画出每个区间上输出电压的波形。

学习活动 27.2　三相桥式晶闸管整流电路的 PSIM 仿真

建立三相桥式晶闸管整流电路的 PSIM 仿真模型，通过仿真实验观察电路的工作过程。

Q27.2.1　建立三相桥式晶闸管整流电路的仿真模型，观察和分析仿真结果。

解：

1）建立仿真模型。

• 建立三相桥式晶闸管整流电路的仿真模型，如图 27.2.1 所示，保存为仿真文件 Q27_2_1。

Q27_2_1
建模步骤

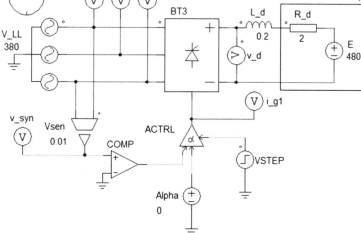

图 27.2.1　三相桥式晶闸管整流电路的仿真模型

2)设置仿真参数。

· 合理设置电路元件参数和仿真控制参数。

3)观测并分析仿真结果。

· 当触发角 $\alpha=0°$ 时,运行仿真,观察同步电压 v_{syn} 和 T_1 触发脉冲 i_{g1} 的波形,以及电源 6 个线电压和整流器输出电压 v_{d} 的波形,如图 27.2.2 所示,并与三相桥式二极管整流电路的工作波形相比较。

触发角 $\alpha=0°$,相当于在自然换流点处将晶闸管触发导通,此时晶闸管的工作状态与二极管相同,所以晶闸管整流电路的输出电压与二极管整流电路相同。

· 观测整流器输出电压的平均值。

在输出电压波形上观测其平均值:$V_{\text{d}}=$ _____。

利用式(22.1.1)计算整流器输出电压平均值:$V_{\text{d0}}=1.35V_{\text{LL}}=$ _____。

将上述仿真观测值与理论计算值填入表 27.2.1 的第 2 行中,并判断两者是否一致:_____。

· 观测整流器输出电流的平均值。

在输出电流波形上观测其平均值:$I_{\text{R}}=$ _____。

计算整流器输出电流平均值:$I_{\text{d}}=(V_{\text{d}}-E)/R_{\text{d}}=$ _____。

将上述仿真观测值与理论计算值填入表 27.2.1 的第 3 行中,并判断两者是否一致:_____。

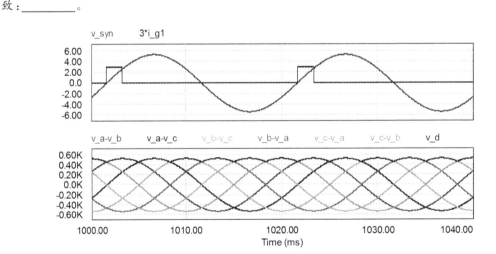

图 27.2.2 三相桥式晶闸管整流电路的仿真波形

表 27.2.1 三相桥式晶闸管整流电路的主要参数($\alpha=0°$)

电路参数	理论计算值	仿真观测值
输出电压平均值	$V_{\text{d0}}=$	$V_{\text{d}}=$
输出电流平均值	$I_{\text{d}}=$	$I_{\text{R}}=$

学习活动 27.3　三相桥式晶闸管整流电路的工作原理

下面根据 27.1 节介绍的分析方法,研究恒流型负载时三相桥式晶闸管整流电路的工作原理。首先分析三相桥式晶闸管整流电路的工作波形,下一个专题再进行参数计算。

> Q27.3.1　恒流型负载下理想的三相桥式晶闸管整流电路如图 27.1.5 所示,试分析整流电路的工作过程,并画出其工作波形。

解:

1)按照一般方法绘制整流电路的工作波形。

• 首先在图 27.3.1 中三相线电压波形上,标注各<u>线电压</u>的相序。

• 根据 27.1 节的分析,六个晶闸管 $T_1 \sim T_6$ 的自然换流点依次为线电压正向包络线的 6 个交点。在图 27.3.1 中三相线电压波形上,标出各晶闸管的<u>自然换流点</u>。

• 各晶闸管的触发脉冲比自然换流点延迟电角度 α。当触发角 $\alpha = 30°$ 时,在波形图 i_g 中画出各晶闸管的<u>触发脉冲</u>,并在脉冲的上方标注晶闸管的<u>编号</u>。

• 某个晶闸管触发导通后,将维持导通直到同组内下一个晶闸管触发时关断。根据触发脉冲的位置和同组内换流的规律,在波形图 i_g 上方分别标出共阴/阳组中晶闸管的<u>导通区间</u>。

• 根据导通区间以及图 27.1.3 中的电流通路,分析此时整流器<u>输出电压</u>的表达式,并标注在相应区间的下方。

• 根据上面的分析,在波形图 v_d 中画出整流器<u>输出电压</u>的波形。

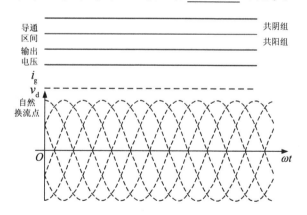

图 27.3.1　$\alpha = 30°$ 时三相桥式晶闸管整流电路的工作波形

2)采用快捷方法绘制整流电路的工作波形。

• 首先在图 27.3.2 中三相线电压波形上,标注各<u>线电压</u>的相序。

• 当 $\alpha = 60°$ 时,在图 27.3.2 中线电压的波形上找到 T_1 的自然换流点,延迟电角度,在 i_g 的波形图上画出 T_1 的<u>触发脉冲</u>,并标注晶闸管的<u>编号</u>。从 T_1 的触发脉冲开始,每隔 60° 画出下一个器件的触发脉冲,直到 T_6。

- 触发 T_1 后，输出第一个线电压 v_{ab} 的波形；触发 T_2 后，输出第 2 个线电压 v_{ac} 的波形；后面 4 个区间的波形与此类似。根据上述分析，在图 27.3.2 中线电压波形的基础上画出整流器输出电压 v_d 的波形。

- 试根据上述分析，在 i_a 的波形图中绘制 a 相电流的波形。a 相电源连接到桥臂 T_1/T_4 的中点，则电流 i_a 由 T_1/T_4 的导通状态决定：T_1 导通时 $i_a = I_d$，T_4 导通时 $i_a = -I_d$。注：根据输出电压中线电压的相序，可以确定晶闸管的导通区间：输出电压为 v_{ab} 或 v_{ac} 时表明 T_1 导通（因为相序中 a 相在前面），输出电压为 v_{ca} 或 v_{ba} 时表明 T_4 导通（因为相序中 a 相在后面）。

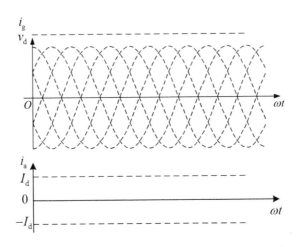

图 27.3.2 $\alpha = 60°$ 时三相桥式晶闸管整流电路的工作波形

3）观察仿真波形。

- 打开仿真模型 Q27_2_1，将触发角设置为 $\alpha = 60°$，负载中反电势设置为 $E = 200\text{V}$。

- 运行仿真，观察三相电源线电压和整流器输出电压 v_d 波形、T_1 触发脉冲 i_{g1} 以及 a 相电压 v_a 和电流 i_a 的波形（需要添加电流表），如图 27.3.3 所示。

判断图 27.3.3 中仿真波形与图 27.3.2 中理论分析的波形是否一致：_____。

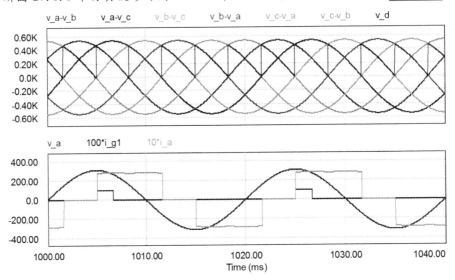

图 27.3.3 $\alpha = 60°$ 时三相桥式晶闸管整流电路的仿真波形

- 在仿真波形上观察<u>触发脉冲的相位</u>。

T_1 的自然换流点为线电压_____和_____的正向交点,该时刻处于相电压 v_a 的_____电角度处。当 $\alpha=60°$ 时,T_1 的触发脉冲处于相电压 v_a 的_____电角度处。线电压_____的起点与 T_1 的自然换流点重合。

⊠思考题 AQ27.1:设触发角 $\alpha=60°$,当晶闸管 T_3 不能正常导通时(比如触发脉冲丢失),试按照如下步骤,分析此时三相桥式晶闸管整流电路的工作波形,并画在图 27.3.4 中。

- 在图 27.3.4 中三相线电压波形上,标注各<u>线电压的相序</u>。

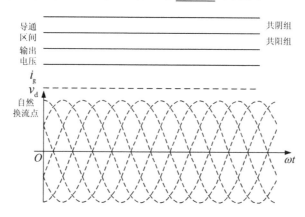

图 27.3.4　$\alpha=60°$ 时三相桥式晶闸管整流电路的工作波形(T_3 不能导通)

- 在三相线电压波形上,标出各器件的<u>自然换流点</u>。

- 当触发角 $\alpha=60°$ 时,在波形图 i_g 中画出各晶闸管的<u>触发脉冲</u>,并在脉冲的上方标注晶闸管的<u>编号</u>。依题意 T_3 触发脉冲丢失,将其从波形图中去掉,其他器件的触发脉冲正常。

- 根据触发脉冲的位置和同组内换流的规律,在波形图 i_g 的上方标出共阴/阳组晶闸管的<u>导通区间</u>。提示:由于共阴组中 T_3 触发脉冲丢失,则在 T_5 导通时,T_1 才能关断。而共阳组中晶闸管的换流关系不变。

- 在图 27.3.5 中画出 T_1 触发导通后两个区间上的<u>电流通路</u>,分析各区间输出电压的表达式,并标注在整流器的输出端。

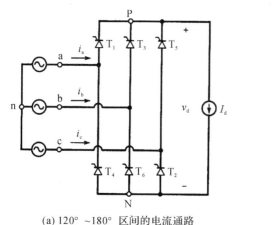

(a) 120°～180° 区间的电流通路　　　　(b) 180°～240° 区间的电流通路

图 27.3.5　T_1 触发后有关区间上的电流通路

- 根据上面的分析,在波形图 i_g 的上方标注各区间输出电压的表达式,并在波形图 v_d 上画出整流器输出电压的波形。
- 修改仿真模型 Q27_2_1,观察 T_3 不能正常导通时整流电路的仿真波形,并与图 27.3.4 中的理论波形相比较。提示:将一只二极管加在 b 相电源和整流器之间,阴极指向 b 相电源,阳极指向整流器,则可使 T_3 不能导通,而其他器件不受影响。

△

专题 27 小结

三相桥式晶闸管相控整流电路如图 27.1.5 所示,一般的分析步骤如下:

1)确定各晶闸管的自然换流点。晶闸管 T_1 的自然换流点位于线电压 v_{cb} 与 v_{ab} 的交点,其他晶闸管的自然换流点,按照 $T_1 \sim T_6$ 的触发顺序依次延迟 60°。

2)确定各晶闸管的触发时刻。从某晶闸管的自然换流点处延迟触发角 α,向该晶闸管施加触发脉冲。

3)分析换流过程并确定输出电压的表达式。在共阴组或共阳组中,当某一个晶闸管触发导通之后,同组先前导通的晶闸管将关断,完成一个换流过程。根据换流结束后,每个区间上导通的器件确定负载电流通路,最终得到整流器输出电压的表达式。

下一专题将继续研究三相桥式晶闸管整流电路,推导其主要参数的计算公式。

专题 27 测验

R27.1 与单相可控整流电路相比,三相可控整流电路输出功率_____,三相电源_____,在工业中得到广泛应用。三相可控整流电路有_____、_____等多种形式。

R27.2 三相桥式晶闸管相控整流电路的工作特点如下:

1)晶闸管的触发顺序为 $T_1 \rightarrow$ _____。

2)晶闸管的触发间隔为:每隔_____触发一个晶闸管。负载电流连续的情况下,每个晶闸管的导通角为_____。

3)晶闸管 T_1 的自然换流点位于线电压_____与_____的交点,也是线电压_____的起点,其他晶闸管的自然换流点按照触发顺序依次滞后_____。

4)当某一个晶闸管触发导通时,同组先前导通的晶闸管将_____,完成一个换流过程。

5)根据器件触发导通和换流的情况,将一个电周期划分为_____个区间。每个区间上,_____组和_____组中各有一个器件导通,构成电流通路。

R27.3 绘制三相桥式晶闸管相控整流电路输出电压波形的简化方法是:

1)找到 T_1 的_____,根据_____在线电压波形上方,画出 T_1 的触发脉冲。

2)从 T_1 的触发脉冲开始,每隔_____画出下一个器件的触发脉冲,直到 T_6。

3)触发 T_1 后,输出线电压_____的波形;触发 T_2 后,输出线电压_____的波形;后面 4 个区间的波形与此类似,可直接画出。

专题 27
习题

专题 28　三相晶闸管整流器的设计与计算

• 承上启下

专题 27 分析了三相桥式晶闸管整流电路的工作过程,在此基础上本专题将继续研究三相桥式晶闸管整流电路的参数计算,并介绍其在大功率 UPS 中的应用。

• 学习目标

掌握三相晶闸管桥式整流电路设计和计算的方法。

• 知识导图

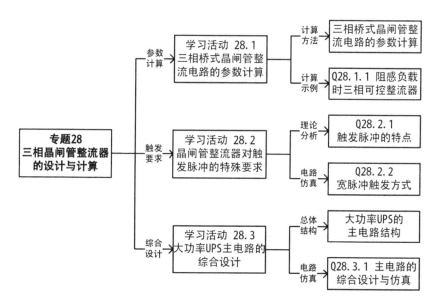

• 基础知识和基本技能

三相桥式晶闸管整流电路的参数计算。

三相桥式晶闸管整流器对触发脉冲的特殊要求。

• 工作任务

大功率 UPS 主电路的综合设计。

学习活动 28.1　三相桥式晶闸管整流电路的参数计算

实用的三相桥式晶闸管整流电路如图 28.1.1 所示,L_s 为电源变压器的漏电感,负载为阻感-反电势的形式。专题 27 分析了理想的三相桥式晶闸管整流电路的工作波形,理想的整流电路忽略了电源的漏电感,且近似认为负载为恒流型负载。在此基础上,下面介绍理想的三相桥式晶闸管整流电路的参数计算。

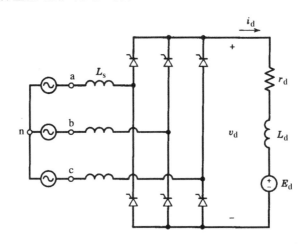

图 28.1.1　三相桥式晶闸管整流电路(阻感-反电动势负载)

1. 整流输出电压平均值

三相桥式晶闸管整流器输出电压的波形如图 28.1.2 所示,一个周期输出 6 个线电压的波头,对其中线电压 v_{ab} 的波头取平均值即可。则整流输出电压平均值 V_d 的计算公式为:

$$V_{d\alpha} = \frac{1}{\frac{\pi}{3}} \int_{\frac{\pi}{3}+\alpha}^{\frac{2\pi}{3}+\alpha} \sqrt{2} V_{LL} \sin\omega t \, \mathrm{d}(\omega t) = 1.35 V_{LL} \cos\alpha = V_{d0}\cos\alpha \tag{28.1.1}$$

式中,V_{LL} 为交流电源线电压有效值;V_{d0} 为三相桥式二极管整流器输出电压的平均值。晶闸管 T_1 的自然换流点比线电压 v_{ab} 的起点滞后 $\pi/3$ 电角度,经过触发延迟角 α 后施加触发脉冲,换流结束后输出电压为 v_{ab}。所以线电压 v_{ab} 波头的起始相位为 $(\pi/3+\alpha)$,波头的宽度为 $\pi/3$,则终止相位为 $(\pi/3+\alpha+\pi/3)$。

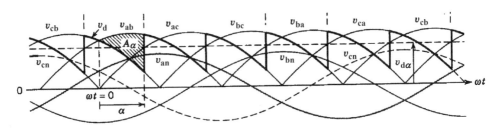

图 28.1.2　三相桥式晶闸管整流电路的输出电压

2. 移相(控制)范围

根据式(28.1.1)可以得出三相桥式晶闸管变流器的移相(控制)范围如式(28.1.2)所示,输出电压标幺值与触发角的关系曲线如图 28.1.3 所示。

$$\begin{cases} 0°<\alpha<90°, & V_{d\alpha}>0, & 整流状态 \\ 90°<\alpha<180°, & V_{d\alpha}<0, & 逆变状态 \end{cases} \tag{28.1.2}$$

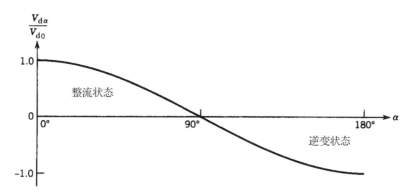

图 28.1.3　三相桥式晶闸管变流电路的移相(控制)范围

3. 交流电源电流畸变率和功率因数

三相桥式晶闸管整流电路的 a 相电源电流 i_a 如图 28.1.4(a)所示,交流输入电流的有效值 I_s 可表示为:

$$I_s = \sqrt{\frac{2}{3}} I_d \tag{28.1.3}$$

式中,I_d 为整流器输出电流的幅值(恒流型负载)。

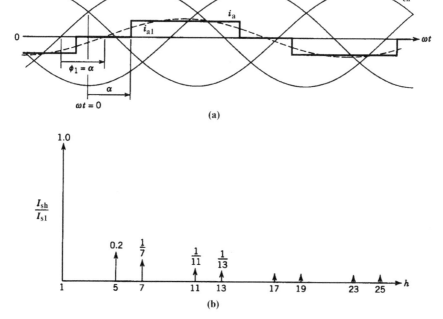

图 28.1.4　三相桥式晶闸管整流电路交流电源电流的频谱分析

电源电流 i_a 的傅里叶级数表达式如式(28.1.4)所示,电源电流的频谱图如图 28.1.4 (b)所示。

$$i_s(\omega t) = \sqrt{2} I_{s1} \sin(\omega t - \alpha) - \sqrt{2} I_{s5} \sin[5(\omega t - \alpha)] + \cdots \qquad (28.1.4)$$

$$I_{s1} = \frac{\sqrt{6}}{\pi} I_d \qquad I_{sh} = \frac{I_{s1}}{h}, h = 6n \pm 1$$

在频谱分析的基础上,可计算出交流电源的电流畸变率为:

$$\text{THD}_i = \frac{I_{dis}}{I_1} = \frac{\sqrt{I_s^2 - I_{s1}^2}}{I_{s1}} = 31.08\% \qquad (28.1.5)$$

整流器的功率因数为:

$$\text{PF} = \frac{I_{s1}}{I_s} \cos\alpha = 0.955\cos\alpha \qquad (28.1.6)$$

与单相可控整流时类似,随着 α 的增加,整流器的功率因数会下降。

Q28.1.1 三相桥式晶闸管整流电路如图 28.1.1 所示,电源和负载的参数如下:

1)三相交流电源线电压有效值 $V_{LL} = 380\text{V}$,频率为 50Hz,忽略漏电感 L_s。

2)反电动势-阻感负载,$E_d = 200\text{V}$,$r_d = 2\Omega$,$L_d = 0.2\text{H}$,由于电感较大近似认为负载电流平直连续。

当触发角 $\alpha = 60°$ 时,完成整流电路的参数计算,并利用电路仿真验证计算结果。

解:

- 根据本题条件计算相关电路参数,填入表 28.1.1 的第 2 列中。
- 打开专题 27 例 Q27.2.1 的仿真模型,根据本题条件修改仿真参数并添加必要的测量仪表,运行仿真,观测相关参数并填入表 28.1.1 的第 3 列中,同时与第 2 列的理论计算值相比较。提示:在整流桥模块 BT3 的 a 相输入端和正极性输出端之间,连接电压表 v_{T1} 可观测晶闸管 T_1 上阳极电压的波形。在整流桥模块 BT3 的属性中,将 Current Flag_1 设置为 1,可观测晶闸管 T_1 电流的波形。

表 28.1.1　三相桥式晶闸管整流电路的主要参数

电路参数	理论计算值	仿真观测值
整流输出电压平均值	$V_{da} = 1.35 V_{LL} \cos\alpha =$	
负载电流平均值	$I_d = (V_{da} - E_d)/r_d =$	
电源电流有效值	$I_s = \sqrt{2/3} \cdot I_d =$	
功率因数	$\text{PF} = 0.955\cos\alpha =$	
晶闸管阳极电压的峰值	$V_{T\_peak} = -\sqrt{2} V_{LL} =$	
晶闸管电流有效值	$I_{T\_rms} = \sqrt{1/3} \cdot I_d =$	

学习活动 28.2　三相桥式晶闸管整流器对触发脉冲的特殊要求

三相晶闸管桥式整流器如果每次只触发 1 个晶闸管,在电路启动时或电流不连续时,将无法构成电流回路。为解决这个问题,可采取以下措施之一,以保证同时导通的 2 个晶闸管均有触发脉冲,以构成电流回路。

1)宽脉冲触发,每个触发脉冲的宽度超过 60°,使得前一个晶闸管的触发脉冲覆盖后一个晶闸管的触发脉冲。

2)双窄脉冲触发,某一个晶闸管按照顺序触发时(该脉冲为原脉冲),同时给前一个晶闸管发一个补脉冲。例如:触发 T_2 的同时,给 T_1 补发 1 个触发脉冲。

双窄脉冲触发方式,由于驱动功率小,更为常用。

> **Q28.2.1**　三相晶闸管桥式整流电路(恒流型负载),在不同触发方式下,画出共阴/阳组晶闸管触发脉冲的波形。

解:

1)采用宽脉冲触发方式时,画出晶闸管触发脉冲的波形。

• 在图 28.2.1 中三相线电压波形上,标注各线电压的<u>相序</u>以及各晶闸管的<u>自然换流点</u>。

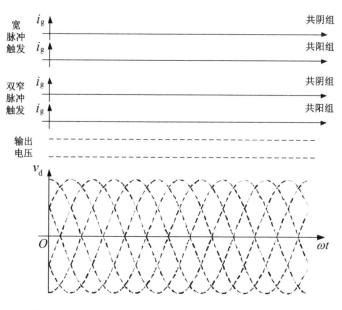

图 28.2.1　三相桥式晶闸管整流电路触发脉冲的波形

• 当触发角 $\alpha = 60°$ 时,在图 28.2.1 宽脉冲触发的波形图 i_g 上分别画出共阴/阳组晶闸管的<u>宽触发脉冲</u>,并标注晶闸管的<u>编号</u>。注意:由于采用宽脉冲触发,将每个触发脉冲的宽度设置为 90°。

2)采用双窄脉冲触发方式时,画出晶闸管触发脉冲的波形。

• 当触发角 $\alpha=60°$ 时,在图 28.2.1 中双窄脉冲触发的波形图 i_g 上分别画出共阴/阳组晶闸管双窄触发脉冲的原脉冲,并标注晶闸管的序号。每个触发脉冲的宽度设置为 30°。

• 然后根据 6 个原脉冲的相位,在双窄脉冲触发的波形图 i_g 中继续画出双窄触发脉冲的 6 个补脉冲。方法是:在原脉冲之后 60° 的位置上,画出 1 个补脉冲,并在脉冲的上方标注序号,例如 T_1 的补脉冲用 T'_1 来标注。

3)根据触发脉冲的相位画出整流器输出电压的波形。

• 根据触发脉冲的相位,将交流电源的一个周期划分为 6 个区间,分析每个区间内整流器输出电压的表达式,并标注在图中输出电压栏目中。

• 根据上面的分析,在波形图 v_d 中画出整流器输出电压的波形。

△

下面采用 6 个分立的晶闸管,重新构建三相桥式晶闸管整流电路的仿真模型。根据设定的触发方式,分别给每个晶闸管施加触发脉冲,并观察触发脉冲的特点。

> **Q28.2.2** 用分立的晶闸管构建三相桥式整流电路的仿真模型,三相交流电源的线电压为 380V,频率为 50Hz。采用宽脉冲触发方式,设 $\alpha=60°$,触发脉冲的宽度为 90°。

解:

1)建立仿真模型。

• 为了能够观测到各个晶闸管的触发脉冲,用分立的 6 只晶闸管构建三相桥式整流电路的仿真模型,如图 28.2.2 所示,保存为仿真文件 Q28_2_2。

Q28_2_2
建模步骤

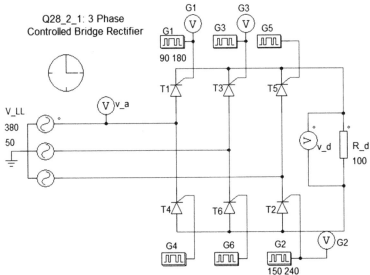

图 28.2.2 三相桥式晶闸管整流电路的仿真模型(宽脉冲触发)

2)设置仿真参数。

• 将各个门控模块的开关位置填入表 28.2.1 中,并设置仿真模型中门控模块的参数。

• 合理设置其他电路元件参数和仿真控制参数。

表 28.2.1 晶闸管门控模块的参数设置

序　号	G_1	G_2	G_3	G_4	G_5	G_6
开关位置	90,180	150,240				

3)观测仿真波形。

• 运行仿真,观察 a 相电压 v_a 和整流输出电压 v_d 的波形,以及宽脉冲触发时晶闸管 $T_1 \sim T_3$ 触发脉冲 $G_1 \sim G_3$ 的波形,如图 28.2.3 所示。

• 观察触发脉冲的特点。

T_1 晶闸管的触发脉冲位于 a 相电源＿＿＿＿＿＿电角度处,说明晶闸管的触发角为 ＿＿＿＿＿＿。相邻触发脉冲彼此重叠＿＿＿＿＿＿电角度,以保证每个触发时刻都有＿＿＿＿＿＿只 晶闸管被触发导通,在电源和负载之间形成电流通路。

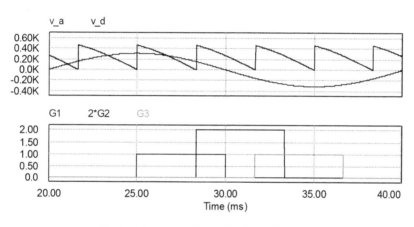

图 28.2.3 宽脉冲触发时触发脉冲的波形

4)将触发脉冲的宽度改为 30°,观察整流电路能否正常工作。

• 将仿真模型中各晶闸管的参数"Holding Current"(维持电流)设为 0.1(A),则触发 脉冲消失后,如果器件中电流小于维持电流,则器件将会关断。

• 将各晶闸管触发脉冲的宽度都改为 30°,运行仿真,观察此时整流器的工作特点。

观测整流器输出电压平均值:$V_d =$ ＿＿＿＿＿＿。

判断此时晶闸管整流电路能否正常工作:＿＿＿＿＿＿。

⊠思考题 AQ28.1:结合步骤 4)的仿真结果,试分析此时三相桥式晶闸管整流电路不 能正常工作的原因。

△

学习活动 28.3 大功率 UPS 主电路的综合设计

大功率 UPS 的主电路由 3 个电能变换环节组成,如图 28.3.1 所示,与小功率时有所不同。

1）大中型 UPS 的整流部分采用晶闸管整流器，可以控制输出电压的幅值，蓄电池直接挂在直流母线上。当交流输入电源正常时，利用可控整流器对电池充电，同时为逆变器供电。

2）逆变部分采用 SPWM 控制的 IGBT 逆变器将直流逆变为交流。

3）最后经输出变压器的升压及滤波，输出正弦交流电压。

从其结构中可以看出，从整流到逆变的过程中，每个环节都是降压环节。因此在这种结构的 UPS 中，必须在输出侧加入升压变压器，将逆变输出的较低的交流电压升至合理的输出范围，最后提供恒定的交流压输出。

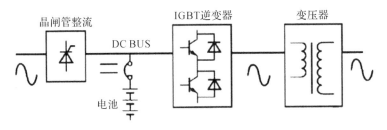

图 28.3.1　大功率 UPS 的主电路结构

下面通过一个例题来说明大功率 UPS 主电路的综合设计方法。某大功率 UPS 主电路的结构如图 28.3.2 所示。假设电路的<u>工作条件</u>如下：

1）输入电源为三相工频交流电，线电压有效值为 $V_{\mathrm{LL1}}=380\mathrm{V}$。

2）负载上要求获得工频三相正弦交流电，期望的线电压基波有效值为 $V_{\mathrm{LL3}}=380\mathrm{V}$。

3）为了控制直流母线电压 V_{d2}，变换器 1 采用三相桥式晶闸管整流电路。输出采用 LC 滤波，假设 L 和 C 足够大，使电感电流平直连续，输出电压中只包括直流分量。

4）变换器 2 采用 SPWM 控制的三相桥式逆变电路。逆变器中功率器件采用 IGBT，采取线性调制方式，频率调制比 $m_{\mathrm{f}}=201$，幅值调制比 $m_{\mathrm{a}}=0.8$。

5）为提升输出电压，逆变器输出端接入了变压器 T_1，变压比为 220V/380V。

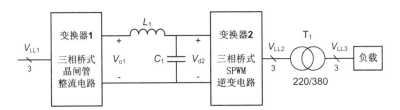

图 28.3.2　大功率 UPS 主电路的结构

> **Q28.3.1　大功率 UPS 的主电路如图 28.3.2 所示，根据上述工作条件计算其主要控制参数，并建立该电路的仿真模型。**

解：

1）计算控制参数。

● 首先根据逆变器输出电压 V_{LL2} 的要求，采用式（23.2.6）确定逆变器<u>直流输入电压</u>

V_{d2} 的幅值。

$$(V_{LL2})_1 = 0.612 m_a V_{d2} = 220 \Rightarrow V_{d2} = \underline{\qquad}。$$

• 然后根据上面确定的直流输入电压 V_{d2} 的要求,采用式(28.1.1)确定晶闸管整流器的触发延迟角 α。

$$V_{d2} = 1.35 V_{LL1} \cos\alpha \Rightarrow \cos\alpha = \underline{\qquad} \Rightarrow \alpha = \underline{\qquad}。$$

Q28_3_1
建模步骤

2)建立仿真模型。

• 建立大功率 UPS 主电路及其控制电路的联合仿真模型,如图 28.3.3 所示,保存为仿真文件 Q28_3_1。

Q28_3_1 Phase Controlled Rectifier and Voltage Source Inverter with Sinusoidal PWM

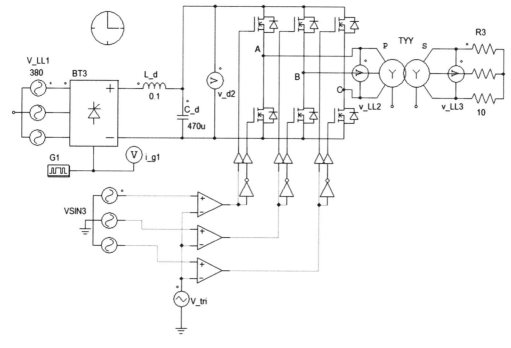

图 28.3.3 大功率 UPS 主电路的仿真模型

3)设置仿真参数。

• 合理设置元件参数和仿真控制参数。

4)观测仿真结果。

• 运行仿真,观测触发脉冲 i_{g1}、直流母线电压 v_{d2}、变压器一次侧线电压 v_{LL2}、变压器二次侧线电压 v_{LL3} 的仿真波形,如图 28.3.4 所示。

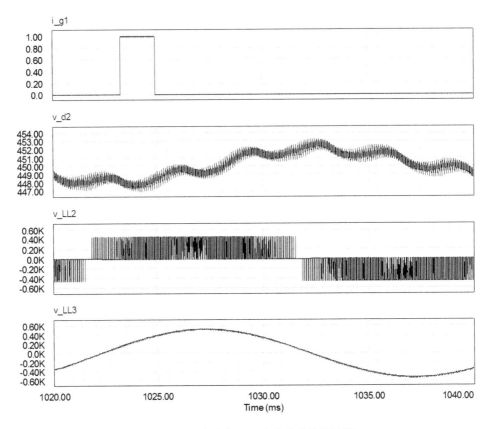

图 28.3.4　大功率 UPS 主电路的仿真波形

- 将有关参数的仿真观测值和理论计算值填入表 28.3.1 中。

表 28.3.1　大功率 UPS 主电路的主要参数

电路参数	理论计算值	仿真观测值
直流电压平均值 V_{d2}		
变压器二次侧线电压有效值 V_{LL3}		

☒思考题 AQ28.2:将表 28.3.1 中有关参数的仿真观测值与理论计算值相比较,如果不一致试分析出现误差的原因。

△

专题 28 小结

三相桥式晶闸管整流电路如图 28.1.1 所示,理想化整流电路在恒流型负载时输出电压平均值如式(28.1.1)所示。与单相桥式晶闸管变流电路类似,当触发角 $0° < \alpha < 90°$ 时,变换器工作于整流状态;当触发角 $90° < \alpha < 180°$ 时,变换器工作于逆变状态。恒流型负载下,与单相桥式晶闸管整流电路相比,三相桥式晶闸管整流电路交流电流畸变率更小;在相同触发角下,三相可控整流电路的功率因数更高。两者的相同之处是:随着触发角的增加,整流

器的功率因数会下降。

三相晶闸管桥式整流器如果每次只触发 1 个晶闸管,在电路启动或电流不连续时,将无法构成电流回路。为解决这个问题,可采取宽脉冲触发或双窄脉冲触发方式,以保证应同时导通的 2 个晶闸管均有触发脉冲,以构成电流回路。其中,双窄脉冲触发方式由于驱动功率小,更为常用。

大功率 UPS 的主电路由 3 个电能变换环节组成,如图 28.3.1 所示,与小功率时有所不同。

1)大中型 UPS 的整流部分采用晶闸管整流器,可以控制输出电压的幅值,蓄电池直接挂在直流母线上。当交流输入电源正常时,利用可控整流器对电池充电,同时为逆变器供电。

2)逆变部分采用 SPWM 控制的 IGBT 逆变器将直流逆变为交流。

3)最后经输出变压器的升压及滤波,输出正弦交流电压。

专题 28 测验

R28.1 恒流型负载下,三相桥式晶闸管整流电路,当触发角 $\alpha=$ _____ 时,其输出电压平均值与三相桥式二极管整流电路相同;当触发角 $\alpha=$ _____ 时,其输出电压平均值为零。设三相交流电源的电压有效值为 380V,则该整流电路的最高输出电压平均值为 _____。

R28.2 恒流型负载下,与单相桥式晶闸管整流电路相比,三相桥式晶闸管整流电路交流电流畸变率更 _____;在相同触发角下,三相可控整流电路的功率因数更 _____。两者的相同之处是:随着 _____ 的增加,整流器的功率因数会下降。

R28.3 三相桥式晶闸管整流器,如果每次只触发 1 个晶闸管,在电路 _____ 或电流 _____ 时,将无法构成电流回路。为解决这个问题,可采取以下措施之一,以保证同时导通的 _____ 晶闸管均有触发脉冲,以构成电流回路。

1)宽脉冲触发,每个触发脉冲的宽度超过 _____,使得前一个晶闸管的触发脉冲 _____ 后一个晶闸管的触发脉冲。

2)双窄脉冲触发,某一个晶闸管按照顺序触发时(该脉冲为 _____ 脉冲),同时给前一个晶闸管发一个 _____ 脉冲。

R28.4 单相桥式晶闸管整流器,是否也需要采用上述的双窄脉冲触发方式?为什么?

R28.5 大功率 UPS 的主电路由 3 个电能变换环节组成,如图 28.3.1 所示。

1)大中型 UPS 的整流部分采用_____整流器,可以控制输出电压的幅值,蓄电池直接挂在_____上。当交流输入电源正常时,利用可控整流器对_____充电,同时为_____供电。

2)逆变部分采用_____控制的 IGBT 逆变器将直流逆变为交流。

3)最后经输出变压器的_____,输出正弦交流电压。

R28.6 为什么小功率 UPS 的主电路(见图 20.1.1)中不需要设置升压变压器?

专题 28
习题

参考文献

[1] 姜大源.职业教育学研究新论[M].北京:教育科学出版社,2006.

[2] 莫汉,冯德兰德,罗宾斯.电力电子学:变换器、应用和设计[M].影印本.北京:高等教育出版社,2004.

[3] 万科特,奥雷维克孜.工程教学指南[M].王世斌,郄海霞,孙颖,等译.北京:高等教育出版社,2012.

[4] 王其英,何春华.新型UPS工作原理与实用技术及选购指南[M].北京:人民邮电出版社,2006.

[5] 王兆安,刘进军.电力电子技术[M].5版.北京:机械工业出版社,2009.

[6] 威金斯,皮克泰.理解力培养与课程设计:一种教学与评价的新实践[M].么加利,译.北京:中国轻工业出版社,2003.

[7] 野村弘,藤原宪一郎,吉田正伸.使用PSIM学习电力电子技术基础[M].胡金库,贾要勤,王兆安,译.西安:西安交通大学出版社,2009.

[8] 赵志群,白滨.职业教育教师教学手册[M].北京:北京师范大学出版社,2013.

附　　录

序　号	内　容	二维码
附录 1	重要术语解释	
附录 2	PSIM 仿真模型中用到的元件	
附录 3	知识卡和基础知识汇总表索引	
附录 4	贯穿课程的设计实例索引	
附录 5	电力电子器件概述	
附录 6	功率半导体器件的特点	

序　号	内　容	二维码
附录 7	整流电路概述	
附录 8	直流斩波电路概述	
附录 9	逆变电路概述	
附录 10	不间断(交流)电源概述	
附录 11	电机驱动电源概述	
附录 12	典型变流电路汇总表	
附录 13	部分习题参考答案	